組合せゲーム理論の世界

数学で解き明かす必勝法

安福智明・坂井公・末續鴻輝 著

共立出版

はじめに

組合せゲーム理論は，ゲームの中に潜んでいる数学的な構造を明らかにする学問です[1]．実は，偶然や運，伏せられた情報といったもののないゲームの中には，代数学の道具を使って扱える様々な構造があることが知られています．ゲームが持つ数学的な構造を明らかにすることで，どちらのプレイヤーが必勝戦略を持っているかを調べたり，どちらがどれだけ有利かを調べたりすることができます．

囲碁のようなゲームをしていて「数学的に解析できないか？」と疑問を持った人，競技プログラミングをしていてゲームに関する問題をもっと解けるようになりたいと思った人，代数学の研究をしていてその内容が適用できるような具体的な対象が欲しいと思った人など，様々な背景の人が組合せゲーム理論に関心を持っています．また，高校の数学にも数理的なゲームが取り上げられており，意欲的な高校生や数学の先生たちにとっても，組合せゲーム理論の内容は興味のあるところとなるでしょう．（実際，日本の高校生が組合せゲーム理論の研究を行って，国際的な研究集会で発表したという事例もあります！）

組合せゲーム理論に関連する最も古いと思われる研究は，ニム（石取りゲーム）[2] の必勝法に関する論文であり，1902 年に出版されました [Bou02]．1930 年代に Sprague と Grundy の理論の発展を経て [Spr36，Gru39]，1970 年代に Berlekamp，Conway，Guy らによって，組合せゲーム理論が確立されました [WW，ONG]．

そして近年，世界中の数学者たちが組合せゲーム理論に取り組み，活発にお互いを刺激し合っています．なかでも 2 年に 1 度ポルトガルで開かれる研究集会 Combinatorial Game Theory Colloquium では世界中の組合せゲーム理論

---

[1] 経済学の分野である「ゲーム理論」とは少し異なります．「組合せゲーム理論」は数学の一分野です．

[2] ニム（石取りゲーム）については第 2 章で詳しく扱います．

の研究者が一堂に会します．高校生から 90 歳間近のベテラン数学者まで，多種多様な研究者たちが実に生き生きと研究内容について議論を繰り広げて（そして時にはゲームで楽しく遊んで）いる様子は胸が躍るものです．また，日本でも毎年「日本組合せゲーム理論研究集会」が開催され，組合せゲーム理論を愛する日本の研究者や学生たちが 1 年間の成果を発表しています [3)]．

このように数学的な魅力と活気，そして何より楽しさがたっぷり詰まった組合せゲーム理論とはいったいどのような理論なのか，本書はそれを少しでも多くの人に知ってもらうために執筆しました．様々な人たちが組合せゲーム理論を学ぶ入り口となるよう，基礎的な概念をできるだけ網羅しつつ，そこからどのような展開がなされているのかを紹介し，さらなる勉強の助けとなることを目指しています．組合せゲーム理論に興味のあるすべての人が読めるように，可能な限り，定理などの主張の証明は詳細に述べることを心掛けました．

各章にはコラムと演習問題がついています．独習ができるよう，すべての問題の解答例を巻末にまとめてありますので，ご活用ください．

最後に，本書の完成を支えてくださった皆様に深く感謝申し上げます．特に，執筆中の原稿をお読みいただき，貴重なご意見をくださいました以下の方々と匿名の方々に感謝します（敬称略）．

川辺治之・木谷裕紀・草刈圭一朗・篠田正人
高橋孝一・多田将人・中村貞吾・洞龍弥・前山和喜

当然，本書中に残っている誤りはすべて著者たちによるものであり，上記の方々に責任はありません．

また，著者のうち安福と末續が所属する研究室を運営し，2 人の研究活動を陰に日向に応援してくださり，本書を書くことができるような研究者になるまでの歩みを支えてくださった国立情報学研究所の宇野毅明先生，そして，企画から出版まで著者たちを粘り強くサポートしてくださいました共立出版株式会社の大谷早紀さんと松永立樹さんに深くお礼を申し上げます．

3) 詳しくは第 1 章の「コラム 1：組合せゲーム理論の研究集会」をご参照ください．

本書の構成と文献紹介

本書では，大きく分けて5つのトピックを扱っており，全7章からなっています．各トピックと各章の対応は以下の通りです．

I. 組合せゲーム：第1章
II. 不偏ゲーム：第2章と第3章
III. 非不偏ゲーム：第4章と第5章
IV. 超現実数と超限ゲーム：第6章
V. 発展的なゲーム：第7章

なお，本書では，発展的なゲームとしてルーピーゲーム，逆形ゲーム，得点付きゲームを扱います．

各章のテーマと難易度の目安は次のようになります．

章	テーマ	難易度
第1章	組合せゲーム	☆
第2章	ニムとグランディ数	☆☆
第3章	様々な不偏ゲーム	☆☆☆☆
第4章	非不偏ゲームの性質	☆☆☆
第5章	様々な局面の値	☆☆☆☆
第6章	超現実数とゲームの終局値	☆☆☆☆☆
第7章	発展的なゲーム	☆☆☆☆☆

高校までの数学の知識があれば，第3章までのほとんどの部分は特別な前提知識を必要とすることなく読み進めることができます．第4章以降も代数学や離散数学を多少理解している方であれば読み進めることができるでしょう．

各章のつながりは以下のようになっています．

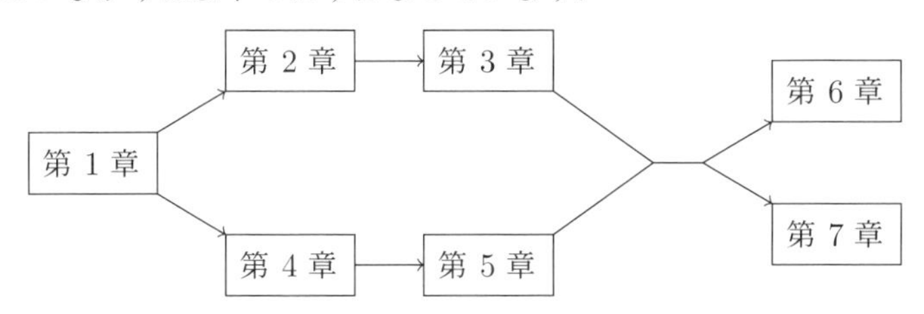

章末の演習問題にも難易度を併記しました．定義に沿えばそのまま答えが得られるような簡単な問題（★）から，研究発表に相当するような難しい問題（★★★★）まで，様々な問題を用意しています．

最後に，本書を読むにあたって参考となる文献を紹介します．

「集合」，「写像」，「群」などの集合論や代数学で使われる用語については，入門書『論理と集合から始める数学の基礎』[RSS] や『代数学１　群論入門』[GN] などを参考にしていただければ，より理解が深まります．

また，「頂点」や「辺」などのグラフ理論の用語については，入門書『例題で学ぶグラフ理論』[RMG] を参考文献として挙げておきます．グラフ理論の用語が必要となるのは，ゲーム木と呼ばれるグラフを用いてゲームが表現されるためです．

なお，関連図書については巻末で触れます．

目　次

第3章　様々な不偏ゲーム　37

第4章　非不偏ゲームの性質　79

第5章　様々な局面の値　103

記号表

記法	意味
$(m_1, m_2, \ldots, m_n)$	局面が n 個の要素で定義されるルールセット（ニムなど）で，それぞれが $m_1, m_2, \ldots, m_n$ である局面
$\mathcal{N}$ 局面	先手のプレイヤーに必勝戦略のある局面
$\mathcal{P}$ 局面	後手のプレイヤーに必勝戦略のある局面
$\mathbb{N}_0$	非負整数全体の集合
$\mathbb{N}^+$	正整数全体の集合
$a \oplus b$	a と b のニム和
$(x)_2$	x は 2 進表記
$\mathrm{mex}(T)$	集合 T に含まれない最小の非負整数 $\min(\mathbb{N}_0 \setminus T)$
$\emptyset$	空集合
$G \to G'$	不偏ゲームにおいて，局面 G から一手で G' に遷移できることを意味する
$\mathcal{G}_\Gamma(G)$	ルールセット Γ における局面 G のグランディ数．特に，Γ が SUBTRACTION(S) のときは，単に $\mathcal{G}_S(G)$ と書く
$\mathcal{G}_\Gamma(m_1,m_2,\ldots,m_n)$	Γ が整数の組 $(m_1, m_2, \ldots, m_n)$ に対応した局面を持つルールセット（ニムなど）のとき，その局面のグランディ数
$\mathcal{G}(G)$	どのルールセットを扱っているか明確なときは，$\mathcal{G}_\Gamma(G)$ を単にこう書くこともある
$\mathcal{G}(m_1, m_2, \ldots, m_n)$	どのルールセットを扱っているか明確なときは，$\mathcal{G}_\Gamma(m_1, m_2, \ldots, m_n)$ を単にこう書くこともある
$a \otimes b$	a と b のニム積
$0.c_1c_2\cdots$	小数表記法（コードネーム）に従ったルールの表記
$a \bmod b$	a を b で割った余り
$\lfloor x \rfloor$	x 以下の最大の整数
$\#S$	有限集合 S の要素の個数
$n \cdot a$	a を n 回足し合わせたもの
SUBTRACTION(S)	正整数の集合 S によって定められる制限ニムのルールセット
$v_p(m)$	$\begin{cases} \max(\{\ell \in \mathbb{N}_0 \mid m \text{ は } p^\ell \text{ で割り切れる }\}) & (m \neq 0) \\ \infty & (m = 0) \end{cases}$

記法	意味
$a \vee b$	非負整数 a, b を 2 進表記して桁ごとに論理和をとった値
$G^{\mathcal{L}}$	G の左選択肢全体の集合
$G^{\mathcal{R}}$	G の右選択肢全体の集合
$G \cong H$	G と H は同型
$b(G)$	G の誕生日
$G + H$	G と H の直和
$a \parallel b$	a と b は比較不能
$o(G)$	G の帰結類
$\mathcal{P}$	後手のプレイヤーに必勝戦略のある局面全体の集合
$\mathcal{N}$	先手のプレイヤーに必勝戦略のある局面全体の集合
$\mathcal{L}$	プレイヤー左に必勝戦略のある局面全体の集合
$\mathcal{R}$	プレイヤー右に必勝戦略のある局面全体の集合
$-G$	G の逆ゲーム
$G - H$	$G + (-H)$ のこと
$G \,\|\!\!\triangleright\, H$	$G > H$ または $G \parallel H$
$G \,\triangleleft\!\!\|\, H$	$G < H$ または $G \parallel H$
$[x]_{\sim}$	同値関係 $\sim$ による x の同値類
$X/{\sim}$	X の $\sim$ による商集合
$\widetilde{\mathbb{G}}$	非不偏ゲームの局面全体の集合
$\mathbb{G}$	$\widetilde{\mathbb{G}}/=$
$*$	$\{0 \mid 0\}$
$*k$	$\{0, *, *2, \ldots, *(k-1) \mid 0, *, *2, \ldots, *(k-1)\}$
$\uparrow$	$\{0 \mid *\}$
$\downarrow$	$\{* \mid 0\}$
$a \ll b$	任意の正整数 n に対して $n \cdot a < b$
$G : H$	G と H の順序和
$\uparrow^{n}$	$(* : n) - (* : (n-1))$
$\uparrow^{[n]}$	$(* : n) - *$
$+_G$	$\{0 \mid \{0 \mid -G\}\}$
$-_G$	$\{\{G \mid 0\} \mid 0\}$
$\pm x$	$\{x \mid -x\}$
$\widetilde{\mathbb{T}}$	超限ゲームの局面全体のクラス
$\widetilde{\mathbb{SN}}$	超現実数全体のクラス
$\mathrm{LC}(G)$	G の左断片
$\mathrm{RC}(G)$	G の右断片
$\mathrm{Ls}(G)$	G の左終局値

記法	意味
$\mathrm{Rs}(G)$	G の右終局値
$\mu(G)$	G の平均値
$\mathbb{R}$	実数全体の集合
$\mathbb{SN}$	$\widetilde{\mathbb{SN}}/=$
ω	$\{1, 2, 3, \ldots \mid\}$
$\mathbf{On}$	順序数全体のクラス
$\mathcal{P}_n$	ランクが n 以下の $\mathcal{P}$ 局面全体の集合
$\mathrm{rank}(G)$	G のランク
$o^-(G)$	逆形不偏ゲームの局面 G の帰結類
$G \equiv_{\mathcal{A}} H$	G と H は $\mathcal{A}$ を法として合同
$\langle G^{\mathcal{L}} \mid G^{\mathcal{R}} \rangle$	$G^{\mathcal{L}}$ を左選択肢の集合，$G^{\mathcal{R}}$ を右選択肢の集合とする得点付きゲームの局面
$\widetilde{\mathbb{S}}$	得点付きゲームの局面全体の集合
$\widetilde{\mathbb{S}}_i$	i 日目までに生まれた得点付きゲームの局面全体の集合
$\mathrm{Ls}(G)$	得点付きゲームの局面 G の左得点
$\mathrm{Rs}(G)$	得点付きゲームの局面 G の右得点
$\widetilde{\mathbb{GS}}$	保証された得点付きゲームの局面全体の集合
$G \succcurlyeq H$	（保証された得点付きゲームの局面）G は H 以上
$G \preccurlyeq H$	（保証された得点付きゲームの局面）G は H 以下
$G \sim H$	（保証された得点付きゲームの局面）G は H と等しい
$G \mathrel{\wr\wr} H$	（保証された得点付きゲームの局面）G は H と比較不能
$G \mathrel{\prec\wr\wr} H$	$G \not\succcurlyeq H$ のこと
$G \mathrel{\wr\wr\succ} H$	$G \not\preccurlyeq H$ のこと
$\mathbb{GS}$	$\widetilde{\mathbb{GS}}/\sim$
$\widehat{G}$	正規形ゲームの局面 G における空集合をすべて $\emptyset^0$ におきかえた得点付きゲームの局面
$\overleftrightarrow{G}$	G の共役
$\mathbf{on}$	$\{\mathbf{on} \mid\}$
$\mathbf{off}$	$\{\mid \mathbf{off}\}$
$\mathbf{dud}$	$\{\mathbf{dud} \mid \mathbf{dud}\}$
$\mathbf{over}$	$\{0 \mid \mathbf{over}\}$
$\mathbf{under}$	$\{\mathbf{under} \mid 0\}$

第 1 章

組合せゲーム

1.1 組合せゲームとは

ゲームの局面が与えられたとき，対戦者，あるいは観戦者にとって興味の対象となるのは，どちらのプレイヤーが有利であるかということです．ゲームが終了したとき，ルールを理解している人物ならば，どちらが勝利したかを判断することができるでしょうし，終盤であっても，熟練したプレイヤーならば勝利の天秤がどちらに傾いているかを判断することができるでしょう．また，仮に偶然の要素や伏せられた情報といったものがなければ，ゲームが始まった瞬間であったとしても，その後の展開をすべて調べ上げることで，どちらのプレイヤーが勝つことができるかを理論上は判定できます．つまり，これから先，もっともっとコンピューターが強力になれば，どんなゲームも必勝手順がいずれはわかってしまいます――本当でしょうか？

囲碁を例にして考えてみましょう．囲碁は 19×19 のサイズの盤面に石を打っていくゲームです．詳しいことはひとまず置いておいて，囲碁の局面を先読みしようとするとどれくらいの場合分けが必要になるか少し考えてみましょう．初手の候補は 361 通りです．2 手目まで考えると $361 \times 360 = 129{,}960$ 通り，3 手目まで考えれば $361 \times 360 \times 359 = 46{,}655{,}640$ 通りまで考えないと，すべての場合を読み尽くしたとはいえません．

このように，ゲームの場合分けは手数を進めるごとに飛躍的に増えていきます．これを組合せ爆発といいます．最終的に調べなければならない場合分けは非常に膨大になって，地球上の原子の数よりもはるかに大きくなり，どうやっても扱いきれなくなってしまいます．ゲーム木[1] の枝刈りなどの技術を用いれ

[1] **ゲーム木**（*game tree*）は，ゲームの局面を頂点とした木です．開始局面を根として，各局面から一手で遷移できる局面を子ノードとして順次終了局面まで書き下した有向グラフです．

ば，調べなければならない局面を減らすことはできますが，それでも依然として膨大な場合分けが残ってしまうことでしょう．

多くのゲームにおいて，ゲームの局面が分岐すると急速にその組合せの数が増え，世界で最も優れたコンピューターを何台も何十年もかけて利用しても，お互いのプレイヤーが最善を尽くしたときにどちらが勝てるのか判定することはできません．

それでは，すべての場合を調べ尽くすことなく必勝者を判定することはできないのでしょうか？ もちろん一般には，盤面の情報から効率良く必勝判定をすることが難しいゲームも存在します．その一方で，そのようなゲームであっても特殊な状況下においては（依然として単純な全探索が難しくても），必勝者を判定できることがあります．また，あらゆる局面において必勝者の判定が簡単にできるゲームも存在します．

そのような状況において力を発揮するのが，本書で扱う**組合せゲーム理論**（*Combinatorial Game Theory*）です．1990 年代に行われた囲碁に関する研究はその一例であり，ごく一部の囲碁の終盤局面では，プロ棋士でさえも最善の着手を求められないが，組合せゲーム理論を用いることで最善の着手を判定できる場合があることがわかりました [MG].

組合せゲーム理論の目的は，主に組合せゲームと呼ばれるゲームを数理的に解析することにあります．まずは組合せゲーム理論で扱う組合せゲームとはどのようなものであるかについて説明しましょう．

組合せゲーム（*Combinatorial Game*）とは，次の 2 つの性質を持つゲームです．

〈確定性〉「サイコロを振る」などの偶然の要素を含まない．

〈完全情報性〉 ゲームの進行において，「山札」や「手札」などの伏せられている情報がない．

例えば，囲碁や将棋，チェスなどは組合せゲームです．しかし，双六はサイコロを振るので，確定性を満たしません．また，ババ抜きは手札をお互い隠しているので完全情報性を満たしません．ほかにも麻雀やポーカーなども上の性質を満たさないため，組合せゲームではありません．

また，上記に加えて次の条件を課すことがあります．

(G1) 2人のプレイヤーが交互に着手する[2].
(G2) 自分の手番で着手できなくなったプレイヤーの負け.
(G3) ゲームは必ず有限手数で終了する.
(G4) 各局面での可能な着手は有限個である.

本書の第2章から第5章までで扱うゲームには，(G1), (G2), (G3), (G4) の条件をすべて課します．なぜなら，数学的に綺麗な理論が展開できるからです．

(G1) については，3人以上のプレイヤーが順に着手するゲームも考えられますが，3人いるとそのうちの2人が共闘できてしまいます．また，1人のプレイヤーが残り2人のうちどちらを勝たせるかを選べる状況になることもあります．そのため，3人ゲームを解析することは難しいといえます[3].

(G2) の条件を持つゲームを**正規形**（*normal*）のゲームといい，(G2) と反対の条件，つまり，自分の手番で着手できなくなったプレイヤーの勝ちであるという条件を持つゲームを**逆形**（*misère*）のゲームといいます．必勝条件が逆転しているだけなので，逆形ゲームは正規形ゲームの結果を用いてすぐに解析できると思われるかもしれません．しかし実際はそれほど単純ではなく，一般には逆形ゲームの方がはるかに難しくなります．このことについては第7章とそのコラム 7.5, 7.6 で少し触れます．他に，**得点付き**（*scoring*）**ゲーム**といって，ゲームが終了したときに場に得点が発生するゲームもあります．これも第7章で扱います．

(G1) と (G2) の「着手」の解釈を広げて，**パス**（*pass*）ができるゲームが研究されることもあります．それぞれのプレイヤーに一定の回数パスが許される場合，パスをすることも「一手」だと考えれば，パスのあるゲームも実は (G1) と (G2) の条件下にあるとみなせます．

そこで，パスのあるゲームが研究されるときには「ゲームの途中で，2人の

---

[2] 本書では，囲碁や将棋と同じく，各プレイヤーの着手をそれぞれ「一手」と呼びます．2人の着手を合わせて「一手」と呼ぶチェスなどの慣習とは異なることに注意してください．
[3] ただ，いくつか条件を課すことによってある程度の解析は行われています．興味のある方は [Li78, Str85, Loe96, Pro00, Cin10, Sue19] などの文献を参照してみてください．

プレイヤーはパスをすることができるが，どちらかのプレイヤーがパスをすると，以降はパスをすることができない．また，ゲームが終わったらパスをすることはできない」という条件が課されることがあります[4]．

(G3) の条件は同じプレイヤーが続けて何度も着手する場合も含みます[5]．どちらのプレイヤーも着手できなくなった局面を**終了局面**（*terminal positon*）といいます．(G3) の条件を満たさないゲームの典型例は，囲碁と将棋です．これらのゲームでは同じ局面が繰り返し現れることがあり，例えば囲碁の三劫や将棋の千日手がそれに当たります．このように局面のループを許すようなゲームは，**ルーピー**（*loopy*）**ゲーム**と呼ばれ，「引き分け」になることがあります．本書では，第 7 章で扱います．(G3) を満たさないゲームには，ループはしないけれど，次々と新しい局面が現れ，いつまでも終了しないというものもあります．

(G3) と (G4) の両方の条件を満たすゲーム，つまり，ゲームは必ず有限手数で終了し，各局面での可能な着手が有限個であるようなゲームを**ショート**（*short*）**ゲーム**と呼びます．このようなゲームでは，ある局面から有限手数で到達できる局面は全部集めても有限個しかないことが証明できます．

局面 G から，0 手以上たどって（ただし，同じプレイヤーの連続した着手も認めるとする）到達可能な任意の局面のことを，G の**（広義）後続局面**（*follower*）と呼びます．G 自身も G の後続局面となることに注意します．G が終了局面のときは G の後続局面の集合は $\{G\}$ となり，後続局面の集合の要素数は 1 になります．G が終了局面でないときは，G の後続局面の集合の要素数は 1 より大きくなります．

補題 1.1.1　ショートゲームでは，ある局面の後続局面は有限個しかない[6]．

証明　G をショートゲームの局面とする．G の後続局面全体の集合を $\overline{G}$ と記す．$\overline{G}$ が有限集合であることを証明するために，逆に無限集合だと仮定する．

---

[4] 先行研究については，[Now19] などを参照してみてください．

[5] (G1) の条件に反すると思われるかもしれませんが，今後登場する直和ゲームにおいては，この考え方が有効になります．

[6] この内容はグラフ理論や集合論で出てくるケーニヒ（König）の補題と本質的に同じです．

条件 (G4) により，G での着手は有限個しかないから，それらの着手によって遷移できる局面を $G_1, \ldots, G_k$ とすると $\overline{G} = \{G\} \cup \overline{G_1} \cup \cdots \cup \overline{G_k}$ である．$\overline{G}$ は無限集合なので，$\overline{G_i}$ の少なくとも 1 つは無限集合でなければならない．それを G' とすると，同様に G' からの着手で遷移できる局面 G'' で $\overline{G''}$ が無限集合のものが存在する．こうして一手で次々に遷移できる局面の無限列 G, G', $G'', \ldots$ が得られるが，これは条件 (G3) に矛盾する． □

(G3) を満たすけれども (G4) を満たすとは限らない場合，つまり，ゲームは必ず有限手数で終了するが，各局面での可能な着手は有限個とは限らないゲームを**超限**（*transfinite*）**ゲーム**といいます．ある局面からの着手が無限個あるようなゲームは解析が難しいと思われるかもしれませんが，実はそのような条件下でも必勝法を考えることができます．本書では第 6 章で扱います．

2 人が交互に着手するゲームにおいて，相手側がどのように着手してきても，適切に着手を続ければ勝てる場合には，そのプレイヤーが必勝戦略を持つといいます．

定理 1.1.2（組合せゲーム理論の基本定理） 4 つの条件 (G1), (G2), (G3), (G4) をすべて満たすゲームの任意の局面において，2 人のプレイヤーのうちただ 1 人が必勝戦略を持つ．

証明 補題 1.1.1 によりどの局面からの後続局面も有限個しかないから，後続局面数 n に関する数学的帰納法で証明する．$n = 1$ のとき，すなわちこれ以上着手できない局面では，(G2) から，直前に着手したプレイヤーの勝ちとなる．$n > 1$ のとき，すなわちまだ着手が可能な局面については，与えられた局面から，手番のプレイヤー（プレイヤー A とする）が一手着手した結果として得られる局面全体の集合 K を考える．(G3) より局面のループはないので，K のどの局面の後続局面数も n 未満だから，帰納法の仮定により，K の局面はどれも一方のプレイヤーが必勝戦略を持つ．K にプレイヤー A が必勝戦略を持つ局面が含まれているなら，その局面をプレイヤー A は選んで勝つことができる．K にプレイヤー A が必勝戦略を持つ局面が 1 つもないなら，A は着手不能か相手のプレイヤー（プレイヤー B とする）が必勝戦略を持つ局面を選ぶしかない．よってこの場合はプレイヤー B に必勝戦略がある．以上から，どちらかのプレイヤーに必勝戦略があるとわかる． □

このように，必勝戦略をどちらかのプレイヤーが持つことは保証されていますが，実際にどちらのプレイヤーが必勝戦略を持っているかを判定するのは大変です．理論的にはすべての着手を一手ずつ調べればいつかは結論が得られますが，ゲームの手数が伸びるとすぐ組合せ爆発が起こり，実際に計算することは不可能になります．しかし，組合せゲーム理論を用いると，ゲームの中に潜む数学的な構造を調べ，ゲームの必勝戦略保持者を代数的な性質と紐づけることにより，ずっと簡単な計算によって必勝戦略保持者を見つけられるようになります．

ところで，「ゲーム」という言葉には少し紛らわしい側面があります．「囲碁」のようにあるルールのもとでプレイされる「競技」そのものを意味する場合と，プレイのある時点での「盤面」を意味する場合とがあるからです．本書では前者のことを**ルールセット**（*ruleset*）と呼んで，後者のことを**局面**（*position*）と呼ぶことにします[7]．つまり，「囲碁」や「将棋」，「チェス」などはいずれもルールセットです．

次章以降で，組合せゲーム理論の理論的展開と，それがゲームの必勝戦略にどう関連付けられるのかを見ていきましょう．

1.2　コラム1：組合せゲーム理論の研究集会

みなさんの中には，実際に組合せゲーム理論を自分で研究して，新たな定理を発見したので発表したい，あるいは，日本や世界のほかの研究者たちがどのような研究をしているのかもっと知りたい，という方もいると思います．そのような方たちのために，ここでは組合せゲーム理論の研究集会をいくつか紹介します．

Combinatorial Game Theory Colloquium（http://cgtc.eu/）は2年に1回ポルトガルで開かれる組合せゲーム理論の研究集会で，世界中から組合せゲーム理論の研究者が集まります．組合せゲーム理論の有名な教科書や論文の著者も参加し，さながらオールスター勢ぞろいといった雰囲気です．研究発表を行う時間だけでなく，毎日午後には共同研究を行う時間も用意されていて，ここでまた新しい組合せゲーム理論の成果が生まれます．

日本組合せゲーム理論研究集会（https://sites.google.com/view/jcgtw/）は，本書の著者たちが運営している研究集会です．年に1回日本国内で開催されます．言

[7] 本書では可能な限りこの2つの言葉を使い分けるようにしますが，慣習に従い，ルールセットや局面のことを**ゲーム**（*game*）と呼ぶことがあります．

語は日本語で行われるので，国際的な研究集会はハードルが高いからまずは様子を見たい，という方にもおすすめです．

Japan Conference on Discrete and Computational Geometry, Graphs, and Games（*JCDCG*^{3}）（http://www.alg.cei.uec.ac.jp/itohiro/JCDCGG/）は年に1回国内またはアジアで開催される国際研究集会です．名前を見てもわかるようにやや手広い内容ですが，組合せゲーム理論の研究もいくつか発表されています．

国内の研究集会としては，ほかにも**組合せゲーム・パズルプロジェクト**（http://www.alg.cei.uec.ac.jp/itohiro/Games/），**情報処理学会ゲーム情報学研究会**（https://www.gi-ipsj.org/），**ゲーム・プログラミング・ワークショップ**（https://www.gi-ipsj.org/gpw/）などがあり，これらの研究集会でも組合せゲーム理論の発表を聞くことができます．

また，論文発表の場としては，数年に1回出版される論文集である *Games of No Chance* シリーズがあります．ほかに雑誌 *Integers* や *International Journal of Game Theory* でも組合せゲーム理論の特集号が組まれることもあります．*Theoretical Computer Science* などに掲載された論文もしばしば見かけます．

ここで紹介したような場で，本書を読んでくださった方たちとお会いできることを楽しみにしています！

◆演習問題◆

1. ★ 囲碁，将棋，チェス以外の組合せゲームの例を1つ挙げてください．

2. ★★ 3人で行う，次のようなルールセットを考えます．

> まず，開始時点で場に数0があります．プレイヤーは自分の手番で場の数を1か2増やして次のプレイヤーに手番を渡します．場の数を30にしたプレイヤーただ1人が勝ちとなります．

あるプレイヤーが，自分自身は勝つことができないが，残りの2人のうちどちらを勝者にするか選べる局面を1つ見つけてください．

3. ★★★ **チョンプ**（CHOMP）は，左下の1つのマスに毒がある板チョコを2人が交互に食べていき，最後に毒のマスを食べたプレイヤーが負けとなるルールセットです．すなわち，$k \times \ell$ の長方形状のマス目の局面から始め，お互いのプレイヤーは自分の手番で，1つのマスを選択し，その右上の領域に含まれるマス（選択したマスと，右にあるマス，上にあるマス，右上にあるマスすべて）を削除します．最後に左下の1マスを削除したプレイヤーの負けです．次の図はプレイの進行の一例です．左下の黒色のマスが毒のマスです．

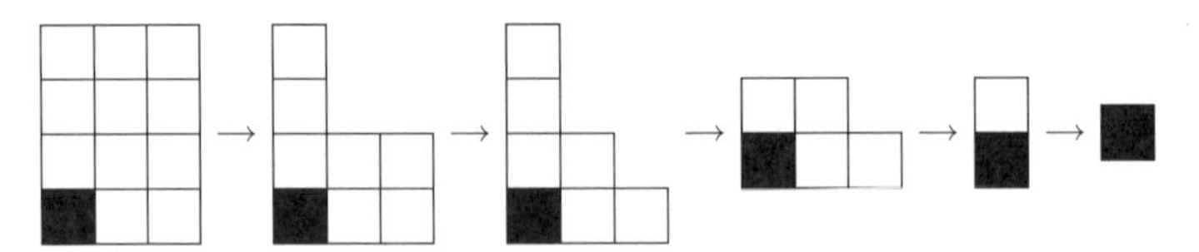

$k \times \ell$ $(k, \ell > 1)$ の長方形状のチョンプの局面では，常に先手のプレイヤーが必勝戦略を持つことを示してください．

4. ★★★　**五目並べ**は，盤面に黒と白の石を交互に打っていって，先に自分の色の石を縦・横・斜めのいずれかに5つ連続に並べた方の勝ちというルールセットです[8]．盤面すべてに石が埋まっても勝者が決まらなかった場合，引き分けとなります．禁じ手のない五目並べでは，必ず黒番（開始局面で先手のプレイヤー）が勝ちか引き分けに持ち込めることを証明してください．

---

8) 五目並べのような，両方のプレイヤーがそれぞれある形を目指すゲームは *Maker-Maker game* と呼ばれます．一方で，片方のプレイヤーがある形を目指し，もう片方のプレイヤーが盤面が埋まりきるまで邪魔をし続けることを目指すゲームを *Maker-Breaker game* といいます．これらのゲームを総称して *positional game* といいます．

第**2**章

ニムとグランディ数

本章では，不偏ゲームと呼ばれる，ある特徴を持つルールセットを考えます．まずは不偏ゲームの中で最も有名なルールセットであるニムについて紹介し，その必勝法を考えます．そして，不偏ゲームにおいて必勝法を調べるために用いるグランディ数について紹介します．

2.1　ニム

ニム（NIM）は次のようなルールセットです．

(i) 石をいくつか集めてできた 1 つのかたまりを山と呼び，その山をいくつか用意します．
(ii) 2 人のプレイヤーが交互に着手します．
(iii) プレイヤーが可能な着手は，自分の手番で，山を 1 つ選んでその山から好きなだけ（ただし 1 個以上）石を取り除くことです．
(iv) 最後に石を取ったプレイヤーの勝ちとなります．

ニムは石取りゲームとも呼ばれ，特に山が 3 つのときは，**三山崩し**と呼ばれることもあります．

各山の石の個数が $m_1, \ldots, m_n$ であるニムの局面を，$(m_1, \ldots, m_n)$ と書くことにします．例えば，山が 3 つあって，石の個数がそれぞれ 1 個，2 個，3 個であるとき，$(1, 2, 3)$ と表します．

例 2.1.1　局面が $(7, 8, 10)$ のとき，ニムのプレイは一例として次のように進行します．2 人のプレイヤーを A，B とします．

$$(7,8,10) \xrightarrow{\text{A}} (2,8,10) \xrightarrow{\text{B}} (2,4,10) \xrightarrow{\text{A}} (2,4,6) \xrightarrow{\text{B}} (2,1,6) \xrightarrow{\text{A}} (2,1,3)$$
$$\xrightarrow{\text{B}} (2,1,2) \xrightarrow{\text{A}} (2,0,2) \xrightarrow{\text{B}} (1,0,2) \xrightarrow{\text{A}} (1,0,1) \xrightarrow{\text{B}} (1,0,0) \xrightarrow{\text{A}} (0,0,0).$$

この場合，最後に着手したプレイヤー A の勝ちとなります．

実は，$(7,8,10)$ から始めると，後手がどんなに凄腕のプレイヤーであっても，先手は適切な着手をすれば，必ず勝つことができます．ここでは，プレイヤー A はある戦略に従って着手していました．A が用いたのは具体的にどのような戦略なのでしょうか？ それをこれから明らかにしていきましょう．

2.2 不偏ゲーム

ニムのようなルールセットは不偏ゲームの特徴を持っているので，ニムの必勝戦略について考察する前に，不偏ゲームについて説明します．あるルールセットにおいて，次の仮定が満たされているとき，**不偏ゲーム**（*impartial game*）と呼びます．

各局面において 2 人のプレイヤーの可能な着手は同じである [1]．

例 2.2.1　不偏ゲームの例としては次のようなものがあります．ニム以外のルールセットについては後で紹介します．

- ニム（石取りゲーム）
- ターニング・タートルズ
- 佐藤・ウェルターゲーム

しかし，例えば，囲碁やチェスは不偏ゲームではありません．なぜなら，あらかじめ決められた色の駒や石を使った着手しかできないからです．

では，不偏ゲームについて詳しくみていきましょう．まずは局面の定義から始めます．

---

[1] 第 4 章で使う言葉を用いれば，左選択肢の集合と右選択肢の集合が等しい，ということになります．

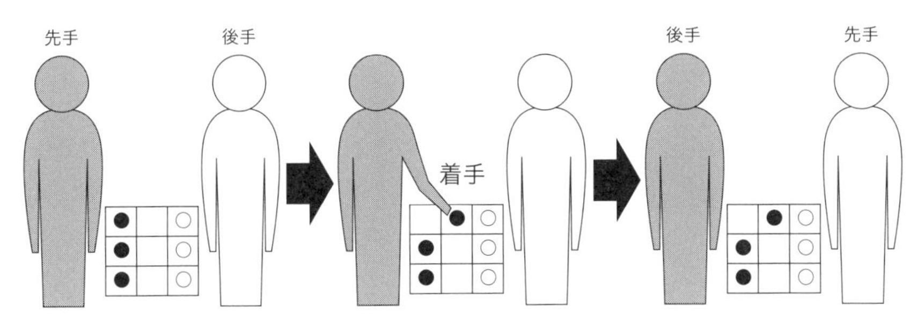

図 2.1 先手と後手は手番ごとに変わる

定義 2.2.2 先手（次の手番のプレイヤー）が必勝戦略を持つ局面を $\mathcal{N}$ **局面**（$\mathcal{N}$-*position*），後手（直前の手番のプレイヤー）が必勝戦略を持つ局面を $\mathcal{P}$ **局面**（$\mathcal{P}$-*position*）と呼ぶ [2]．

将棋では，開始局面の時点で「先手」と「後手」を固定します．一方，組合せゲーム理論では，与えられた局面について，その時点での次の手番のプレイヤーを「先手」，直前の手番のプレイヤーを「後手」と呼びます（図 2.1）．よって，将棋でいうような「先手」や「後手」とは意味が異なるため，注意が必要です [3]．

不偏ゲームの局面を終了局面から近い順に，$\mathcal{P}$ 局面であるか $\mathcal{N}$ 局面であるかを考えてみましょう．まず，終了局面は $\mathcal{P}$ 局面です．なぜなら，先手（次の手番のプレイヤー）は可能な着手がありませんから，後手の勝ちです．終了局面に一手で遷移できる局面は，そのように着手して勝つことができますから $\mathcal{N}$ 局面です．ある局面において，一手で遷移できる局面がすべて $\mathcal{N}$ 局面であれば，先手の自分が着手したあと，どうやっても後手の相手に勝たれてしまうので，その局面は $\mathcal{P}$ 局面です．一方で，ある局面において，1 つでも $\mathcal{P}$ 局面に一手で遷移する方法があれば，そのようにして勝てるので，$\mathcal{N}$ 局面となります．このように遡って考えていくことで，不偏ゲームの各局面は，$\mathcal{N}$ 局面と $\mathcal{P}$ 局面のどちらかに分類することができます．

---

[2] $\mathcal{N}$ と $\mathcal{P}$ はそれぞれ Next と Previous からきています．

[3] 囲碁にも先手ヨセや後手ヨセと呼ばれる概念があります．手番のプレイヤーが，その部分を打ち終わってまた自分の手番になるなら先手ヨセ，相手のプレイヤーに手番が渡ってしまうなら後手ヨセです．組合せゲーム理論で使う先手・後手の用語には，こちらの方が近いかもしれません．

与えられた不偏ゲームの局面全体の集合において，$\mathcal{N}$ 局面全体の集合と $\mathcal{P}$ 局面全体の集合を具体的に決定するときに，次の命題は有用です．

命題 2.2.3　ある不偏ゲームの局面全体の集合を $\mathcal{I}$ とし，$\mathcal{T} \subset \mathcal{I}$ をその不偏ゲームの終了局面全体の集合とする．$\mathcal{I}$ を2つの集合 $\mathcal{I} = N \cup P$ $(N \cap P = \emptyset)$ に分割し，次の3条件が満たされるならば，P はその不偏ゲームの $\mathcal{P}$ 局面全体の集合，N は $\mathcal{N}$ 局面全体の集合と一致する．

1. $\mathcal{T} \subset P$
2. $G \in N$ ならば，$G' \in P$ となるような，局面 G から一手で遷移できる局面 G' が存在する．
3. $G \in P$ ならば，$G' \in P$ となるような，局面 G から一手で遷移できる局面 G' は存在しない．

証明　後続局面の数に関する帰納法で証明することができる．与えられた局面が終了局面のとき，その局面は条件1より P に属する．また，正規形であるのでこれは $\mathcal{P}$ 局面である．与えられた局面が N に属しているとき，条件2から，P に属する局面に一手で遷移することができる．この局面は帰納法の仮定から $\mathcal{P}$ 局面であるので，元の局面は $\mathcal{N}$ 局面となる．また，与えられた局面が終了局面ではなく，P に属しているときは，条件3より一手先の局面は必ず N に属している．つまり，帰納法の仮定により，一手先の局面はすべて $\mathcal{N}$ 局面となるこ

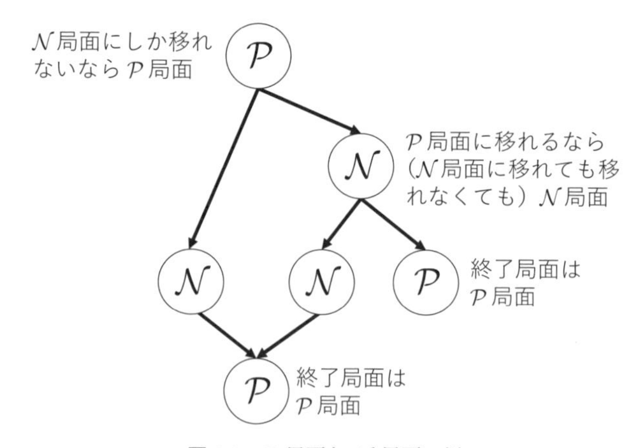

図 2.2　$\mathcal{P}$ 局面と $\mathcal{N}$ 局面の例

とから，元の局面は $\mathcal{P}$ 局面となる． □

図 2.2 は $\mathcal{P}$ 局面と $\mathcal{N}$ 局面の一例です．

2.3 ニムの必勝者判定

2.3.1 2 山以下のニム

不偏ゲームの定義が準備できたので，いよいよニムを解析していきます．まずは単純な場合について考えましょう．石が 1 つもないときは，どちらのプレイヤーにも可能な着手はないことから，終了局面になっています．したがって定義より，これは $\mathcal{P}$ 局面になります．

次に，山が 1 つしかない場合は，先手がその山からすべての石を取り去って終了局面にすることができます．したがって，石の個数にかかわらず $\mathcal{N}$ 局面になります．

命題 2.3.1 1 山のニムの局面 $(m_1)(m_1 \geq 0)$ を考える．$m_1 = 0$ のとき $\mathcal{P}$ 局面，そうではないとき $\mathcal{N}$ 局面となる．

では，山が 2 つあるときはどうでしょうか？ 最も単純な場合として，$(1,1)$ を考えてみましょう．可能な着手は $(1,0)$ にするか $(0,1)$ にするかのいずれかです．これらはいずれも 1 山のニムなので $\mathcal{N}$ 局面になります．よって $(1,1)$ からはすべての着手で $\mathcal{N}$ 局面に遷移することがわかりましたから，$(1,1)$ は $\mathcal{P}$ 局面となります．

次に，$(1,m_2)(m_2 > 1)$ を考えてみます．このとき，$(1,m_2)$ からは $(1,1)$ に一手で遷移できます．$(1,1)$ は $\mathcal{P}$ 局面だったので，$(1,1)$ に一手で遷移できる $(1,m_2)$ は $\mathcal{N}$ 局面となります．同じように考えて，$(m_1,1)(m_1 > 1)$ も $\mathcal{N}$ 局面です．

このように考えていくと，次のような結果が得られます．

命題 2.3.2 2 山のニムの局面 (m_1,m_2) は，$m_1 = m_2$ のとき $\mathcal{P}$ 局面，そうでないとき $\mathcal{N}$ 局面となる．

例 2.3.3 $(7,5)$ の局面について考えてみましょう．命題 2.3.2 より，これは $\mathcal{N}$ 局面となりますから，先手に必勝戦略があります．また命題 2.3.2 より，$(5,5)$ は $\mathcal{P}$ 局面ですから，自分が先手であるとすると，自分は $(5,5)$ とする着手が良い着手となります．次に相手が $(4,5)$ にしてきたら自分は $(4,4)$ にします．また相手が $(1,4)$ にしてきたら，自分は $(1,1)$ にと，常に同じ石の数にしていけば，最終的に自分が $(0,0)$ にして勝つことができます．

命題 2.3.1 と命題 2.3.2 を証明するにはどのようにしたらよいでしょうか？命題 2.3.1 の主張は命題 2.3.2 の主張に含まれますので，命題 2.3.2 を示せばよいです．いま，石の個数が小さいものから順に調べていきました．このような場合には，帰納法が有効だと考えられますので，帰納法で証明してみましょう．

証明 2山の石の個数の和に関する帰納法で証明する．$m_1 + m_2 = 0$ のとき，すなわち $m_1 = m_2 = 0$ のとき，これは明らかに終了局面なので $\mathcal{P}$ 局面である．

次に $m_1 + m_2 = k > 0$ のとき，主張が成り立つと仮定する．$m_1 + m_2 = k + 1$ の場合について考える．局面 (m_1, m_2) は着手によって (m_1', m_2) $(m_1' < m_1)$ または (m_1, m_2') $(m_2' < m_2)$ に変わる．ここでは (m_1', m_2) になるとする．

$m_1 = m_2$ のとき，$m_1' < m_2$ であり，また $m_1' + m_2 \leq k$ である．したがって帰納法の仮定により，これは $\mathcal{N}$ 局面である．(m_1, m_2') であっても同様に $\mathcal{N}$ 局面であるから，$m_1 = m_2$ のとき一手先の局面はすべて $\mathcal{N}$ 局面である．したがって，(m_1, m_2) $(m_1 = m_2)$ は $\mathcal{P}$ 局面となる．

最後に，$m_1 \neq m_2$ の場合について考える．$m_1 < m_2$ と考えても一般性を失わない．このとき，(m_1, m_2) からは (m_1, m_1) にすることができる．ここで，$m_1 + m_1 < m_1 + m_2 = k + 1$ であるから，帰納法により，(m_1, m_1) は $\mathcal{P}$ 局面となる．よって一手で $\mathcal{P}$ 局面に遷移できるので，$(m_1, m_2)(m_1 \neq m_2)$ は $\mathcal{N}$ 局面となる． □

2.3.2 3山以上のニム

1山と2山のニムは，$\mathcal{N}$ 局面と $\mathcal{P}$ 局面がわかりやすいものでした．しかし，3山のニムでは少し様相が違ってきます．石の総数が少ないところから順番に見ていきましょう．なお，煩雑になるのを避けるため，(a,b,c) と (a,c,b) のように単に順番が入れ替わっているものについては，昇順に並べ替えたものを1つだけ選ぶようにします．すなわち，(a, b, c) $(a \leq b \leq c)$ となるように書きます．

$(0,0,0)$ は $\mathcal{P}$ 局面です．$(0,0,1)$ は 1 山のニムなので $\mathcal{N}$ 局面です．次に石の総数が 2 の場合は，$(0,1,1)$ は 2 山のニムの議論から $\mathcal{P}$ 局面ですが $(0,0,2)$ は 1 山のニムなので $\mathcal{N}$ 局面です．石の総数が 3 の場合は，$(0,0,3)$ が $\mathcal{N}$ 局面なのはもう大丈夫ですね？ $(0,1,2)$ と $(1,1,1)$ も $(0,1,1)$ にすることができるので $\mathcal{N}$ 局面となります．石の総数が 4 の場合は $(0,2,2)$ が $\mathcal{P}$ 局面になるのは 2 山ニムで見た通りです．それ以外の場合は $\mathcal{N}$ 局面になります．石の総数が 5 の場合はすべて $\mathcal{N}$ 局面になります（章末の演習問題で実際に示してみましょう）．

このまま石の総数が 15 くらいまでの局面を調べると，$\mathcal{P}$ 局面は次のようになります．残りはすべて $\mathcal{N}$ 局面です．

$$(0,0,0), (0,1,1), (0,2,2), (0,3,3), (1,2,3), (0,4,4), (0,5,5), (1,4,5),$$
$$(0,6,6), (2,4,6), (0,7,7), (1,6,7), (2,5,7), (3,4,7), (3,5,6)$$

$\mathcal{P}$ 局面にはどのような特徴があるのでしょうか？ 少し観察すると，総和が偶数になっていることがわかります．しかし，総和が偶数になっていても $\mathcal{N}$ 局面となるものも多くあり，これだけでは十分ではありません．以下ではニムの $\mathcal{P}$ 局面と $\mathcal{N}$ 局面の判定法を紹介するために，まずはニム和を定義します．ここで，$\mathbb{N}_0$ を非負整数全体の集合とします．

定義 2.3.4 $a, b \in \mathbb{N}_0$ のそれぞれの数を 2 進表記[4] したものを繰り上がりなしに足し合わせた値[5] を**ニム和**（*nim-sum*）と呼び，$a \oplus b$ と書く．

ニム和は「排他的論理和」や「XOR 演算」とも呼ばれます．

例 2.3.5 3 と 5 のニム和，$3 \oplus 5$ を計算してみましょう．

まず，3 と 5 を 2 のべきに分解してみましょう．すると，

$$3 = 2^1 + 2^0$$
$$5 = 2^2 + 2^0$$

---

4) 非負整数 a が 2 のべきによって $a = a_k \times 2^k + a_{k-1} \times 2^{k-1} + \cdots + a_2 \times 2^2 + a_1 \times 2^1 + a_0 \times 2^0$（ただし，各 a_i は 0 または 1）と書けるとき，a を $(a_k\ a_{k-1}\ \ldots a_2\ a_1\ a_0)_2$ と書き，これを a の 2 進表記といいます．

5) $0 \oplus 0 = 0$，$1 \oplus 0 = 0 \oplus 1 = 1$ となります．また繰り上がりがないため，$1 \oplus 1 = 0$ となります．

表 2.1　ニム和 $a \oplus b$ $(0 \leq a, b \leq 15)$ の表

$\oplus$	0	1	2	3	4	5	6	7	8	9	10	11	12	13	14	15
0	0	1	2	3	4	5	6	7	8	9	10	11	12	13	14	15
1	1	0	3	2	5	4	7	6	9	8	11	10	13	12	15	14
2	2	3	0	1	6	7	4	5	10	11	8	9	14	15	12	13
3	3	2	1	0	7	6	5	4	11	10	9	8	15	14	13	12
4	4	5	6	7	0	1	2	3	12	13	14	15	8	9	10	11
5	5	4	7	6	1	0	3	2	13	12	15	14	9	8	11	10
6	6	7	4	5	2	3	0	1	14	15	12	13	10	11	8	9
7	7	6	5	4	3	2	1	0	15	14	13	12	11	10	9	8
8	8	9	10	11	12	13	14	15	0	1	2	3	4	5	6	7
9	9	8	11	10	13	12	15	14	1	0	3	2	5	4	7	6
10	10	11	8	9	14	15	12	13	2	3	0	1	6	7	4	5
11	11	10	9	8	15	14	13	12	3	2	1	0	7	6	5	4
12	12	13	14	15	8	9	10	11	4	5	6	7	0	1	2	3
13	13	12	15	14	9	8	11	10	5	4	7	6	1	0	3	2
14	14	15	12	13	10	11	8	9	6	7	4	5	2	3	0	1
15	15	14	13	12	11	10	9	8	7	6	5	4	3	2	1	0

となります．よって，それぞれの2進表記は $3 = (011)_2$，$5 = (101)_2$ であるので，

$$3 \oplus 5 = (011)_2 \oplus (101)_2 = (110)_2 = 6$$

というように計算できます．

ニム和の演算表は表2.1のようになります．

ニム和では交換法則と結合法則が成り立ちます．すなわち，

- $m_1 \oplus m_2 = m_2 \oplus m_1$
- $(m_1 \oplus m_2) \oplus m_3 = m_1 \oplus (m_2 \oplus m_3)$

が成立します．よって，$(m_1 \oplus m_2) \oplus m_3$ と $m_1 \oplus (m_2 \oplus m_3)$ は $m_1 \oplus m_2 \oplus m_3$ と書くことができます．同様にして，$m_1, m_2, \ldots, m_n \in \mathbb{N}_0$ に対し，$m_1 \oplus m_2 \oplus \cdots \oplus m_n$ が定義できます．

さらに，ニム和の性質を2つ紹介しておきます [6)]．

- $m_1 \oplus m_2 = 0 \Longleftrightarrow m_1 = m_2$

6) さらに，明らかに $m \oplus 0 = m$ となるので，非負整数全体の集合 $\mathbb{N}_0$ はニム和 $\oplus$ に関して，アーベル群（可換群）をなすということがわかります．結合法則と交換法則が成り立ち，単位元は0であり，m の逆元は m です．

・$m_1 \oplus m_2 \oplus \cdots \oplus m_{i-1} \oplus m_i \oplus m_{i+1} \oplus \cdots \oplus m_n = 0$ のとき，
$m_i = m_1 \oplus m_2 \oplus \cdots \oplus m_{i-1} \oplus m_{i+1} \oplus \cdots \oplus m_n$ となる．

さて，先に挙げたニムの $\mathcal{P}$ 局面の一覧を見てみましょう．各局面の石の数をニム和で足してみます．

$$
\begin{aligned}
&0 \oplus 0 \oplus 0 = 0 \\
&0 \oplus 1 \oplus 1 = 0 \\
&0 \oplus 2 \oplus 2 = 0 \\
&\qquad\quad \vdots \\
&2 \oplus 5 \oplus 7 = (010)_2 \oplus (101)_2 \oplus (111)_2 = (000)_2 = 0 \\
&3 \oplus 4 \oplus 7 = (011)_2 \oplus (100)_2 \oplus (111)_2 = (000)_2 = 0 \\
&3 \oplus 5 \oplus 6 = (011)_2 \oplus (101)_2 \oplus (110)_2 = (000)_2 = 0
\end{aligned}
$$

すべて 0 になりました．さらに，$\mathcal{N}$ 局面の方はどれもニム和で足して 0 にはなりません．実は，一般の山の数のニムのある局面において，各山の石の個数のニム和が 0 になるということが，その局面が $\mathcal{P}$ 局面であることの必要十分条件になります [Bou02].

定理 2.3.6 $(m_1, m_2, \ldots, m_n)$ であるニムの局面を考える．

$$
\begin{aligned}
m_1 \oplus m_2 \oplus \cdots \oplus m_n \neq 0 &\iff (m_1, m_2, \ldots, m_n) \text{ は } \mathcal{N} \text{ 局面} \\
m_1 \oplus m_2 \oplus \cdots \oplus m_n = 0 &\iff (m_1, m_2, \ldots, m_n) \text{ は } \mathcal{P} \text{ 局面}
\end{aligned}
$$

である．

これは組合せゲームの必勝法を数学的に論じて得られた結果として，最も古いものの一つです．

定理を証明する前に具体例を見てみましょう．

例 2.3.7 ニムの局面が $(7, 8, 10)$ のときを考えます．ニム和を計算すると，

$$7 \oplus 8 \oplus 10 = (111)_2 \oplus (1000)_2 \oplus (1010)_2 = (101)_2 = 5 \neq 0$$

となるので，これは $\mathcal{N}$ 局面です．先手はニム和が 0 となるように着手すれば

よいです．いま，ニム和が5になっていることに注目すると，$7 \oplus 8 \oplus 10 = 5$ の両辺に5をニム和で足せば，

$$(7 \oplus 8 \oplus 10) \oplus 5 = 5 \oplus 5 = 0$$

となります．交換法則と結合法則より，

$$(7 \oplus 5) \oplus 8 \oplus 10 = 0$$
$$7 \oplus (8 \oplus 5) \oplus 10 = 0$$
$$7 \oplus 8 \oplus (10 \oplus 5) = 0$$

であることに注意します．ここで，

$$7 \oplus 5 = 2,\ 8 \oplus 5 = 13,\ 10 \oplus 5 = 15$$

ですから，必勝手の候補は「7を2にする」「8を13にする」「10を15にする」の3つがあります．しかし，ニムのルールにおいて可能な着手は「7を2にする」のみです．よって，$(7, 8, 10)$ からは $(2, 8, 10)$ とする場合にのみ勝つことができ，それ以外の手では相手に必勝戦略が生じてしまうことになります．

命題2.2.3を用いて定理2.3.6の証明をしましょう．

定理2.3.6の証明　P をニム和が0となる局面の集合，N をニム和が0とならない局面の集合とする．明らかに終了局面 $(0, 0, \ldots, 0)$ は P に属する．よって命題2.2.3の(1)が成り立つ．

与えられた局面 $(m_1, m_2, \ldots, m_n)$ が P に属するとする．このとき，

$$m_1 \oplus \cdots \oplus m_{i-1} \oplus m_i \oplus m_{i+1} \oplus \cdots \oplus m_n = 0$$

となるので，

$$m_i = m_1 \oplus \cdots \oplus m_{i-1} \oplus m_{i+1} \oplus \cdots \oplus m_n$$

である．

ここで，ある m_i を $m'_i\ (< m_i)$ に変える着手を考えると，

$$m_1 \oplus \cdots \oplus m_{i-1} \oplus m'_i \oplus m_{i+1} \oplus \cdots \oplus m_n$$

$$
\begin{aligned}
&= m_i' \oplus m_1 \oplus \cdots \oplus m_{i-1} \oplus m_{i+1} \oplus \cdots \oplus m_n \\
&= m_i' \oplus m_i \\
&\neq 0
\end{aligned}
$$

となる．よって，一手先の局面は必ず N に属するから，命題 2.2.3 の (3) が成り立つ．

与えられた局面 $(m_1, m_2, \ldots, m_n)$ が N に属するとする．このとき，$M = m_1 \oplus m_2 \oplus \cdots \oplus m_n$ とする．$M \neq 0$ だから，$m_1, m_2, \ldots, m_n$ を 2 進表記して各桁の 1 の個数を数えると，M の最上位と同じ桁では必ず 1 の個数が奇数になっている．いま，2 進表記して M の最上位と同じ桁が 1 となる m_i を取る．すると，$M \oplus m_i < m_i$ が成り立つから，m_i を $M \oplus m_i$ に変える着手が可能である．その着手を行うと，

$$
\begin{aligned}
&m_1 \oplus \cdots \oplus m_{i-1} \oplus (M \oplus m_i) \oplus m_{i+1} \oplus \cdots \oplus m_n \\
&= M \oplus m_1 \oplus \cdots \oplus m_{i-1} \oplus m_i \oplus m_{i+1} \oplus \cdots \oplus m_n \\
&= 0
\end{aligned}
$$

となる．したがって，P に属する局面に一手で遷移できるため，命題 2.2.3 の (2) が成り立つ．

以上から，命題 2.2.3 より，P と N はそれぞれ $\mathcal{P}$ 局面全体の集合と $\mathcal{N}$ 局面全体の集合になる． □

2.4 グランディ数

ここまではニムについて，与えられた局面において先手が必勝戦略を持つか，後手が必勝戦略を持つかを判定してきました．ここからはさらに視野を広げて，一般の不偏ゲームについても同様に判定することを考えていきましょう．その判定のために Sprague と Grundy によって別々に生み出されたものが，*Sprague-Grundy* **数**と呼ばれる値です [Spr36, Gru39]．この値は**グランディ数**，*SG* **数**，*Grundy value*，*$\mathcal{G}$-value* とも呼ばれ，以降ではグランディ数と呼ぶことにしま

す[7]．グランディ数は次の最小除外数を用いて定義されます．

定義 2.4.1 T を $\mathbb{N}_0$ の真部分集合であるとする．T の**最小除外数** $\mathrm{mex}(T)$ は次のように定義される[8]．

$$\mathrm{mex}(T) = \min(\mathbb{N}_0 \setminus T).$$

標語的にいえば，$\mathrm{mex}(T)$ とは "集合 T に含まれない数のうち最も小さい非負整数" です．

例 2.4.2 $\mathrm{mex}(\{0,1,2,4,5,7\})$ と $\mathrm{mex}(\{1,2,4,5,7\})$ と $\mathrm{mex}(\emptyset)$ を計算すると，次のようになります．ただし，$\emptyset$ は空集合です．

$$\begin{aligned}
\mathrm{mex}(\{0,1,2,4,5,7\}) &= \min(\mathbb{N}_0 \setminus \{0,1,2,4,5,7\}) \\
&= \min(\{3,6,8,9,\ldots\}) = 3, \\
\mathrm{mex}(\{1,2,4,5,7\}) &= \min(\mathbb{N}_0 \setminus \{1,2,4,5,7\}) \\
&= \min(\{0,3,6,8,9,\ldots\}) = 0, \\
\mathrm{mex}(\emptyset) &= \min(\mathbb{N}_0 \setminus \emptyset) = \min(\mathbb{N}_0) = \min(\{0,1,2,\ldots\}) = 0.
\end{aligned}$$

以降，局面 G から局面 G' へ一手で遷移できることを，$G \to G'$ で表すことにします．

定義 2.4.3 G を不偏ゲームの局面とする．$\mathcal{G}(G)$ を G の**グランディ数**と呼び，次のように再帰的に定義する．

$$\mathcal{G}(G) = \mathrm{mex}(\{\mathcal{G}(G') \mid G \to G'\}).$$

特に，終了局面のグランディ数は 0 である．

---

[7] Sprague の方が発表自体は早かったのですが，歴史的経緯により Grundy の論文の方がよく知られることとなり，グランディ数と呼ばれることが多くなってしまいました．もちろん，今では論文などで Sprague-Grundy の理論を用いる際は，両者の論文を参照することが一般的です．

[8] mex は minimum excluded number の略です．

例 2.4.4 ゲームの遷移を次の図で書いたとしましょう.

6 つの局面 A, B, C, D, E, F を頂点と対応させ，ある局面から別のある局面へ一手で遷移できるとき，対応する頂点間に有向辺を入れています.

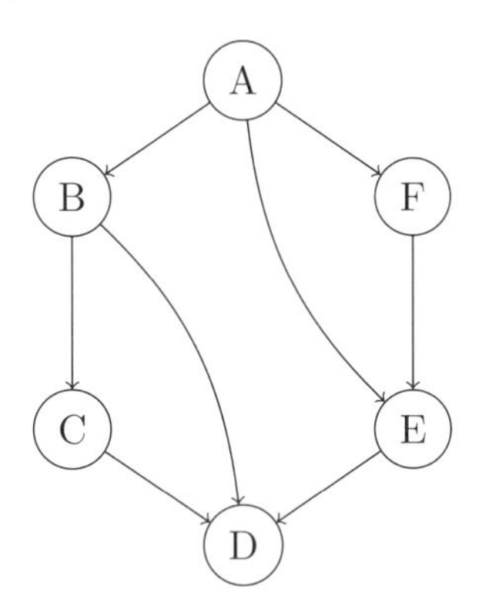

このとき，最も下にある局面 D は遷移先がないため，終了局面です.
終了局面のグランディ数は

$$\mathcal{G}(\mathrm{D}) = \mathrm{mex}(\emptyset) = 0$$

となります.

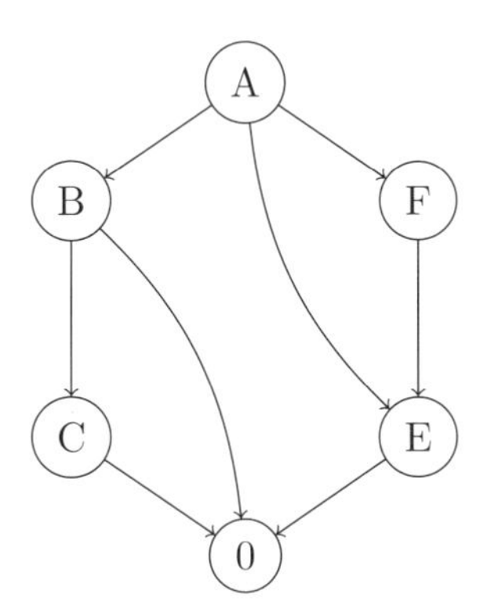

C と E の一手先の局面 D のグランディ数が求まったため，次に局面 C と E のグランディ数を計算してみましょう [9]. 一手の遷移先の局面 D のグランディ

[9] この時点では，局面 B，局面 F，局面 A のグランディ数は計算できません.

数は 0 ですから,

$$\mathcal{G}(\mathrm{C}) = \mathrm{mex}(\{0\}) = 1,\ \mathcal{G}(\mathrm{E}) = \mathrm{mex}(\{0\}) = 1$$

となります.

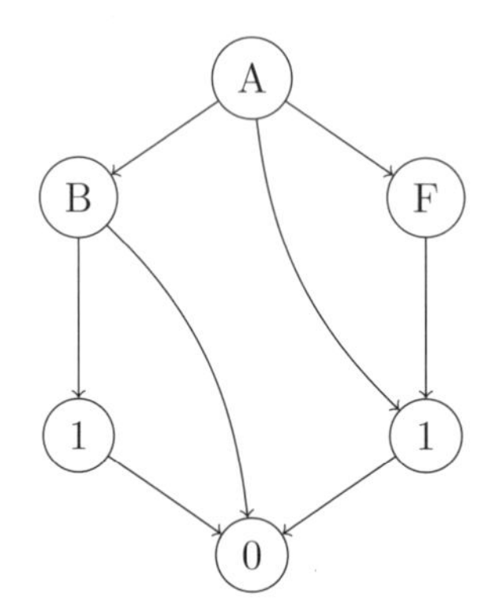

次に局面 F と局面 B のグランディ数を求めてみましょう. 局面 F の一手の遷移先の局面のグランディ数は 1, 局面 B の一手の遷移先の局面のグランディ数は 0 と 1 ですから,

$$\mathcal{G}(\mathrm{F}) = \mathrm{mex}(\{1\}) = 0,\ \mathcal{G}(\mathrm{B}) = \mathrm{mex}(\{0,1\}) = 2$$

となります.

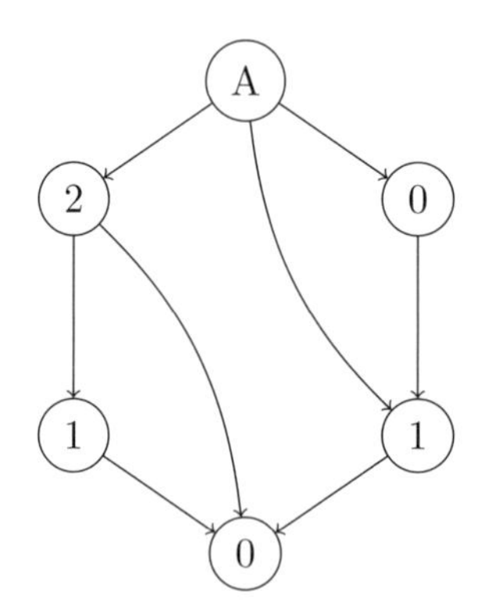

最後に局面 A のグランディ数を求めると,

$$\mathcal{G}(\mathrm{A}) = \mathrm{mex}(\{0,1,2\}) = 3$$

となり，次を得ます．

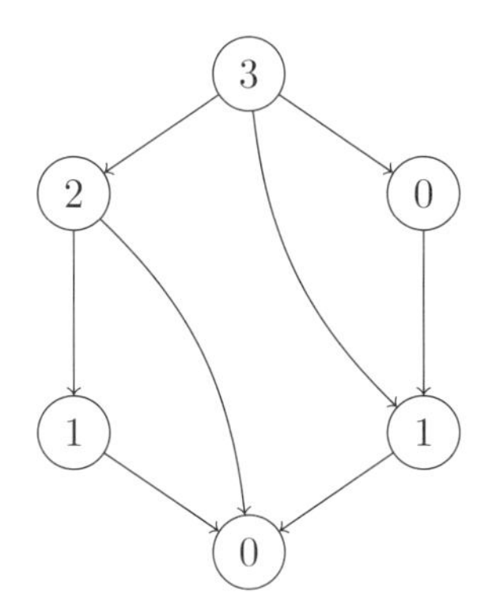

これらが 6 つの各局面 A, B, C, D, E, F におけるグランディ数となります．

ニムの局面 $(m_1, m_2, \ldots, m_n)$ に対して，そのグランディ数 $\mathcal{G}((m_1, m_2, \ldots, m_n))$ が定義されます．ここで，混乱の恐れがない場合は二重になっている括弧を省略して単に $\mathcal{G}(m_1, m_2, \ldots, m_n)$ と書きます．

例 2.4.5 石の個数が m 個の 1 山のニムでは，石の個数が $m-1, \ldots, 1, 0$ のいずれかの局面に一手で遷移することができます．したがって，石の個数が m 個の 1 山のニムのグランディ数を $\mathcal{G}(m)$ とすると，

$$\mathcal{G}(m) = \mathrm{mex}(\{\mathcal{G}(m-1), \ldots, \mathcal{G}(1), \mathcal{G}(0)\})$$

となります．これを順に計算すれば表 2.2 のようになります．

表 2.2 1 山ニムのグランディ数

m	0	1	2	3	4	5	6	7	8	9	10	$\cdots$
$\mathcal{G}(m)$	0	1	2	3	4	5	6	7	8	9	10	$\cdots$

よって，帰納法を用いれば，任意の m に対して

$$\mathcal{G}(m) = m$$

であることがわかります．

各局面のグランディ数を見ると何がわかるのでしょうか？ G を不偏ゲームの局面として，いろいろな局面で観察を行うと，$\mathcal{G}(G) \neq 0$ の局面からは一手で

$\mathcal{G}(G)=0$ の局面に遷移できる一方で，$\mathcal{G}(G)=0$ の局面からは一手で $\mathcal{G}(G)\neq 0$ の局面にしか遷移できないことがわかります．

実は，一般にグランディ数について次のことが成り立ちます [Spr36, Gru39].

定理 2.4.6　G を不偏ゲームの局面とすると，次が成り立つ．

$$\mathcal{G}(G)\neq 0 \iff G \text{ は } \mathcal{N} \text{ 局面},$$
$$\mathcal{G}(G)=0 \iff G \text{ は } \mathcal{P} \text{ 局面}.$$

証明　P をグランディ数が 0 の局面の集合，N をグランディ数が 0 ではない局面の集合とする．グランディ数の定義より，終了局面が P に属すること，N に属する局面は一手で P に属する局面に遷移できること，P に属する局面から P に属する局面には一手で遷移できないことがわかる．よって命題 2.2.3 より，P は $\mathcal{P}$ 局面全体の集合であり，N は $\mathcal{N}$ 局面全体の集合となる．□

この定理はとても有用ですが，これだけではグランディ数のありがたみを感じないでしょう．しかし，実はグランディ数は局面の直和を解析する場合にも役に立ち，そこでさらなる威力を発揮します．

局面の直和について説明します．2つの不偏ゲームの局面 G, H があり，それぞれの一手先の局面の集合を X, Y とします．そして，$G+H$ を，任意の $G'+H$ $(G'\in X)$ または $G+H'$ $(H'\in Y)$ へ一手で遷移できる局面であるとして再帰的に定義します．このとき，$G+H$ を G と H の**直和**（*disjunctive sum*）と定義します．

つまり，2つのゲームの局面 G と H を横に並べて，プレイヤーはどちらか1つを選んで一手着手して相手に手番を渡す，ということを交互に繰り返すゲームのことを考えているわけです．そのようなゲームを**直和ゲーム**と呼びます．直和されている局面がどちらも終了局面になれば，直和ゲームも終了局面となります．

3つのゲームの局面 G, H, J の直和について，$(G+H)+J$ も $G+(H+J)$ も同一のゲーム木を持ちます．よって結合法則が成り立つため，単に $G+H+J$ と書くことにします．3つより多くの局面の直和も同様に括弧を省いて記述します．3つ以上の局面の直和についても，意味付けとしては複数の局面があって，プレイヤーはいずれか1つを選んで一手着手して相手に手番を渡すゲームとなります．このとき，すべての局面が終了局面になれば，直和ゲームも終了局面になります．

定理 2.4.7 任意の不偏ゲームの局面 G, H について，

$$\mathcal{G}(G+H) = \mathcal{G}(G) \oplus \mathcal{G}(H)$$

が成り立つ．

つまり，直和ゲームのそれぞれの成分（局面）のグランディ数さえわかれば，それらのニム和を計算することによって，元の直和ゲームのグランディ数を計算することができるのです．

この定理を証明するために，次の補題を用意します．

補題 2.4.8 任意の非負整数 a, b に対して，

$$a \oplus b = \mathrm{mex}(\{a' \oplus b,\ a \oplus b' \mid 0 \leq a' < a,\ 0 \leq b' < b\})$$

が成り立つ．

証明　$c = \mathrm{mex}(\{a' \oplus b, a \oplus b' \mid 0 \leq a' < a,\ 0 \leq b' < b\})$ とする．このとき，$a \oplus b \oplus c = 0$ を示せば，$a \oplus b = c$ が示せたことになる．$a \oplus b \oplus c = 0$ を示すために，定理 2.3.6 を用いて 3 山のニム (a, b, c) が $\mathcal{P}$ 局面であることを示す．

任意の $a'(< a)$ に対して $a' \oplus b \neq c$ なので $a' \oplus b \oplus c \neq 0$ であるから，(a', b, c) は $\mathcal{N}$ 局面となる．同様にして，任意の $b'(< b)$ に対して (a, b', c) は $\mathcal{N}$ 局面である．最後に，任意の $c'(< c)$ に対して，mex の定義より，$a' \oplus b = c'$ となる $a'(< a)$ か，$a \oplus b' = c'$ となる $b'(< b)$ の，少なくとも一方が存在する．前者の場合，$a' \oplus b \oplus c' = 0$ なので (a', b, c') は $\mathcal{P}$ 局面となる．後者の場合も同様に考えて，(a, b', c') は $\mathcal{P}$ 局面となる．いずれにせよ一手で $\mathcal{P}$ 局面に遷移できるので，(a, b, c') は $\mathcal{N}$ 局面である．したがって，(a, b, c) からどのように着手しても $\mathcal{N}$ 局面となるので，(a, b, c) は $\mathcal{P}$ 局面となり，$a \oplus b \oplus c = 0$ が成り立つ．ゆえに $a \oplus b = c = \mathrm{mex}(\{a' \oplus b,\ a \oplus b' \mid 0 \leq a' < a,\ 0 \leq b' < b\})$ である． □

mex を利用したこの式を使うことで，$0 \oplus 0 = \mathrm{mex}(\emptyset) = 0$ から順に再帰的に値を定めることができます．そのため，この式をニム和の定義として用いることもあります．

定理 2.4.7 の証明　$G+H$ の後続局面数に関する帰納法を用いて証明する．

G が終了局面のときは，$G+H=H, \mathcal{G}(G)=0$ であることから，主張が成り立つ．H が終了局面のときも同様である．

G,H がともに終了局面でないとする．補題 2.4.8 より，

$$\mathcal{G}(G)\oplus\mathcal{G}(H)=\text{mex}(\{i\oplus\mathcal{G}(H)\mid i<\mathcal{G}(G)\}\cup\{\mathcal{G}(G)\oplus j\mid j<\mathcal{G}(H)\})$$

が成り立つ．グランディ数の定義より，任意の $i<\mathcal{G}(G)$ に対して，$G\to G'$ となるような G' が存在して $\mathcal{G}(G')=i$ となる．同様に，任意の $j<\mathcal{G}(H)$ に対して，$H\to H'$ となるような H' が存在して $\mathcal{G}(H')=j$ となる．したがって，

$$\begin{aligned}&\{\ i\oplus\mathcal{G}(H)\mid i<\mathcal{G}(G)\}\cup\{\mathcal{G}(G)\oplus j\mid j<\mathcal{G}(H)\}\\ \subset&\{\ \mathcal{G}(G')\oplus\mathcal{G}(H)\mid G\to G'\}\cup\{\mathcal{G}(G)\oplus\mathcal{G}(H')\mid H\to H'\}\end{aligned}$$

である．これより，

$$\begin{aligned}&\text{mex}(\{i\oplus\mathcal{G}(H)\mid i<\mathcal{G}(G)\}\cup\{\mathcal{G}(G)\oplus j\mid j<\mathcal{G}(H)\})\\ \le&\text{mex}(\{\mathcal{G}(G')\oplus\mathcal{G}(H)\mid G\to G'\}\cup\{\mathcal{G}(G)\oplus\mathcal{G}(H')\mid H\to H'\})\end{aligned}$$

が成り立つ．したがって，

$$\mathcal{G}(G)\oplus\mathcal{G}(H)\le\text{mex}(\{\mathcal{G}(G')\oplus\mathcal{G}(H)\mid G\to G'\}\cup\{\mathcal{G}(G)\oplus\mathcal{G}(H')\mid H\to H'\})$$

を得る．一方，$G\to G', H\to H'$ であるとき，$\mathcal{G}(G)\neq\mathcal{G}(G')$，$\mathcal{G}(H)\neq\mathcal{G}(H')$ であるから，

$$\mathcal{G}(G)\oplus\mathcal{G}(H)\notin\{\mathcal{G}(G')\oplus\mathcal{G}(H)\mid G\to G'\}\cup\{\mathcal{G}(G)\oplus\mathcal{G}(H')\mid H\to H'\}$$

を得る．したがって，

$$\mathcal{G}(G)\oplus\mathcal{G}(H)\ge\text{mex}(\{\mathcal{G}(G')\oplus\mathcal{G}(H)\mid G\to G'\}\cup\{\mathcal{G}(G)\oplus\mathcal{G}(H')\mid H\to H'\})$$

となる．よって，

$$\mathcal{G}(G)\oplus\mathcal{G}(H)=\text{mex}(\{\mathcal{G}(G')\oplus\mathcal{G}(H)\mid G\to G'\}\cup\{\mathcal{G}(G)\oplus\mathcal{G}(H')\mid H\to H'\})$$

が成り立つ．さて，帰納法の仮定から，

$$\begin{aligned}&\{\mathcal{G}(G')\oplus\mathcal{G}(H)\mid G\to G'\}\cup\{\mathcal{G}(G)\oplus\mathcal{G}(H')\mid H\to H'\}\\=&\{\mathcal{G}(G'+H)\mid G\to G'\}\cup\{\mathcal{G}(G+H')\mid H\to H'\}\end{aligned}$$

を得る．ここで，ゲームの直和と mex の定義より，

$$\mathcal{G}(G+H)=\mathrm{mex}(\{\mathcal{G}(G'+H)\mid G\to G'\}\cup\{\mathcal{G}(G+H')\mid H\to H'\})$$

が成り立つ．以上の議論から，等式

$$\begin{aligned}\mathcal{G}(G+H)&=\mathrm{mex}(\{\mathcal{G}(G')\oplus\mathcal{G}(H)\mid G\to G'\}\cup\{\mathcal{G}(G)\oplus\mathcal{G}(H')\mid H\to H'\})\\&=\mathcal{G}(G)\oplus\mathcal{G}(H)\end{aligned}$$

を得る． □

系 2.4.9 $\mathcal{G}(G_1+G_2+\cdots+G_n)=\mathcal{G}(G_1)\oplus\mathcal{G}(G_2)\oplus\cdots\oplus\mathcal{G}(G_n)$.

例 2.4.10 ニムの局面は，1 山ニムの局面の直和であると考えることができます．ニムの局面 $(m_1,m_2,\ldots,m_n)$ に対して，そのグランディ数は

$$\begin{aligned}\mathcal{G}((m_1,m_2,\ldots,m_n))&=\mathcal{G}((m_1)+(m_2)+\cdots+(m_n))\\&=\mathcal{G}(m_1)\oplus\mathcal{G}(m_2)\oplus\cdots\oplus\mathcal{G}(m_n)\\&=m_1\oplus m_2\oplus\cdots\oplus m_n\end{aligned}\tag{2.1}$$

となるため，

$$\begin{aligned}(m_1,m_2,\ldots,m_n)\text{ が }\mathcal{P}\text{ 局面}&\iff\mathcal{G}((m_1,m_2,\ldots,m_n))=0\\&\iff m_1\oplus m_2\oplus\cdots\oplus m_n=0\end{aligned}$$

となること，すなわち定理 2.3.6 の $\mathcal{P}$ 局面に関する主張を導くことができます．$\mathcal{N}$ 局面に関する主張についても同様です．

以上より，不偏ゲームの局面のグランディ数についてまとめると，次のようになります．

- 各局面での必勝戦略保持者がわかる．
- 直和ゲームに対しても簡単な計算で必勝戦略がわかるため，複数のゲーム

を同時にプレイする場合や，1つの局面を独立した局面に分解する際の解析も可能である．

さらに，グランディ数はその定義により，理論上どのような局面でも終了局面から遡って再帰的に計算することができます．ですが，組合せ爆発が起きてしまうため，グランディ数の閉じた式，つまり局面の情報を入力することで（再帰的な方法を使わずに）グランディ数を直接求められる式があれば，その計算量を減らすことができます．例えば，例 2.4.10 の式 (2.1) はニムのグランディ数の閉じた式です．しかし，一般に与えられたルールセットからグランディ数の閉じた式を見つけることは容易ではありません．そのため，不偏ゲームの研究では，主にグランディ数の閉じた式を見つけることが目標となります．

2.5　ターニング・タートルズ

様々な不偏ゲームについては，主に第3章で紹介しますが，ここで**ターニング・タートルズ**（Turning Turtles）と呼ばれる代表的な不偏ゲームを紹介します．ルールは次の通りです[10]．

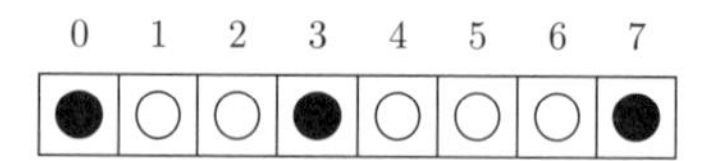

横1列に並んだ有限個のマス目の上に1枚ずつコインが置いてあります．○が表のコインで，●が裏のコインです．

プレイヤーは自分の手番でコインを2枚選んでひっくり返します．ただし，その2枚のうち右側のコインは表から裏に変えなければなりません．左側のコインは表から裏でも裏から表でもどちらでもかまいません．また，着手不能になったらゲームは終了です．左端以外のすべてのコインが裏になれば，左端のコインが表でも裏でもゲームは着手不能となります．

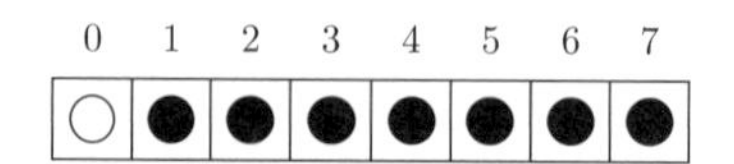

表になっているコインの番号を $(t_1, t_2, \ldots, t_k)$ と並べたものを，ターニング・

10) 文献によっては少し違ったルールで紹介されていることもありますが（[WW, IGS] など），本質的な違いはありません．

タートルズの局面とします．

ターニング・タートルズのグランディ数については，閉じた式が知られており，次のようになります．

定理 2.5.1　$G = (t_1, t_2, \ldots, t_k)$ をターニング・タートルズの局面とすると，その局面のグランディ数数は

$$\mathcal{G}(G) = t_1 \oplus t_2 \oplus \cdots \oplus t_k$$

となる．

証明　ターニング・タートルズの局面 $G = (t_1, t_2, \ldots, t_k)$ のグランディ数と石が $t_1, t_2, \ldots, t_k$ 個である k 山のニムの局面 H のグランディ数が等しいことを示す．そのために，G のすべての遷移先について，同じグランディ数を持つ遷移先が H にも存在し，また逆も成り立つことを示す．

$t_1 + t_2 + \cdots + t_k$ に関する帰納法で示す．終了局面の場合はともにグランディ数は 0 になる．

まず，G において，t_i 番目のコインを裏返し，s $(< t_i)$ 番目の裏のコインをひっくり返して表にする着手で得られる局面 G' について考える．このとき，H において，石が t_i 個の山を消して，石が s 個の山を生み出すこと，すなわち，t_i 個の山から石を $(t_i - s)$ 個取り除くことで得られる局面 H' が対応し，帰納法の仮定より H' のグランディ数と G' のグランディ数は一致する．

次に，G において，t_i 番目のコインを裏返し，t_ℓ $(< t_i)$ 番目の表のコインを裏返す着手で得られる局面 G'' について考える．このとき，帰納法の仮定より，G'' のグランディ数は

$$t_1 \oplus \cdots \oplus t_{\ell-1} \oplus t_{\ell+1} \oplus \cdots \oplus t_{i-1} \oplus t_{i+1} \oplus \cdots \oplus t_k$$

となる．ニムにおいては 2 つの山を取り去るような着手は存在しないが，石が t_i 個の山から $(t_i - t_\ell)$ 個の石を取って，石が t_ℓ 個の山を 2 つ作る着手について考えると，その着手で得られる局面 H'' のグランディ数は

$$t_1 \oplus \cdots \oplus t_{\ell-1} \oplus t_\ell \oplus t_{\ell+1} \oplus \cdots \oplus t_{i-1} \oplus t_\ell \oplus t_{i+1} \oplus \cdots \oplus t_k$$

となり，$t_\ell \oplus t_\ell = 0$ より G'' のグランディ数と一致する．

逆に，H において石が t_i 個ある山から石を取り去って $t'_i\ (< t_i)$ 個に変えた局面 H' について考える．もし，$t'_i \notin \{t_1, \ldots, t_{i-1}, t_{i+1}, \ldots, t_k\}$ だとすると，上述のように，G において，t_i 番目のコインを裏返し，t'_i 番目の裏のコインを裏返して表にする着手で得られる局面のグランディ数と等しくなる．一方，$t'_i \in \{t_1, \ldots, t_{i-1}, t_{i+1}, \ldots, t_k\}$ だとすると，上述のように，その局面のグランディ数は G から t_i 番目のコインを裏返し，t'_i 番目の表のコインを裏返す着手で得られる局面のグランディ数と等しくなる．

以上より，G のすべての遷移先について，同じグランディ数を持つ遷移先が H にも存在し，また逆も成り立つので，ターニング・タートルズの局面 $G = (t_1, t_2, \ldots, t_k)$ のグランディ数と石が $t_1, t_2, \ldots, t_k$ 個である k 山のニムの局面 H のグランディ数は等しくなる．よって，$\mathcal{G}(G) = t_1 \oplus t_2 \oplus \cdots \oplus t_k$ である． □

例 2.5.2　定理 2.5.1 を用いて，次のターニング・タートルズの局面のグランディ数を計算してみましょう．

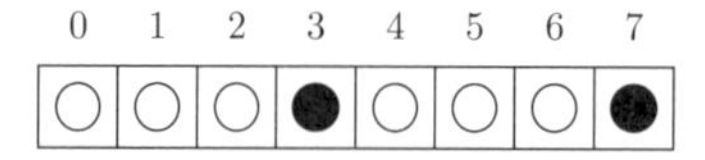

このとき，局面は $G = (0, 1, 2, 4, 5, 6)$ ですから

$$\mathcal{G}(G) = 0 \oplus 1 \oplus 2 \oplus 4 \oplus 5 \oplus 6 = 4$$

となり，この局面は $\mathcal{N}$ 局面であることがわかります．先手は「4 と 0 の位置にあるコインを裏返す」「5 と 1 の位置にあるコインを裏返す」「6 と 2 の位置にあるコインを裏返す」の 3 通りの必勝手があります．

2.6　コラム 2：ニム積

ニム和があるならニム積はないのか？と思われた方もいるかもしれませんが，実は**ニム積**（*nim-product*）も考えられています．

a, b を非負整数とします．25 ページで紹介した通り，ニム和は mex を用いて次のように定義されるのでした．

定義 2.6.1

$$a \oplus b = \mathrm{mex}(\{a' \oplus b, a \oplus b' \mid 0 \leq a' < a,\ 0 \leq b' < b\})$$

そして，ニム積は次のように定義されます.

定義 2.6.2

$$a \otimes b = \mathrm{mex}(\{(a' \otimes b) \oplus (a \otimes b') \oplus (a' \otimes b') \mid 0 \leq a' < a,\ 0 \leq b' < b\})$$

ニム積の演算表は表 2.3 のようになります.

表 2.3　ニム積 $a \otimes b$ $(0 \leq a, b \leq 15)$ の表

$\otimes$	0	1	2	3	4	5	6	7	8	9	10	11	12	13	14	15
0	0	0	0	0	0	0	0	0	0	0	0	0	0	0	0	0
1	0	1	2	3	4	5	6	7	8	9	10	11	12	13	14	15
2	0	2	3	1	8	10	11	9	12	14	15	13	4	6	7	5
3	0	3	1	2	12	15	13	14	4	7	5	6	8	11	9	10
4	0	4	8	12	6	2	14	10	11	15	3	7	13	9	5	1
5	0	5	10	15	2	7	8	13	3	6	9	12	1	4	11	14
6	0	6	11	13	14	8	5	3	7	1	12	10	9	15	2	4
7	0	7	9	14	10	13	3	4	15	8	6	1	5	2	12	11
8	0	8	12	4	11	3	7	15	13	5	1	9	6	14	10	2
9	0	9	14	7	15	6	1	8	5	12	11	2	10	3	4	13
10	0	10	15	5	3	9	12	6	1	11	14	4	2	8	13	7
11	0	11	13	6	7	12	10	1	9	2	4	15	14	5	3	8
12	0	12	4	8	13	1	9	5	6	10	2	14	11	7	15	3
13	0	13	6	11	9	4	15	2	14	3	8	5	7	10	1	12
14	0	14	7	9	5	11	2	12	10	4	13	3	15	1	8	6
15	0	15	5	10	1	14	4	11	2	13	7	8	3	12	6	9

また，ニム積について，次の性質が成り立ちます.

命題 2.6.3　a, b, c を任意の非負整数とする.

1. 非負整数 k に対し，$a = 2^{2^k}$ であるとき，$a \otimes a = \dfrac{3}{2}a$.
2. 非負整数 k に対し，$a = 2^{2^k}$ かつ $a > b$ であるとき，$a \otimes b = ab$.
3. $(a \otimes b) \otimes c = a \otimes (b \otimes c)$.
4. $a \otimes b = b \otimes a$.
5. $1 \otimes a = a,\ 0 \otimes a = 0$.
6. $a \otimes (b \oplus c) = (a \otimes b) \oplus (a \otimes c)$.

これらの性質を用いてニム積を計算してみましょう.

例 2.6.4　$13 \otimes 11$ を計算してみます．まず，13 と 11 を 2 べきに分解してみましょう．

$$
\begin{aligned}
13 &= 2^3 + 2^2 + 2^0 = 8 + 4 + 1 = 8 \oplus 4 \oplus 1, \\
11 &= 2^3 + 2^1 + 2^1 = 8 + 2 + 1 = 8 \oplus 2 \oplus 1.
\end{aligned}
$$

2 べき同士の足し算は，ニム和で書いても問題ないことに注意しましょう．すると，次のように計算することができます．

$$
\begin{aligned}
13 \otimes 11 &= (8 \oplus 4 \oplus 1) \otimes (8 \oplus 2 \oplus 1) \\
&= (8 \otimes 8) \oplus (8 \otimes 2) \oplus (8 \otimes 1) \\
&\quad \oplus \ (4 \otimes 8) \oplus (4 \otimes 2) \oplus (4 \otimes 1) \\
&\quad \oplus \ (1 \otimes 8) \oplus (1 \otimes 2) \oplus (1 \otimes 1) \\
&= (4 \otimes 2 \otimes 4 \otimes 2) \oplus (4 \otimes 2 \otimes 2) \oplus 8 \\
&\quad \oplus \ (4 \otimes 4 \otimes 2) \oplus (4 \otimes 2) \oplus 4 \\
&\quad \oplus \ 8 \oplus 2 \oplus 1 \\
&= (6 \otimes 3) \oplus (4 \otimes 3) \\
&\quad \oplus \ (6 \otimes 2) \oplus (4 \otimes 2) \oplus 4 \\
&\quad \oplus \ 2 \oplus 1 \\
&= (6 \otimes (3 \oplus 2)) \oplus (4 \otimes (3 \oplus 2)) \oplus 7 \\
&= (6 \otimes 1) \oplus (4 \otimes 1) \oplus 7 \\
&= 6 \oplus 4 \oplus 7 \\
&= 5.
\end{aligned}
$$

ただし，$2 = 2^{2^0}$，$4 = 2^{2^1}$ ですが，$8 = 2^{2^k}$ となる整数 k は存在しないので，同じ 2 べきであっても，命題 2.6.3 の性質を利用するにあたって，8 はさらに $8 = 4 \otimes 2$ と分ける必要が生じていることに注意しましょう．

また，次の性質があります．

命題 2.6.5　0 でない非負整数 a に対し，$a \otimes b = 1$ となるような非負整数 b が存在する[11)]．

11) このような b を a のニム積における逆元といいます．これまでのことから，非負整数の全体の集合 $\mathbb{N}_0$ はニム和 $\oplus$ とニム積 $\otimes$ に関して標数 2 の体をなすということがわかります．

例えば，2 に対しては $2 \otimes 3 = 1$ となり，6 に対しては $6 \otimes 9 = 1$ となります．

ニム積を用いてグランディ数の計算ができるルールセットはあまり知られていませんが [12)]，そのようなルールセットとして代表的な **2 次元ターニング・タートルズ**を紹介します [13)]．

2 次元ターニング・タートルズは，ターニング・タートルズと同様にコインをひっくり返すゲームです．$n \times m$ の長方形状のマス目があり，それぞれのマス目にコインが 1 枚ずつ乗っていて，表または裏になっています．

左下隅のコインの位置を座標 $(0,0)$ で表すことにし，各コインの位置を通常の xy 座標で表します．プレイヤーは自分の手番で 2 つの座標 $(a,b),(a',b')$ を選びます．ここで $0 \leq a' < a$，$0 \leq b' < b$ であり，(a,b) にあるコインは表向きである必要があります．そして，4 枚のコイン $(a,b),(a',b),(a,b'),(a',b')$ をそれぞれひっくり返します．つまり，右上隅のコインが表であるような長方形領域の四隅のコインをひっくり返すわけです．x 軸上と y 軸上を除いてすべてのコインが裏になり，可能な着手がなくなったらゲームは終了です．

次のように，このゲームのグランディ数をニム積を用いて計算する方法が知られています．

定理 2.6.6　2 次元ターニング・タートルズの局面で $(a_1,b_1),(a_2,b_2),\ldots,(a_k,b_k)$ にある k 枚のコインが表になっているとき，その局面のグランディ数は

$$(a_1 \otimes b_1) \oplus (a_2 \otimes b_2) \oplus \cdots \oplus (a_k \otimes b_k)$$

で与えられる．

2.7　コラム 3：直和以外のゲームの和

組合せゲーム理論では主にゲームの直和を扱いますが，直和以外のゲームの和も存在します．このコラムでは 3 種類の和と，それぞれの和の必勝戦略保持者に関する定理を紹介します [14)]．非不偏版や逆形版も研究が行われているものもあります

12) ニム積のより一般的な利用については，**半順序集合上のコイン裏返しゲーム**というルールセットがあります．また，**ゲームの積**と呼ばれる演算を定義することができ，ニム積は半順序集合上のコイン裏返しゲームの積のグランディ数を計算するために使えることが知られています．詳しくは，[IGS] などを参照してください．

13) こちらも 1 次元のときと同様，文献によって少し違ったルールで紹介されていることもありますが本質的には変わりません．

14) このほか，第 5 章でゲームの順序和を紹介します．

が，ここでは不偏かつ正規形という制限のもとで考えます．ゲームの様々な和については [CGT] の 1.4 節も参考にしてください．

2.7.1　ゲームの結合和

ゲームの局面 G, H の**結合和**（*conjunctive sum*）$G \wedge H$ とは，一手先の局面の集合が $\{G' \wedge H' \mid G \to G', H \to H'\}$ と定義されるゲームの和です [Smi66].

結合和はすべての成分に着手しなければならないゲームの和と言い換えられます．$G \wedge (H \wedge J) = (G \wedge H) \wedge J$ が成り立つので，一般に $G_1 \wedge G_2 \wedge \cdots \wedge G_n$ を考えることができます．これはそれぞれの着手で $G_1, G_2, \ldots, G_n$ のすべての成分に着手しなければならないゲームです．いずれかの成分（局面）が終了局面に到達したら，全体も終了局面となります．

定義 2.7.1　局面 G の**遠隔度**（*remoteness*）$\mathscr{R}(G)$ を次のように定める．

$$\mathscr{R}(G) = \begin{cases} 0 & (G \text{ が終了局面}) \\ 1 + \min(\{\mathscr{R}(G') \mid \mathscr{R}(G') \text{ は偶数}\}) & (\text{ある } \mathscr{R}(G') \text{ が偶数}) \\ 1 + \max(\{\mathscr{R}(G') \mid \mathscr{R}(G') \text{ は奇数}\}) & (\text{すべての } \mathscr{R}(G') \text{ が奇数}). \end{cases}$$

ただし，$G \to G'$ とする．

定理 2.7.2　G を局面とする．

1. G が $\mathcal{P}$ 局面になることは $\mathscr{R}(G)$ が偶数になることと同値である．
2. また，ゲームの結合和 $G \wedge H$ について $\mathscr{R}(G \wedge H) = \min\{\mathscr{R}(G), \mathscr{R}(H)\}$ が常に成り立つ．

2.7.2　ゲームの選択和

ゲームの局面 G, H の**選択和**（*selective sum*）$G \vee H$ とは，一手先の局面の集合が $\{G' \vee H', G' \vee H, G \vee H' \mid G \to G', H \to H'\}$ と定義されるゲームの和です [Smi66].

選択和は 1 つ以上の成分に着手しなければならないゲームの和と言い換えられます．こちらも $G \vee (H \vee J) = (G \vee H) \vee J$ が成り立つので，一般に $G_1 \vee G_2 \vee \cdots \vee G_n$ を考えることができます．これはそれぞれの着手で $G_1, G_2, \ldots, G_n$ のうちから任意個の成分を選んで一手着手するゲームです．すべての成分が終了局面になればゲームが終了です．

定理 2.7.3　ゲームの選択和 $G \vee H$ が $\mathcal{P}$ 局面になることは，G, H がともに $\mathcal{P}$ 局面になることと同値である．

2.7.3 ゲームの皇帝和

ゲームの局面 $G_1, G_2, \ldots, G_n$ の**皇帝和**（*emperor sum*）$\mathrm{Em}(G_1, G_2, \ldots, G_n)$ では，様々な不偏ゲームの局面 $G_1, G_2, \ldots, G_n$ が並行してならんでいて，プレイヤーは自らの手番において 1 つの局面を選び，そのルールに則り，何手でも連続して着手して構いません．さらに，それ以外の任意の局面についても，そのルールに則り一手だけ着手してもよいです [Sue21]．皇帝和もすべての成分が終了局面になればゲームが終了です．

定義 2.7.4 局面 G が $\mathcal{P}$ 局面であるとき，G の $\mathcal{P}$ **局面長**（*$\mathcal{P}$-position length*）$\mathrm{Pl}(G)$ を次のように定義する．

$$\mathrm{Pl}(G) = \begin{cases} 0 & (G \text{ が終了局面}) \\ \max(\{\mathrm{Pl}(G')\}) + 1 & (\text{それ以外}). \end{cases}$$

ただし，G' は G から有限手数で遷移可能な $\mathcal{P}$ 局面とする．

定理 2.7.5 ゲームの局面 $G_1, G_2, \ldots, G_n$ の皇帝和 $\mathrm{Em}(G_1, G_2, \ldots, G_n)$ が $\mathcal{P}$ 局面となるのは，次の条件をすべて満たすとき，かつそのときに限る．

- $G_1, G_2, \ldots, G_n$ はすべて $\mathcal{P}$ 局面である．
- $\mathrm{Pl}(G_1) \oplus \mathrm{Pl}(G_2) \oplus \cdots \oplus \mathrm{Pl}(G_n) = 0$

このように，直和以外にも様々なゲームの和が考えられています．実際に遊ばれているゲームの中で一番多く登場するのが直和ではないかと考えられていることや，直和の構造が代数的に非常によいものであることから，組合せゲーム理論では直和が研究されがちですが，それ以外の和についてもこのように興味深い性質を秘めています．

◆演習問題◆

1. ★ 石の総数が 4 と 5 の場合の 3 山ニムの局面をすべて列挙してください．本文中と同様に，並べ変えて一致するものは同じとみなして構いません．そして，$(0, 2, 2)$ 以外はすべて $\mathcal{N}$ 局面になることを示してください．

2. ★ 次のニムの局面が $\mathcal{P}$ 局面か $\mathcal{N}$ 局面かを判定してください．
(i) $(3, 5)$　(ii) $(4, 5, 6)$　(iii) $(2, 5, 7, 7)$
(iv) $(8, 9, 10, 11)$　(v) $(4, 7, 9, 12, 19)$

3. ★　次のゲーム木で表される不偏ゲームについて，各局面のグランディ数を求めてください．

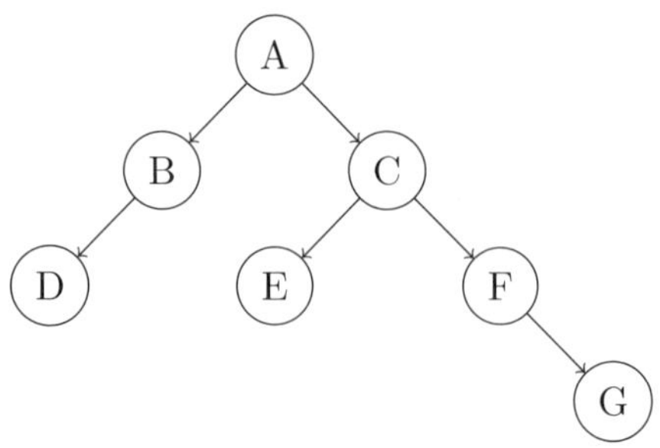

4. ★★　あるターニング・タートルズの局面 G からゲームを始めてゲームが終了したとき，左端のコインが表になっているか裏になっているかを与えられた局面 G から判定する方法を考えてください．

5. ★★★　**スライディング** (SLIDING)[15] というルールセットを考えます．

スライディングでは，1 列の有限個のマス目があり，左端を 0 マス目として，$c_1, c_2, \ldots, c_k$ のマス目に 1 枚ずつ，合計 k 枚のコインが置いてあります．ここで，任意の $1 \leq i \leq k-1$ に対して $c_i < c_{i+1}$ です．

0	1	2	3	4	5	6
	○		○		○	○

プレイヤーは 1 枚のコインを選び，それを左に動かすことができます．ただし，ほかのコインを飛び越えたり，ほかのコインの上に乗せたりしてはいけません．言い方を変えると，ある c_i を選び，c'_i $(< c_i)$ に変える（ただし，$c'_i > c_{i-1}$ かつ $c'_i \geq 0$）ということになります．

このルールセットの任意の局面に対し，$\mathcal{P}$ 局面か $\mathcal{N}$ 局面かを判定する方法を考えてください．

---

15) [WW] の 3 巻では The Silver Dollar Game Without the Dollar と呼ばれています．

第 **3** 章

様々な不偏ゲーム

3.1 制限ニム

子どもの頃に，友達と二人で次のような遊びをしたことがある人もいるのではないでしょうか？

> ある数（例えば 30 など）が与えられて，そこから $1, 2, 3$ のどれかを交互に引いていき，0 にした方が勝ち（負け）．

0 にした方が勝ち，のルールで考えてみましょう．小さい方から順に考えると，自分が数を引いて $1, 2, 3$ にしてしまったら負けということがわかります．4 にしてしまうことができれば，相手は $1, 2, 3$ のいずれかにするしかないので勝てます．$5, 6, 7$ にしてしまったら，相手に 4 にされて負けてしまいます．同様に考えていくと，4 の倍数以外の数から始めれば自分が 4 の倍数にして勝てますが，4 の倍数から始めてしまうと，相手に適切に着手されたら負けてしまうということがわかります．組合せゲーム理論の言葉でいえば，4 の倍数であるとき $\mathcal{P}$ 局面，それ以外のとき $\mathcal{N}$ 局面ということになります．本節ではこのようなルールセットの一般化を紹介します．

制限ニムとは次のようなルールセットです．

定義 3.1.1 石の山が 1 つある．ある正整数の集合 S が最初に与えられる．プレイヤーは各手番で，s 個 $(s \in S)$ の石を山から取り除く．着手できなくなったプレイヤーが負けである．このようなルールセットを**制限ニム**（SUBTRACTION NIM）と呼ぶ．

正整数の集合 S によって定められる制限ニムのルールセットを SUBTRACTION(S) と書くことにします[1]．

---

[1] S は subtraction set と呼ばれることがあります．

SUBTRACTION($\mathbb{N}^+$) は通常の1山ニムのルールとなります．ただし $\mathbb{N}^+$ は正整数全体の集合とします．SUBTRACTION($\{1,2,3\}$) では石を1個，2個，または3個取ることが許されるので，これは冒頭で紹介した遊びのルールセットになります．

S が与えられているとき，山の石の個数 m に対してグランディ数 $\mathcal{G}_S(m)$ は一意に定まります．よって数列 $\{\mathcal{G}_S(m)\}$ を考えることができます．これを**グランディ数列**と呼ぶこととします．

例 3.1.2　$S=\{2,3\}$ のとき，SUBTRACTION($\{2,3\}$) のグランディ数列は表3.1のようになります[2]．

表 3.1　SUBTRACTION($\{2,3\}$) のグランディ数列

m	0	1	2	3	4	5	6	7	8	9	10	$\cdots$
$\mathcal{G}_{\{2,3\}}(m)$	0	0	1	1	2	0	0	1	1	2	0	$\cdots$

ここから，グランディ数は $0,0,1,1,2$ の繰り返し，すなわちグランディ数列は

$$\{\mathcal{G}_{\{2,3\}}(m)\}_{m=0}^{\infty}=\dot{0},0,1,1,\dot{2},$$

であると予想できます．ただし，2つのドットはその間の数が循環することを表しています（循環小数と似たような記法を用いています）．

実は，制限ニムのグランディ数列は周期的になることが知られています．以下ではそれを証明していきます．

定義 3.1.3　$\ell \geq 0, p>0$ が存在して，任意の $n \geq \ell$ に対して $a_{n+p}=a_n$ が成り立つとき，数列 $\{a_n\}$ は**周期的**（*periodic*）であるという．特に，$\ell=0$ で成り立つとき，**純周期的**（*purely periodic*）であるという．このとき，p を**周期**（*period*）と呼ぶ．

定義 3.1.4　$\ell \geq 0$，$s>0$ と $p>0$ が存在して，任意の $n \geq \ell$ に対して $a_{n+p}=a_n+s$ が成り立つとき，数列 $\{a_n\}$ は**加法周期的**（*arithmetic periodic*）であるという．特に，$\ell=0$ で成り立つとき，**純加法周期的**（*purely*

2) $m=1$ のとき，石が1個の山からは石が取り除けないので，可能な着手が存在せず，グランディ数は0となります．

arithmetic periodic）であるという．このとき，p を**周期**（*period*）と呼び，s のことを**増分**（*saltus*）と呼ぶ．

例 3.1.2 のグランディ数列は，周期 5 を持つ純周期的な数列です．

制限ニムのグランディ数列については，いくつかの性質が知られています．まず，**Ferguson の定理**を紹介します [Fer74][3]．

定理 3.1.5 SUBTRACTION(S) において，$s_1 = \min(S)$ であるとき，

$$\mathcal{G}_S(m) = 1 \Longleftrightarrow \mathcal{G}_S(m - s_1) = 0$$

が成り立つ．

証明 m に関する帰納法を用いて示す．$k < m$ のとき，$\mathcal{G}_S(k) = 1 \Longleftrightarrow \mathcal{G}_S(k - s_1) = 0$ が成り立つと仮定する．

(1) $\mathcal{G}_S(m) = 1$ であり，かつ $\mathcal{G}_S(m - s_1) \neq 0$ とする．このとき，グランディ数の定義から $\mathcal{G}_S(m - s_1) = \text{mex}(\{\mathcal{G}_S(m - s_1 - s_i) \mid s_i \in S\})$ なので，ある $s_i \in S$ があって，$\mathcal{G}_S(m - s_1 - s_i) = 0$ となる．すると，帰納法の仮定より，$\mathcal{G}_S(m - s_i) = 1$ となる．$\mathcal{G}_S(m) = \text{mex}(\{\mathcal{G}_S(m - s_i) \mid s_i \in S\})$ なので，これは $\mathcal{G}_S(m) = 1$ と矛盾する．

(2) $\mathcal{G}_S(m - s_1) = 0$ であり，かつ $\mathcal{G}_S(m) \neq 1$ であると仮定する．$\mathcal{G}_S(m) = \text{mex}(\{\mathcal{G}_S(m - s_i) \mid s_i \in S\})$ かつ $\mathcal{G}_S(m - s_1) = 0$ なので，ある $s_i \in S$ が存在して，$\mathcal{G}_S(m - s_i) = 1$ となる．ここで，帰納法の仮定より，$\mathcal{G}_S(m - s_i - s_1) = 0$ となる．$\mathcal{G}_S(m - s_1) = \text{mex}(\{\mathcal{G}_S(m - s_1 - s_i) \mid s_i \in S\})$ なので，これは $\mathcal{G}_S(m - s_1) = 0$ と矛盾する． □

続いて，グランディ数に関する基本的な命題を 1 つ用意してから，制限ニムの周期性に関する定理を示します．

命題 3.1.6 一般の不偏ゲームの局面 G から一手で遷移できる局面が高々 k 個のとき，G のグランディ数 $\mathcal{G}(G)$ は k 以下になる．

証明 仮定より，局面 G から一手で遷移できる局面の集合 $\{G' \mid G \to G'\}$ の

[3] Ferguson の補題ともいいます．

要素数は k 以下である．よって，局面 G から一手で遷移できる局面のグランディ数の集合 $\{\mathcal{G}(G') \mid G \to G'\}$ の要素数も k 以下になる．グランディ数の定義より，$\mathcal{G}(G) = \mathrm{mex}(\{\mathcal{G}(G') \mid G \to G'\})$ なので，$\mathcal{G}(G) \leq k$ となる．□

以降，有限集合 S の要素の個数を $\#S$ で表します．

定理 3.1.7　S が正整数からなる有限集合であるとき，$\{\mathcal{G}_S(m)\}$ は周期的になる．

証明　$x = \max(S), k = \#S$ とする．このとき，命題3.1.6より各局面のグランディ数は最大でも k にしかならない．ここで，任意の $\ell \geq 0$ について，長さ x の数列 Z_ℓ を $Z_\ell = (\mathcal{G}_S(\ell),\ \mathcal{G}_S(\ell+1), \ldots,\ \mathcal{G}_S(\ell+x-1))$ と定める．このとき，Z_ℓ の組合せは高々 $(k+1)^x$ 通りしかないため，鳩ノ巣原理より，ある2つの $i, j\ (i < j)$ について $Z_i = Z_j$，すなわち，任意の $0 \leq a \leq x-1$ に対して $\mathcal{G}_S(i+a) = \mathcal{G}_S(j+a)$ となる．すると，$\mathrm{mex}(\{\mathcal{G}(i+x-s_h) \mid s_h \in S\}) = \mathrm{mex}(\{\mathcal{G}(j+x-s_h) \mid s_h \in S\})$ となるので，$\mathcal{G}_S(i+x) = \mathcal{G}_S(j+x)$ となる．以下同様に，$\mathcal{G}_S(i+x+1) = \mathcal{G}_S(j+x+1), \mathcal{G}_S(i+x+2) = \mathcal{G}_S(j+x+2), \ldots$ が従う．以上から，$m \geq i$ において $\mathcal{G}_S(m) = \mathcal{G}_S(m+j-i)$ が成り立つ．□

例3.1.2では純周期的な場合を扱いましたが，純周期的ではないが周期的な場合として，例えば SUBTRACTION($\{2,4,7\}$) があります．

例 3.1.8　$S = \{2,4,7\}$ のとき，SUBTRACTION($\{2,4,7\}$) のグランディ数は次のようになります．

$$0, 0, 1, 1, 2, 2, 0, 3, 1, 0, 2, 1, 0, 2, 1, 0, 2, 1, 0, 2, 1, \ldots$$

いま，$Z_8 = (1,0,2,1,0,2,1) = Z_{11} = (1,0,2,1,0,2,1)$ が成り立つので，$m \geq 8$ において，$\mathcal{G}_{\{2,4,7\}}(m) = \mathcal{G}_{\{2,4,7\}}(m+3)$ が成り立ちます．

3.2 All-but ニム

前節と対照的に，S が無限集合の場合について考えてみましょう．T を有限集合とします．このとき，$S = \mathbb{N}^+ \setminus T$ と表せるような制限ニムは *All-but* **ニム**（ALL-BUT NIM）と呼ばれます．すなわち，T の要素は一手で**取れない**石の個数です．All-but ニムでは，グランディ数列が加法周期的になることが知られています．

例 3.2.1 $T = \{1, 2, 4\}$ のとき，すなわち $S = \mathbb{N}^+ \setminus \{1, 2, 4\}$ のとき，SUBTRACTION(S) のグランディ数は次のようになります．

$$0, 0, 0, 1, 1, 1, 2, 2, 2, 3, 3, 3, \ldots$$

これは周期 3，増分 1 の純加法周期的な数列になっています．

例 3.2.2 $T = \{1, 3, 4\}$ のとき，すなわち $S = \mathbb{N}^+ \setminus \{1, 3, 4\}$ のとき，SUBTRACTION(S) のグランディ数は次のようになります．

$$0, 0, 1, 1, 0, 2, 1, 3, 2, 2, 3, 3,$$
$$4, 4, 5, 5, 4, 6, 5, 7, 6, 6, 7, 7,$$
$$8, 8, 9, 9, 8, 10, 9, 11, 10, 10, 11, 11,$$
$$\cdots$$

これは周期 12，増分 4 の純加法周期的な数列になっています．

定理 3.2.3 取れない石の個数の集合 T が有限集合であるとき，制限ニムのグランディ数列 $\{\mathcal{G}_{\mathbb{N}^+ \setminus T}(m)\}$ は加法周期的になる．

この定理を証明したのは Angela Siegel [Sie05] ですが，本書では，Sleator と Slusky の方法 [SS12] を使って証明します．グランディ数 $\mathcal{G}_{\mathbb{N}^+ \setminus T}(m)$ を，引数 m が小さい順ではなくグランディ数 $\mathcal{G}_{\mathbb{N}^+ \setminus T}(m)$ が小さい順に求めていくことを考えましょう．以下，本節では $\mathcal{G}_{\mathbb{N}^+ \setminus T}(m)$ を単に $\mathcal{G}(m)$ と書きます．なお，本節以降でも，どのルールセットでグランディ数を考えているかが明確なときは，単に $\mathcal{G}(m)$ と書くこととします．

$m = 0$ のとき，グランディ数は 0 となります．それ以外にグランディ数が 0 となるのは，どのような場合でしょうか？

$t_{\min} = \min(T)$ とします．$0 < k < t_{\min}$ のとき，石を k 個取る着手は許されているので $\mathcal{G}(k)$ は 0 にはなりません．一方，$k = t_{\min}$ のときは，石を $t_{\min}$ 個取ることはできませんし，$k' < t_{\min}$ に対して $\mathcal{G}(k')$ は 0 ではないことがわかっ

ているので，$\mathcal{G}(t_{\min})$ は 0 になります．

$k > t_{\min}$ についても昇順に調べていきます．$m' < k$ であって $\mathcal{G}(m') = 0$ を満たすようなある m' について，$k - m' \notin T$ となるならば，石の数を一手で k から m' に変えることが許されているので，石数 k のときのグランディ数 $\mathcal{G}(k)$ は $\mathcal{G}(m')$ とは異なります．一方，$m' < k$ であって $\mathcal{G}(m') = 0$ を満たすようなすべての m' について，$k - m' \in T$ となるならば，石の数を一手で k から m' に変えることは許されていないので，可能な着手で k をどのような k' に変えたとしても $\mathcal{G}(k') \neq 0$ となり，よって $\mathcal{G}(k) = 0$ となります．

ここから，特に $k \notin T$ であれば，石を k 個取って 0 個にする着手が許されるので，石数 k 個のときのグランディ数 $\mathcal{G}(k)$ が 0 にはならないことがわかります．

したがって，$\mathcal{G}(k)$ の値が 0 となる可能性がある k を探すときには，$k \in T$ の場合のみ調べればよいことがわかります．このように，有限個の k について調べるだけで，グランディ数が 0 になるすべての k を求めることができます．

これを順に調べていくと，すべての m について $\mathcal{G}(m)$ が求まります．このアルゴリズムを FES アルゴリズムといいます．

定義 3.2.4　FES (Finite Excluded Subtraction) **アルゴリズム**とは，ステップ $k = 0, 1, \ldots$ に対し，$\mathcal{G}(m') = k$ となるすべての m' を次のように求めるアルゴリズムのことである．

- $m = \min(\{i \mid \mathcal{G}(i)$ が未確定 $\})$ とする．このとき，$\mathcal{G}(m) = k$.
- $t \in T$ について昇順に $\mathcal{G}(m+t)$ が未確定，かつすべての $m' < m+t$, $\mathcal{G}(m') = k$ について $(m+t) - m' \in T$ ならば，$\mathcal{G}(m+t) = k$.

$T = \{2, 3, 5\}$ の場合を考えて，具体的に FES アルゴリズムでどのようにグランディ数 $\mathcal{G}_{\mathbb{N}^+ \setminus T}(m)$ が求まっていくかをみてみましょう．

最初は石数 0 の場合のみがわかっています．0 以外は ␣ で表すことにすると，次のようになります．

m	0	1	2	3	4	5	6	7	8	9	10	11	12	13	14	⋯
$\mathcal{G}_{\mathbb{N}^+ \setminus T}(m)$	0	␣	␣	␣	␣	␣	␣	␣	␣	␣	␣	␣	␣	␣	␣	⋯

石数 1 の場合は 1 個取ることができますが，石数 2 の場合は 2 個取ることができません．したがって，石数 2 の場合もグランディ数は 0 です．

m	0	1	2	3	4	5	6	7	8	9	10	11	12	13	14	$\cdots$
$\mathcal{G}_{\mathbb{N}^+\setminus T}(m)$	0	␣	0	␣	␣	␣	␣	␣	␣	␣	␣	␣	␣	␣	␣	$\cdots$

石数 3 の場合はどうでしょうか？ 石を 3 個取る着手は許されていませんが，石を 1 個取って石数 2 にすることはできます．石数 2 のときグランディ数は 0 になるので，石数 3 の場合のグランディ数は 0 にはなりません．また，石数 4 の場合はすべての石を取ることができるのでグランディ数は 0 にはなりません．

しかし，石数 5 の場合は，石を 5 個取ることが許されていません．また，3 個取って石数 2 にすることもできません．つまり，これまで出てきたどのグランディ数が 0 となる局面にも遷移できないので，石数 5 の場合も，グランディ数は 0 になります．

石数が 6 以上の場合はすべての石を取ることができるのでグランディ数は 0 にはなりません．

したがって，グランディ数が 0 となる局面をすべて求めた結果は次の通りになります．

m	0	1	2	3	4	5	6	7	8	9	10	11	12	13	14	$\cdots$
$\mathcal{G}_{\mathbb{N}^+\setminus T}(m)$	0	␣	0	␣	␣	0	␣	␣	␣	␣	␣	␣	␣	␣	␣	$\cdots$

同様に，グランディ数が 1 となる局面も求めると次のようになります．

m	0	1	2	3	4	5	6	7	8	9	10	11	12	13	14	$\cdots$
$\mathcal{G}_{\mathbb{N}^+\setminus T}(m)$	0	1	0	1	␣	0	1	␣	␣	␣	␣	␣	␣	␣	␣	$\cdots$

これを繰り返していくことで，次のようなグランディ数列が得られます．

m	0	1	2	3	4	5	6	7	8	9	10	11	12	13	14	$\cdots$
$\mathcal{G}_{\mathbb{N}^+\setminus T}(m)$	0	1	0	1	2	0	1	2	3	2	3	4	5	3	4	$\cdots$

定理 3.2.5 FES アルゴリズムは，それぞれの局面のグランディ数を正しく求める．

証明 k に関する帰納法で証明する．ステップ k の前に，グランディ数が $0, 1, \ldots, k-1$ となるすべての局面が正しく求められていると仮定する．このとき，グランディ数が k となるすべての局面を求められることを示す．

まず，$m = \min\{i \mid \mathcal{G}(i)$ が未確定$\}$ について，$\mathcal{G}(m) = k$ が成り立つ．なぜならば，帰納法の仮定より $\mathcal{G}(m) > k-1$ であり，かつ $\mathcal{G}(m') = k$ となるよう

な m' $(< m)$ が存在しないので，$\mathcal{G}(m) > k$ とはならないからである．

$\mathcal{G}(m+t)$ についても同様に，帰納法の仮定より $\mathcal{G}(m+t)$ が未確定であれば $\mathcal{G}(m+t) > k-1$ であり，またすでに求められた $\mathcal{G}(m') = k$ となるような任意の m' について，$m+t-m' \in T$ が保障されているので $\mathcal{G}(m+t) = k$ となる．また，この操作でグランディ数が確定しなかった値 m' については，ある $t \notin T$ が存在して $\mathcal{G}(m'-t) = k$ となるため，$\mathcal{G}(m') = k$ とはならない．

以上より，$\mathcal{G}(m) = k$ となる m がすべて求められた． □

注意すべき点は，ステップ $k-1$ が終わり，グランディ数が $k-1$ 以下となる局面がすべて求められた時点で，どの局面のグランディ数が k となるかを知りたいときに，それまでの各局面のグランディ数を記録しておく必要がなく，ただすでにグランディ数が求められているか否かがわかれば十分であるという点です．この性質を利用するために，関数 $\mathcal{H}^k : \mathbb{N}_0 \to \{\star, \text{␣}\}$ を次のように定義します．

定義 3.2.6　k を任意の非負整数とする．このとき，関数 $\mathcal{H}^k : \mathbb{N}_0 \to \{\star, \text{␣}\}$ を次で定める：

$$\mathcal{H}^k(m) = \begin{cases} \star & (\mathcal{G}(m) < k) \\ \text{␣} & (\mathcal{G}(m) \geq k). \end{cases}$$

記号 $\star$ はステップ k までにすでにグランディ数が求められていることを，記号 ␣ はまだ求められていないことを表します．つまりこの関数は，ステップ k が始まる前に，すでにグランディ数が求められているか否かを表す関数です．このとき，$\mathcal{H}^k(m)$ は m が十分小さい範囲においては $\star$ が連続し，m が十分大きい範囲においては ␣ が連続することとなります．

補題 3.2.7　定数 k に対し，$m(k) = \min(\{i \mid \mathcal{H}^k(i) = \text{␣}\})$ と定義する．すなわち，$j < m(k)$ のとき，$\mathcal{H}^k(j) = \star$ かつ $\mathcal{H}^k(m(k)) = \text{␣}$ である．このとき，$m' \geq m(k) + \max(T)$ に対し，$\mathcal{H}^k(m') = \text{␣}$ となる．

証明　FES アルゴリズムの定義より，任意の $k' < k$ に対して，$\mathcal{G}(j) = k'$ となるような最小の j は $j < m(k)$ を満たす．したがって，$m' \geq m(k) + \max(T)$ に対して，$m' - j \geq m(k) + \max(T) - j > \max(T)$ となるので $(m'-j) \notin T$ を満たす．よって，石数 m' の局面から石を $(m'-j)$ 個取って石が j 個の局面にする着手は許されており，$\mathcal{G}(j) = k'$ であるから，$\mathcal{G}(m') \neq k'$ となる．

よって，$\mathcal{G}(m') \geq k$ となるので，$\mathcal{H}^k(m') = ␣$ となる． □

定義 3.2.8 $\mathcal{H}^k$ の**境界パターン**（*boundary pattern*）を次の列で定義する．

$$(\mathcal{H}^k(m(k)),\ \mathcal{H}^k(m(k)+1), \ldots,\ \mathcal{H}^k(m(k)+\max(T)-1)).$$

ただし，$m(k) = \min(\{i \mid \mathcal{H}^k(i) = ␣\})$ とする．

このとき，$m' < m(k)$ であれば，$\mathcal{H}^k(m') = \star$ であり，補題 3.2.7 から，$m' > m(k) + \max(T) - 1$ であれば $\mathcal{H}^k(m') = ␣$ となります．また，$\mathcal{H}^k$ の境界パターンは，$\mathcal{H}^{k-1}$ の境界パターンにより一意に定まります．

境界パターンが周期的になる，すなわち，ある $p > 0$, $\ell \geq 0$ が存在して，$k \geq \ell$ のときに $\mathcal{H}^{k+p}$ の境界パターンと $\mathcal{H}^k$ の境界パターンが等しくなることは，グランディ数が加法周期的になることと同値です．このことを利用して，定理 3.2.3 の証明が得られます．

定理 3.2.3 の証明 $\mathcal{H}^k(m(k)) = ␣$ であり，$\mathcal{H}^k(m') \in \{\star, ␣\}$ $(m(k) < m' \leq m(k) + \max(T) - 1)$ なので，境界パターンは $2^{\max(T)-1}$ 通り存在しうる．ここで，それぞれの境界パターンに対応した $2^{\max(T)-1}$ 個の頂点を持つ有向グラフを考える．ある k があって，頂点 A に対応する境界パターンが $\mathcal{H}^k$ の境界パターンであり，頂点 B に対応する境界パターンが $\mathcal{H}^{k+1}$ の境界パターンであるとき，かつそのときに限り，A から B に有向辺があるとする．

ある境界パターンから，次の境界パターンは一意に定まるため，各頂点の出次数は高々 1 となる．いま，$\mathcal{H}^0$ の境界パターンから始めて有向辺を辿っていくと，各境界パターンには次の境界パターンが存在するため無限に辿り続けることができる．一方グラフは有限サイズであるため，どこかでサイクルになっていることがわかる．これは，境界パターンが周期を持っていることを意味し，したがって，グランディ数列は加法周期的になる． □

このようにして，All-but ニムのグランディ数列は加法周期的になることがわかります．$T = \{2, 3, 5\}$ の場合の境界パターンに対応した有向グラフを図 3.1 に示します．長さ 6 のサイクルがあり，これがグランディ数列の増分 6 と対応しています．またこのサイクルは $\mathcal{H}^0$ の境界パターンを含んでいるため，グランディ数列が純加法周期的になっていることがわかります．

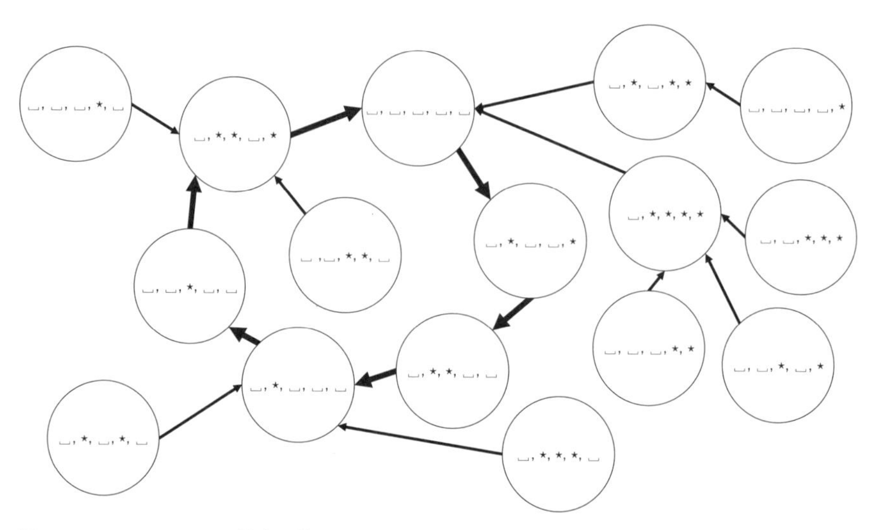

図 3.1　$T = \{2, 3, 5\}$ の場合の境界パターンの遷移グラフ．太い矢印からなるサイクルが周期の部分

3.3　8 進ゲーム

山から石を取るだけでなく，山の分割もできるルールを考えます．山はいつでも分割できるわけではなく，特定の個数を取った場合のみ分割できるようにすると，様々なルールが考えられます．これらのルールを簡単に記述するための小数表記法（コードネーム）が考案されています．

定義 3.3.1　$0.c_1c_2c_3\cdots$ という**小数表記（コードネーム）**で表されたルールセットを次で定義する：小数点以下 k 桁目の値 c_k について，c_k の 2 進表記を考える．

(M-1)　2^m $(m \geq 2)$ のビットが 1 のとき，次のように着手できる．ある 1 つの山から石をちょうど k 個取ったあと，さらにその山を m 分割する（m 等分である必要はないが，分割してできるどの山も 1 個以上の石からなるようにしなければならない）．

(M-2)　2^m $(m = 0, 1)$ のビットが 1 であり，ある 1 つの山から石をちょうど k 個取り除くことで残りの山の数を m にできるときに着手できる．その山から石を k 個取り除く．

プレイヤーは，各手番ごとに k を自由に選んで，(M-1), (M-2) のうち可能な手を 1 つ選んで着手する．

この説明ではいささかわかりにくいので，具体的にみていきましょう．

$c_k = 0$ のとき，山から石を k 個取る着手は許されません．$c_k = 1 = 2^0$ の場合は，山の石の個数が k 個のときは石を k 個取って山をなくす（山の数を 0 山にする）ことは許されますが，山の石の個数が k 個より多いときは，山から k 個の石を取る着手は（山が 0 山ではなく 1 山残ることになるので）許されません．逆に $c_k = 2 = 2^1$ の場合は，山の石の個数が k 個のときは石を k 個取って山をなくす（山の数を 0 山にする）ことは許されませんが，k 個より多く石がある山から石を k 個取ることは許されます．$c_k = 3 = 2^1 + 2^0$ であれば，k 個取ったあとの山が 0 山でも 1 山でもよいので，どんな山であれ石を k 個取る着手が許されることになります．

$c_k = 4 = 2^2$ の場合は，石を k 個取って山を 2 分割する着手ができますが，石を k 個取ったあと，山が 1 山か 0 山になるような着手は許されません．

$c_k = 5, 6, 7$ の場合も同様に，$5 = 2^2 + 2^0$，$6 = 2^2 + 2^1$，$7 = 2^2 + 2^1 + 2^0$ なので，$c_k = 1, 2, 3$ の場合に可能な着手に加えて，石を k 個取って山を 2 分割する着手も許したようなルールになります．

この表記に従うと，通常のニムは $0.3333\cdots$ と表されます．

ルール $0.c_1c_2c_3\cdots$ が与えられ，任意の c_k について $c_k < 8$ が満たされるとき，そのルールは 8 **進ゲーム**（*octal game*）の一種であるといいます．8 進ゲームでは，山から石が取られるだけでなく，山から石が取られたあとで 2 分割される可能性もあります．しかし，3 分割される可能性はありません [4]．

8 進ゲームのなかで有名なルールセットとして，ケイレスを紹介します．

定義 3.3.2 次のルールセットを，**ケイレス**（KAYLES）という．ボウリングのピンが横 1 列に並んでいる．2 人のプレイヤーが交互にボールを投げる．ボールは，1 本のピンを倒すか，隣接する 2 本のピンを倒すことができる．最後のピンを倒したプレイヤーが勝者である．

実際にボールを投げるときは狙ったところに転がらない可能性があるため，

[4] なお，3 分割される可能性もあるゲームは 16 **進ゲーム**（*hexadecimal game*）と呼ばれ，研究もされていますが，本書では扱いません．

成功するかどうかは確率的になるので，組合せゲームとはいえません．しかし，2人のプレイヤーがボールを完璧にコントロールできると仮定することで組合せゲームとして扱うことができます．

このとき，横1列にピンが m 本並んでいたとして，プレイヤーができることは，端のピンを1本か2本倒して，横に並んでいるピンを $m-1$ 本か $m-2$ 本にするということと，端ではないピンを1本か2本倒して，$m_1+m_2=m-1$ または $m_1+m_2=m-2$ となる，m_1 本と m_2 本のケイレスの直和の局面にすることです．

したがって，ピンを石と考えて石取りゲームとしてみなすと，可能な着手は石の個数が m の山から石を1個か2個取って分割しないこと，および，石を1個か2個取って石の個数が m_1 と m_2 となる2つの山に分割することになります．よって，ケイレスのルールは0.77と書くことができます．

1山のケイレスのグランディ数列を調べてみましょう．石の個数が0のとき $\mathcal{G}(0)=0$ です．石の個数が1のときと2のときは，$\mathcal{G}(1)=\mathrm{mex}(\{0\})=1$, $\mathcal{G}(2)=\mathrm{mex}(\{0,1\})=2$ です．石の個数が3のときは，石を2個取るだけの着手，石を1個取るだけの着手のほかに石を1個取って山を2分割する着手が許されているので，$\mathcal{G}(3)=\mathrm{mex}(\{\mathcal{G}(1),\mathcal{G}(2),\mathcal{G}(1)\oplus\mathcal{G}(1)\})=\mathrm{mex}(\{1,2,0\})=3$ となります．同様に調べていくと，$\mathcal{G}(0)$ から順に次のようになります（12項ごとに改行しています）．

$$
\begin{gathered}
0,1,2,3,1,4,3,2,1,4,2,6,\\
4,1,2,7,1,4,3,2,1,4,6,7,\\
4,1,2,8,5,4,7,2,1,8,6,7,\\
4,1,2,3,1,4,7,2,1,8,2,7,\\
4,1,2,8,1,4,7,2,1,4,2,7,\\
4,1,2,8,1,4,7,2,1,8,6,7,\\
4,1,2,8,1,4,7,2,1,8,2,7,\\
4,1,2,8,1,4,7,2,1,8,2,7,\\
4,1,2,8,1,4,7,2,1,8,2,7,\\
4,1,2,8,1,4,7,2,1,8,2,7,
\end{gathered}
$$

$$4, 1, 2, 8, 1, 4, 7, 2, 1, 8, 2, 7,$$
$$4, 1, 2, 8, 1, 4, 7, 2, 1, 8, 2, 7,$$
$$4, 1, 2, 8, 1, 4, 7, 2, 1, 8, 2, 7,$$
$$4, 1, 2, 8, 1, 4, 7, 2, 1, 8, 2, 7,$$
$$4, 1, 2, 8, 1, 4, 7, 2, 1, 8, 2, 7,$$
$$\vdots$$

このグランディ数列を見てみると，$\mathcal{G}(71)$ から $\mathcal{G}(m+12)=\mathcal{G}(m)$ を満たし，周期的になっているようです．実際，8 進ゲームについては，一定の長さの周期を見つけることができれば，その後も周期が続くことが証明できます．

定理 3.3.3 有限の長さのコードネーム $0.c_1c_2\ldots c_r$ で表される 8 進ゲームについて考える．ここで，$m_0, p \in \mathbb{N}^+$ が存在して，$m_0 \leq m < 2m_0+p+r$ を満たす任意の m に対して，$\mathcal{G}(m)=\mathcal{G}(m+p)$ が成り立つとする．このとき，$m_0 \leq m$ を満たす任意の m で $\mathcal{G}(m)=\mathcal{G}(m+p)$ が成り立つ．

ケイレス（0.77）の場合，$r=2$ であり，$p=12, m_0=71$ とすると $2m_0+p+r=156$ です．さきほど実際に計算して，$71 \leq m < 156$ の範囲で $\mathcal{G}(m)=\mathcal{G}(m+12)$ となることを確認しているので，この定理からケイレスのグランディ数列が周期を持つことがわかります．定理の証明は次の通りです．

証明 m に関する帰納法で証明する．$m \geq 2m_0+p+r$ として $\mathcal{G}(m)=\mathcal{G}(m+p)$ を示す．$m_0 \leq m' < m$ なる m' について $\mathcal{G}(m')=\mathcal{G}(m'+p)$ が成立していると仮定する．石が $m+p$ 個ある局面から許される着手のうち，j $(0 < j \leq r)$ 個の石を取り除き，残りをそれぞれ m_1 (>0) 個，m_2 (>0) 個の石がある 2 つの山に分割する着手ができるとする．このとき，$j+m_1+m_2=m+p$ であるから，

$$m_1+m_2=m+p-j \geq m+p-r \geq 2(m_0+p)$$

となる．

ここで，$m_1 \leq m_2$ とすると，

$$m_2 \geq \frac{m_1+m_2}{2} \geq \frac{2(m_0+p)}{2} \geq m_0+p$$

である．したがって，$m_2 - p \geq m_0 > 0$ だから，石が m 個の局面を考えると，m_1 (> 0) 個，$m_2 - p$ (> 0) 個の石からなる 2 つの山に分割する合法手が存在する．逆に，石が m 個の局面から m_1 (> 0) 個，$m_2 - p$ (> 0) 個の石からなる局面に分割できるならば $(m + p)$ 個の石がある局面から m_1, m_2 個の石がある 2 つの山に分割する合法手が存在する．石が m_1 個，m_2 個の 2 山がある局面と石が m_1 個，$m_2 - p$ 個の 2 山がある各局面のグランディ数はそれぞれ

$$\mathcal{G}(m_1) \oplus \mathcal{G}(m_2)$$

と

$$\mathcal{G}(m_1) \oplus \mathcal{G}(m_2 - p)$$

だが，ここで，$m_0 \leq m_2 - p < m$ より帰納法の仮定が適用でき，$\mathcal{G}(m_2) = \mathcal{G}(m_2 - p)$ となるので，これらは等しくなる．

また，石が $m + p$ 個ある局面から単に j $(0 < j \leq r)$ 個の石を取る着手が許されているとき，かつそのときに限り，石が m 個ある局面から単に j 個の石を取る着手も許されているが，$m - j \geq m - r \geq 2m_0 + p > m_0$ であるから帰納法の仮定が適用できて $\mathcal{G}(m - j) = \mathcal{G}(m + p - j)$ である．

以上より，石が m 個の局面と $m + p$ 個の局面から移行できる局面の集合を，それぞれ，$K(m), K(m + p)$ と表したとき，

$$\{\mathcal{G}(x) \mid x \in K(m)\} = \{\mathcal{G}(x) \mid x \in K(m + p)\}$$

となるから，

$$\mathcal{G}(m) = \mathrm{mex}(\{\mathcal{G}(x) \mid x \in K(m)\}) = \mathrm{mex}(\{\mathcal{G}(x) \mid x \in K(m+p)\}) = \mathcal{G}(m+p)$$

である [5]．　□

この定理がある一方で，**コードネームの長さが有限である任意の 8 進ゲームのグランディ数列は周期を持つか？** という問題は未解決問題となっています [Now19]．周期を持つ 8 進ゲームが多く見つかっている一方で，非常に大きな範囲まで調べても未だに周期が見つかっていない 8 進ゲームもありま

---

[5] 3 分割以上できる場合も同様の定理が成り立ちます．詳しくは [IGS] の定理 6.1 を参照してください．

す.

3.4 Max ニムと Min ニム

本節では，取っていい石の個数が山の石の個数に依存するようなゲームとして，Max ニムと Min ニムの研究を紹介します [Lev06].

3.4.1 Max ニム

ここまでグランディ数列が周期的になるようなルールセットを見てきましたが，グランディ数列が自己再帰的になるルールセットもあります.

定義 3.4.1 $f(m) \leq m$ を満たすような $\mathbb{N}_0$ から $\mathbb{N}_0$ への関数 f を用意する．f によって定義される *Max* **ニム**（*maximum nim*）とは，山の石の個数が m 個のときに，高々 $f(m)$ 個まで石を取り去ることができるニムのことである.

$\lfloor x \rfloor$ を x 以下の最大の整数とします．$f(m) = \left\lfloor \dfrac{m}{2} \right\rfloor$ の場合の Max ニムについてグランディ数列を見てみましょう．石の個数が 0 個，1 個のときは石を取り去ることができません．したがってグランディ数は 0 になります．2 個，3 個のときは石を 1 つ取ることができます．よってグランディ数は 1 と 0 になります．4 個，5 個のときは 2 つまで石を取り去ることができます．以下同様に調べていくと，表 3.2 のようになります.

表 3.2 $f(m) = \left\lfloor \dfrac{m}{2} \right\rfloor$ の場合の Max ニムのグランディ数列

m	0	1	2	3	4	5	6	7	8	9	10	11	12	13	14	$\cdots$
$\mathcal{G}(m)$	0	$\underline{\mathbf{0}}$	1	$\underline{\mathbf{0}}$	2	$\underline{\mathbf{1}}$	3	$\underline{\mathbf{0}}$	4	$\underline{\mathbf{2}}$	5	$\underline{\mathbf{1}}$	6	$\underline{\mathbf{3}}$	7	$\cdots$
$f(m)$	0	0	1	1	2	2	3	3	4	4	5	5	6	6	7	$\cdots$

太字にして下線を引いた奇数番目 (m が奇数) の項を見てみると, $0, 0, 1, 0, 2, 1, 3, \ldots$ となり，それ自体が全体の数列と一致していることがわかります．また偶数番目（m が偶数）の項は非負整数が順番に登場しています．言い方を変えれば，$f(m) = f(m-1)$ を満たす m（この場合は奇数）に着目すれば，グランディ数の列は全体の数列と一致し，$f(m) = f(m-1) + 1$ を満たす m（この場合は偶数）に着目すれば，グランディ数は非負整数が小さいものから順番

に登場します．あとでこの性質の一般化を行いますので，覚えておきましょう．Max ニムのグランディ数列ではこのように，部分の数列が全体の数列と一致するような，自己再帰的な構造を含んでいることが知られています．

本節において，与えられた f が $0 \leq f(m) - f(m-1) \leq 1$ を満たすとき，すなわち任意の m について $f(m) = f(m-1)$ または $f(m) = f(m-1) + 1$ であるとき，f が**正則**（*regular*）であるということとします．

例えば，$f(m) = \left\lfloor \dfrac{m}{2} \right\rfloor$ のとき，m が奇数であれば，$f(m) = f(m-1)$，m が偶数であれば $f(m) = f(m-1) + 1$ となるので，f は正則です．一方，$f(m) = \max(\{2^k \mid k \in \mathbb{N}_0, 2^k \leq m\}) - 1$ のときは，$f(3) = 1$ ですが $f(4) = 3$ なので正則ではありません．

補題 3.4.2　f が正則であるとき，f によって定義される Max ニムのグランディ数列は，次を満たす．

$$\mathcal{G}(m) = \begin{cases} 0 & (m = 0 \text{ のとき}) \\ f(m) & (f(m) = f(m-1) + 1 \text{ のとき}) \\ \mathcal{G}(m - f(m) - 1) & (f(m) = f(m-1) \text{ のとき}) \end{cases}$$

証明　まず，$k \leq m$ なる任意の非負整数 k, m に対して，$f(m) - f(k) = (f(m) - f(m-1)) + (f(m-1) - f(m-2)) + \cdots + (f(k+1) - f(k))$ なので，正則性より $f(m) - f(k) \leq m - k$，すなわち $k - f(k) \leq m - f(m)$ である．これより，任意の非負整数 m について，$\mathcal{G}(m)$, $\mathcal{G}(m-1), \ldots,$ $\mathcal{G}(m - f(m))$ は互いに異なっていることがわかる．なぜなら，$m - f(m) \leq j < k \leq m$ とすると，いま $\mathcal{G}(k)$ について，Max ニムのルールにより，

$$\mathcal{G}(k) = \operatorname{mex}(\{\mathcal{G}(i) \mid k - f(k) \leq i \leq k - 1\})$$

であるが，$k - f(k) \leq m - f(m) \leq j \leq k - 1$ であるから，$\mathcal{G}(k)$ は $\mathcal{G}(j)$ とは異ならなければならない．また，$\mathcal{G}(k)$ の値は要素の数が $f(k)$ 個以下の集合の mex になるから，m 以下のどんな非負整数 k についても，命題 3.1.6 より，$\mathcal{G}(k) \leq f(k) \leq f(m)$ となる．よって，$\mathcal{G}(m)$, $\mathcal{G}(m-1), \ldots,$ $\mathcal{G}(m - f(m))$ は，どれも $f(m)$ 以下で互いに異なる整数だから，$0, 1, \ldots, f(m)$ の並べ替えになる．

$f(m) = f(m-1)$ のとき，$\mathcal{G}(m)$, $\mathcal{G}(m-1), \ldots,$ $\mathcal{G}(m - f(m))$ はどれも $f(m)$ 以下で互いに異なる整数であり，$\mathcal{G}(m-1)$, $\mathcal{G}(m-2), \ldots,$ $\mathcal{G}(m - f(m))$,

$\mathcal{G}(m-f(m)-1)$ はどれも $f(m-1)$ 以下で互いに異なる整数であって，$f(m)=f(m-1)$ だから，結局どちらも $0,1,\ldots,f(m)$ の並べ替えである．よって，同じ数値の並べ替えだから，$\mathcal{G}(m)=\mathcal{G}(m-f(m)-1)$ である．

また $f(m)=f(m-1)+1$ のとき，$\mathcal{G}(m)$, $\mathcal{G}(m-1),\ldots,$ $\mathcal{G}(m-f(m))$ は $0,1,\ldots,f(m)$ の並べ替えなのに対し，$\mathcal{G}(m-1)$, $\mathcal{G}(m-2),\ldots,$ $\mathcal{G}(m-f(m))$ は，$0,1,\ldots,f(m)-1$ の並べ替えだから，$\mathcal{G}(m)=f(m)$ である． □

定理 3.4.3 $\{g_i\}$ を正則な関数 f によって定められる Max ニムのグランディ数列とする[6]．$\{g_i\}$ から各非負整数 k が最初に登場する項を削除することによって得られる数列を $\{a_i\}$ とすると，$f(m)=f(m-1)$ を満たす m が無限にあるとき，$\{a_i\}=\{g_i\}$ となる．

証明 数列 $\{a_i\}$ は，$k=0$ および $f(k)=f(k-1)+1$ を満たす k $(k>0)$ について g_k を $\{g_i\}$ から除いたものである．$g_0,g_1,\ldots,g_m$ にはそのような k が $f(m)+1$ 個あるから，補題 3.4.2 により，

$$a_{m-f(m)-1}=g_m=g_{m-f(m)-1}$$

が得られる．仮定より $f(m)=f(m-1)$ を満たす m は無限個あり，かつ f は正則なので，集合 $\{i-f(i)-1 \mid i\in\mathbb{N}^+, f(i)=f(i-1)\}$ は非負整数全体である．よって，$\{a_i\}=\{g_i\}$ となる． □

Max ニムにおいて，与えられた関数が正則であるとき，補題 3.4.2 と定理 3.4.3 より，m 項目までのグランディ数の値を，定義に従って愚直に計算するよりも，簡単に求められる計算方法が得られます．

まず，$f(0),f(1),\ldots,f(m)$ の値を表に書いて，$m_0=0$ と，$f(m_i)=f(m_i-1)+1$ となる $m_1<\cdots<m_k$ にチェックを入れます．そして，計算の前半として，チェックを入れたところに $0,1,2,\ldots$ を順番に記入します．これは補題 3.4.2 の $f(m)=f(m-1)+1$ の場合に対応します．

次に，計算の後半として，残りの部分について，そこだけ集めた数列が全体の数列と一致するように埋めていきます．これは定理 3.4.3 に対応します．

表 3.3 は $f(m)=\lfloor\sqrt{m}\rfloor$ の場合の Max ニムの例です．前半の数列と後半の数列を合わせたものが，Max ニムのグランディ数列となります．

---

6) つまり，g_i は石数が i の場合のグランディ数です．

表 3.3　$f(m) = \lfloor \sqrt{m} \rfloor$ のときの Max ニムのグランディ数列

m	0	1	2	3	4	5	6	7	8	9	10	11	12	13	14	15	16
$f(m)$	0	1	1	1	2	2	2	2	2	3	3	3	3	3	3	3	4
前半	0	1			2					3							4
後半			0	1		0	1	2	0		1	2	0	3	1	2	

m が平方数のときに $\lfloor \sqrt{m} \rfloor$ は $\lfloor \sqrt{m-1} \rfloor$ より真に大きくなるので，$m_i = i^2$ となります．

補題 3.4.2 から $g_{i^2} = i$ が得られ，定理 3.4.3 から，残りの部分は全体の数列が再帰的に登場することがわかります．

ここまでは f が正則という強い制約のもとで考えてきましたが，次に少し条件を緩めて f が広義単調増加，すなわち任意の x, y $(x < y)$ について $f(x) \leq f(y)$ となる関数の場合について考えてみましょう．

命題 3.4.4　f が広義単調増加であるとする．f によって定義される Max ニムのグランディ数列は，次の正則な関数 f' によって定義される Max ニムのグランディ数列と等しい．

$$f'(m) = \min\{f(m), 1 + f'(m-1)\}.$$

証明　$\{g_i\}$ と $\{g'_i\}$ をそれぞれ f と f' によって定義される Max ニムのグランディ数列とする．m に関する帰納法で $g_m = g'_m$ となることを示す．$m = 0$ のときは明らかに $g_0 = g'_0 = 0$ である．$f'(m) = f(m)$ のとき，帰納法の仮定より，可能な着手によって得られる遷移先のグランディ数の集合は変わらないので，$g_m = g'_m$ である．$f'(m) < f(m)$ のときは，定義より $f'(m) = 1 + f'(m-1)$ であるが，f' は正則なので，補題 3.4.2（の証明）より，$g'_{m-1}, g'_{m-2}, \ldots, g'_{m-f'(m)}$ には，0 から $f'(m) - 1$ までのすべての整数が 1 回ずつ現れる．帰納法の仮定より $j < m$ なる j については $g_j = g'_j$ であり，$g'_j \leq f'(j) < f'(m)$ だから，

$$\begin{aligned}
g_m &= \mathrm{mex}(\{g_{m-1}, g_{m-2}, \ldots, g_{m-f(m)}\}) \\
&= \mathrm{mex}(\{g'_{m-1}, g'_{m-2}, \ldots, g'_{m-f(m)}\}) \\
&= f'(m) \\
&= g'_m \qquad \text{（補題 3.4.2 より）}
\end{aligned}$$

である．　□

一例として，$f(m)=\max(\{2^k \mid k\in\mathbb{N}_0,\ 2^k\le m\})-1$ の場合を考えます．このとき f は正則ではありませんが，命題 3.4.4 を用いることで，正則な関数 f' を用意し，その関数を用いてグランディ数列 $\{g_i\}$ を求めることができます．$f(m), f'(m), \{g_i\}$ を表 3.4 にまとめます．

表 3.4 $f(m)=\max(\{2^k \mid k\in\mathbb{N}_0,\ 2^k\le m\})-1$ のときの Max ニムのグランディ数列

m	0	1	2	3	4	5	6	7	8	9	10	11	12	13	14	15	16
$f(m)$		0	1	1	3	3	3	3	7	7	7	7	7	7	7	7	15
$f'(m)$		0	1	1	2	3	3	3	4	5	6	7	7	7	7	7	8
g_m	0	0	1	0	2	3	1	0	4	5	6	7	2	3	1	0	8

$f'(m)=f'(m-1)$ となるのは，m の 2 進表記が $(11a_1a_2\cdots a_s)_2$ となるときです．このとき，$g_m=g_{m-f'(m)-1}=g_{(1a_1a_2\cdots a_s)_2}$ となります．また，$f'(m)=f'(m-1)+1$ となるのは，m の 2 進表記が $(10b_1b_2\cdots b_t)_2$ となるときです．このとき，$g_m=(1b_1b_2\cdots b_t)_2$ となります．したがって，m が 2 のべきよりちょうど 1 小さいときは $g_m=0$ になり，それ以外のときは，m を 2 進法で書いて，最初の 1，そのあとに続く $k\ (\ge 0)$ 個以上の 1，その次の 0 と残りの部分に分けます．その後，k 個の 1 とその次の 0 を削除したものが，g_m になっています．つまり，$m=(\underbrace{11\cdots1}_{k+1\text{ 個}}0c_1\cdots c_u)_2$ のとき，$g_m=(1c_1\cdots c_u)_2$ です．

3.4.2 Min ニム

Min **ニム** (*minimum nim*) は Max ニムの逆です．関数 f が与えられて，山の石の個数 m に対してプレイヤーは $f(m)$ より真に大きい個数しか石を取ることができません（Max ニムでは，$f(m)$ **以下**でしたが，Min ニムでは $f(m)$ **より多く**取る必要があります．つまり $f(m)$ 個取る着手は許されていないことに注意が必要です）．

例として，$f(m)=\max\left(0,\left\lfloor\dfrac{m-1}{2}\right\rfloor\right)$ のときの Min ニムのグランディ数列 $\{h_i\}$ を見てみましょう．これは，表 3.5 のようになります．この数列がどのように表されるのかということと，Max ニムと Min ニムの関係性についてこれから見ていきます．

表 3.5　$f(m) = \max\left(0, \left\lfloor \frac{m-1}{2} \right\rfloor\right)$ のときの Min ニムのグランディ数列

m	0	1	2	3	4	5	6	7	8	9	10	11	12	13	14	15	16
$f(m)$	0	0	0	1	1	2	2	3	3	4	4	5	5	6	6	7	7
$m - f(m)$	0	1	2	2	3	3	4	4	5	5	6	6	7	7	8	8	9
h_m	0	1	2	2	3	3	3	3	4	4	4	4	4	4	4	4	5

f が正則であるとき，$\{m - f(m)\}$ も正則になります．

命題 3.4.5　$\{h_i\}$ を関数 f によって定められる Min ニムのグランディ数列であるとする．f が正則な関数とするとき，$\{h_i\}$ は正則であり，

$$h_m = \begin{cases} 0 & (m = f(m)) \\ 1 + h_{m-f(m)-1} & (m > f(m)) \end{cases}$$

である．

証明　i に関する帰納法で示す．$f(m) = m$ のときは明らかに $h_m = \mathrm{mex}(\emptyset) = 0$ である．$m > f(m)$ かつ $m - 1 = f(m-1)$ のとき，f は正則なので $m = f(m) + 1$ だから，Min ニムのルールにより，$h_m = \mathrm{mex}(\{h_0\}) = \mathrm{mex}(\{0\}) = 1 = 1 + h_{m-f(m)-1}$ である．$m > f(m)$ かつ $m - 1 > f(m-1)$ ならば，帰納法の仮定より

$$h_m = \mathrm{mex}(\{h_0, h_1, \ldots, h_{m-f(m)-1}\}) = 1 + h_{m-f(m)-1}$$

である．同様に h_{m-1} は $1 + h_{m-1-f(m-1)-1}$ だが，f は正則なので $\{m - f(m)\}$ も正則であり，$m - f(m)$ は $m - 1 - f(m-1)$ よりたかだか 1 大きいから，h_m も h_{m-1} よりたかだか 1 大きい．よって，$\{h_m\}$ は正則である．□

改めて，$f(m) = \max\left(0, \left\lfloor \frac{m-1}{2} \right\rfloor\right)$ のときの Max ニムと Min ニムのグランディ数列である $\{g_i\}$ と $\{h_i\}$ を表 3.6 にまとめておきましょう．表 3.6 では $m > 0$ の場合には $h_m = \lfloor \log_2 m \rfloor + 1$ となっており，$m > 0$ について，h_m の値が増えたとき，かつそのときに限り $g_m = 0$ となっていることが分かります．このことを示しましょう．

表 3.6 $f(m) = \max\left(0, \left\lfloor \frac{m-1}{2} \right\rfloor\right)$ のときの Max ニムのグランディ数列 $\{g_i\}$ と Min ニムのグランディ数列 $\{h_i\}$

m	0	1	2	3	4	5	6	7	8	9	10	11	12	13	14	15	16
$f(m)$	0	0	0	1	1	2	2	3	3	4	4	5	5	6	6	7	7
g_m	0	0	0	1	0	2	1	3	0	4	2	5	1	6	3	7	0
h_m	0	1	2	2	3	3	3	3	4	4	4	4	4	4	4	4	5

定理 3.4.6 $\{g_i\}$,$\{h_i\}$ を，それぞれ関数 f によって定められる Max ニムと Min ニムのグランディ数列とする．f が正則な関数であるとき $h_m = \#\{0 < k \le m \mid g_k = 0\}$ である，すなわち次が成り立つ．

$$h_0 = 0, \quad m > 0 \Longrightarrow h_m = \begin{cases} h_{m-1} & (g_m \neq 0) \\ 1 + h_{m-1} & (g_m = 0) \end{cases}$$

証明 m についての帰納法による．$h_0 = 0$ は明らかだから，$m > 0$ とする．$m = f(m)$ の場合，$g_m = m \neq 0$ であり $h_m = 0$ だから定理は成り立つ．$m > f(m)$ の場合，命題 3.4.5 より，$h_m = 1 + h_{m-f(m)-1}$ である．このとき $g_m = 0$ ならば，Max ニムのルールより，$m - 1 \ge i \ge m - f(m)$ なるすべての i について $g_i \neq 0$ だから，帰納法の仮定により

$$h_{m-1} = h_{m-2} = \cdots = h_{m-f(m)} = h_{m-f(m)-1}$$

である．よって，$h_m = 1 + h_{m-f(m)-1} = 1 + h_{m-1}$ である．逆に $g_m \neq 0$ ならば，$m - 1 \ge i \ge m - f(m)$ なる i で $g_i = 0$ を満たすものが存在する．よって，帰納法の仮定により $h_i = 1 + h_{i-1}$ だが，

$$h_m \ge h_{m-1} \ge h_i = 1 + h_{i-1} \ge 1 + h_{m-f(m)-1} = h_m$$

により，上の各項は等しい．よって，$h_m = h_{m-1}$ である． □

3.5 Wythoff のニムとその変種

Wythoff **のニム**（Wythoff, Wythoff nim, Wythoff's game）[Wyt09] は 2 つの山を用いた石取りゲームで，次のような着手が許されます．

・ 片方の山から 1 個以上石を取る，または
・ 両方の山から同じ数だけ石を取る．

2 つの山に同時に一手で着手することができるので，Wythoff のニムはゲームの直和とはなっていないことに注意が必要です．

Wythoff のニムのグランディ数を表す閉じた式は知られておらず，組合せゲーム理論の重要な未解決問題となっています．一方で，$\mathcal{P}$ 局面については，閉じた式が知られています．

以下では φ を黄金数，すなわち $\varphi = \dfrac{1+\sqrt{5}}{2}$ とします．

定理 3.5.1　Wythoff のニムの局面を (m, n) とする．$|n-m| = k$ とすると，(m, n) が $\mathcal{P}$ 局面となるのは，

$$(\lfloor k\varphi \rfloor, \lfloor k\varphi \rfloor + k) \text{ または } (\lfloor k\varphi \rfloor + k, \lfloor k\varphi \rfloor)$$

であるとき，かつそのときに限る．

$\mathcal{P}$ 局面を表すために黄金数が登場するのは驚くべき結果です．定理 3.5.1 の証明を完成させるにはいくつかの準備が必要です．まず，次の補題を用意します [Ray94]．

補題 3.5.2（Rayleigh の定理）　α, β を $\dfrac{1}{\alpha} + \dfrac{1}{\beta} = 1$ を満たす 1 より大きい無理数であるとする．このとき，$a_i = \lfloor i\alpha \rfloor$，$b_i = \lfloor i\beta \rfloor$ とすると，$a_i < a_{i+1}$，$b_i < b_{i+1}$ が任意の正整数 i について成り立つ．また，集合 $A = \{a_1, a_2, \ldots\}, B = \{b_1, b_2, \ldots\}$ とすると，$A \cup B = \mathbb{N}^+, A \cap B = \emptyset$ となる．つまり，任意の正整数は A または B の一方のみに属する．

逆に，1 より大きい 2 つの数 α, β に対して，$a_i = \lfloor i\alpha \rfloor, b_i = \lfloor i\beta \rfloor$ とおき，$A = \{a_1, a_2, \ldots\}, B = \{b_1, b_2, \ldots\}$ について考えたとき，任意の正整数が A または B のうちちょうど 1 つに 1 回だけ登場するならば，α と β はともに無理数であり，$\dfrac{1}{\alpha} + \dfrac{1}{\beta} = 1$ を満たす．

証明　α, β は 1 より大きいので，$a_i < a_{i+1}$，$b_i < b_{i+1}$ は明らか．次に，ある i, j について，整数 k が存在して $k = a_i = b_j$ となると仮定する．このとき，α と β は無理数なので，$k < i\alpha < k+1$，$k < j\beta < k+1$ である．$\alpha \neq 0, \beta \neq 0$

より，$\dfrac{i}{k+1} < \dfrac{1}{\alpha} < \dfrac{i}{k}$, $\dfrac{j}{k+1} < \dfrac{1}{\beta} < \dfrac{j}{k}$ となるので，

$$\frac{i+j}{k+1} < \frac{1}{\alpha} + \frac{1}{\beta} = 1 < \frac{i+j}{k}$$

となる．よって

$$k < i+j < k+1$$

となり，i, j, k は正整数なのでこれは矛盾である．よって，A と B の両方に属する正整数は存在しない．

次に，ある正整数 k が A にも B にも属さないと仮定する．このとき，α と β は無理数なので，$i\alpha < k < k+1 < (i+1)\alpha$, $j\beta < k < k+1 < (j+1)\beta$ となる i, j が存在する．よって，$\dfrac{i}{k} < \dfrac{1}{\alpha} < \dfrac{i+1}{k+1}$, $\dfrac{j}{k} < \dfrac{1}{\beta} < \dfrac{j+1}{k+1}$ である．ここから

$$\frac{i+j}{k} < \frac{1}{\alpha} + \frac{1}{\beta} = 1 < \frac{i+j+2}{k+1}$$

となる．このことから，$i+j < k$, $k+1 < i+j+2$ であるため，整理すると $k-1 < i+j < k$ となる．i, j, k は正整数なので，これは矛盾である．よって，すべての正整数は A と B の少なくとも一方に属する．

次に，逆について考える．p を任意の正整数とする．$1, 2, \ldots, p$ の中で，A に属するものが r 個，B に属するものが s 個存在すると仮定する．このとき $r+s=p$ である．

$$\lfloor r\alpha \rfloor \leq p \Longleftrightarrow r\alpha < p+1 \Longleftrightarrow r < \frac{p+1}{\alpha}$$

であり，

$$\lfloor (r+1)\alpha \rfloor > p \Longleftrightarrow (r+1)\alpha \geq p+1 \Longleftrightarrow r \geq \frac{p+1}{\alpha} - 1$$

なので，

$$\frac{p+1}{\alpha} - 1 \leq r < \frac{p+1}{\alpha}$$

である．同様にして，

$$\frac{p+1}{\beta} - 1 \leq s < \frac{p+1}{\beta}$$

である．よって，

$$(p+1)\left(\frac{1}{\alpha}+\frac{1}{\beta}\right)-2 \leq p < (p+1)\left(\frac{1}{\alpha}+\frac{1}{\beta}\right)$$

となる．ここから，

$$\frac{p}{p+1} < \frac{1}{\alpha}+\frac{1}{\beta} \leq \frac{p+2}{p+1}$$

が任意の p について成り立つことがわかる．$p \to \infty$ として $\frac{1}{\alpha}+\frac{1}{\beta}=1$ を得る．

ここで，α と β の片方が有理数であると仮定すると，もう片方も有理数となる．よって，$\alpha = \frac{v_1}{u_1}, \beta = \frac{v_2}{u_2}$ とすると，$v_1 v_2 = \lfloor v_2 u_1 \alpha \rfloor = \lfloor v_1 u_2 \beta \rfloor$ なので，$v_1 v_2$ が A, B の両方に属することになり，矛盾する．よって α, β はともに無理数となる．□

次にこのような α, β の具体例として，$\alpha_1 = \varphi$, $\beta_1 = \varphi^2$ を考えます．φ は方程式 $x^2 - x - 1 = 0$ の解となるので，$\varphi^2 = \varphi + 1$ が成り立つことに注意しましょう．このとき，

$$\frac{1}{\alpha_1}+\frac{1}{\beta_1}=\frac{1}{\varphi}+\frac{1}{\varphi^2}=\frac{\varphi+1}{\varphi^2}=\frac{\varphi+1}{\varphi+1}=1$$

となりますから，α_1, β_1 は条件を満たします．このとき，$\beta_1 = \alpha_1 + 1$ なので，$m_k = \lfloor k\varphi \rfloor$ とすると，$A = \{m_1, m_2, m_3, \ldots\}$，$B = \{m_1 + 1, m_2 + 2, m_3 + 3, \ldots\}$ となります．

補題 3.5.3　$m_k = \lfloor k\varphi \rfloor$ について，

$$m_0 = 0,\ m_{s+1} = \mathrm{mex}(\{m_i, m_i + i \mid 0 \leq i \leq s\})$$

が成り立つ．

証明　補題 3.5.2 より，任意の $m < m_{s+1}$ は $m = m_{s'}$ または $m = m_{s'} + s'$ と表される．ここで，$m_{s'} < m_{s+1}$ なので $s' < s + 1$ である．したがって，$m_{s+1} = \mathrm{mex}(\{m_i, m_i + i \mid 0 \leq i \leq s\})$ である．□

それでは，定理 3.5.1 を証明しましょう．

定理 3.5.1 の証明 $P = \{(m_s, m_s + s), (m_s + s, m_s) \mid s = 0, 1, 2, \ldots\}$ を局面の集合とし，N を P の補集合とする．

終了局面 $(0, 0)$ は P に属する．次に，局面 $G = (m_s, m_s + s) \in P$ の任意の遷移先 G' が N に属することを示す．$(m_s + s, m_s) \in P$ については同様に示される．

まず，石数が m_s 個の山のみに着手した局面，すなわち $G' = (i, m_s + s)$ $(i < m_s)$ について考える．$i < m_s = \mathrm{mex}(\{m_i, m_i + i \mid 0 \leq i \leq s - 1\})$ であるので，ある k $(< s)$ が存在して，$i = m_k$ または $i = m_k + k$ である．$i = m_k$ のとき，$G' = (m_k, m_s + s)$ である．このとき，$k < s$ より，$m_k + k < m_s + s$ だから，$G' \notin P$ が成り立つ．よって，$G' \in N$ である．$i = m_k + k$ のとき，$G' = (m_k + k, m_s + s)$ である．$m_k + k \neq m_s$，$m_s + s \neq m_k$ が成り立つから，$G' \notin P$ が成り立つ．よって，$G' \in N$ である．したがって，いずれの場合も G' は N に属する局面である．

次に，両方の山に着手した局面，すなわち $G' = (i, i+s)$ $(i < m_s)$ について考える．このとき，ある k $(< s)$ が存在して，$i = m_k$ または $i = m_k + k$ となる．$i = m_k$ のとき，$G' = (m_k, m_k+s)$ であるから，$k < s$ より，$G' \notin P$ が成り立つ．よって，$G' \in N$ である．次に，$i = m_k + k$ のとき，$G' = (m_k + k, m_k + k + s)$ であるから，$m_k + k + s > m_k$ より，$G' \notin P$ が成り立つ．よって，$G' \in N$ である．

最後に，石数が $m_s + s$ 個の山のみに着手した局面，すなわち $G' = (m_s, i)$ $(i < m_s + s)$ について考える．$i \neq m_s + s$ なので，これも明らかに $G' \notin P$ であり，よって，$G' \in N$ を得る．

以上から，いずれの場合も $G \in P$ の遷移先 G' は N に属する局面である．

次に $G \in N$ の場合について考える．$G = (i, m_s + s)$ $(i \neq m_s,\ i \leq m_s + s)$，$G = (i, m_s)$ $(i \leq m_s)$ のいずれかが成り立つとして一般性を失わない．$G = (i, m_s + s)$ $(m_s < i \leq m_s + s)$ のときは $G' = (m_s, m_s + s) \in P$ に一手で遷移できる．

$G = (i, m_s + s)$ $(i < m_s)$ の場合について考える．このとき，ある k $(\leq s - 1)$ が存在して $i = m_k$ または $i = m_k + k$ となる．$i = m_k$ のとき，$s > k$，$m_s > m_k$ だから，$(i, m_s + s) = (m_k, m_s + s)$ から $(m_k, m_k + k) \in P$ に一手で遷移することができる．$i = m_k + k$ のとき，$k < s$ だから $m_k < m_s + s$ なので，

$(i, m_s + s) = (m_k + k, m_s + s)$ から $(m_k + k, m_k) \in P$ に一手で遷移することができる．

$G = (i, m_s)$ $(i \leq m_s)$ の場合について考える．$i = m_k \leq m_s$ のとき，もし $m_s > m_k + k$ であれば，$(i, m_s) = (m_k, m_s)$ から $(m_k, m_k + k) \in P$ に一手で遷移することができる．もし $m_k \leq m_s < m_k + k$ であれば，$m_s = m_k + k'$ $(0 \leq k' < k)$ とおく．このとき，$(i, m_s) = (m_k, m_k + k')$ から $(m_{k'}, m_{k'} + k') \in P$ に一手で遷移することができる．$i = m_k + k \leq m_s$ のとき，$(i, m_s) = (m_k + k, m_s)$ から $(m_k + k, m_k) \in P$ に一手で遷移することができる．

上記の議論より，任意の $G \in N$ からある $G' \in P$ に一手で遷移できる．

以上から，命題 2.2.3 より，P, N はそれぞれ Wythoff のニムの $\mathcal{P}$ 局面全体の集合と $\mathcal{N}$ 局面全体の集合である． □

この結果は，一手で複数の山に着手できるようなルールセットに関する最初期の結果の 1 つです．

また，Wythoff のニムは，コーナー・ザ・クイーンというルールセットとみなすこともできます．

定義 3.5.4　コーナー・ザ・クイーン（CORNER THE QUEEN）は，チェス盤の上にクイーンが 1 つあり，お互いのプレイヤーは自分の手番でそのクイーンを上，左，または左上方向に好きなだけ動かすことができる不偏ゲームである．自分の手番で動かせなくなった方が負け，すなわち，クイーンを左上のマスに到達させた方が勝ちである．

図 3.2 にコーナー・ザ・クイーンの盤面を示しています．チェス盤の左上角のマスを $(0,0)$ として，左から x 列目，上から y 行目のマスを (x, y) で表します．このとき，コーナー・ザ・クイーンで許される動きは，$(x, y) \to (x', y)$ $(0 \leq x' < x)$, $(x, y) \to (x, y')$ $(0 \leq y' < y)$, $(x, y) \to (x', y')$ $(x - x' = y - y',\ 0 \leq x' < x,\ 0 \leq y' < y)$ ですから，コーナー・ザ・クイーンの局面 (x, y) のゲーム木は Wythoff のニムの局面 (x, y) のゲーム木と一致します．したがって，この 2 つのルールセットは同一のルールセットとみなすことができます [7]．

[7] 同様に考えると，「コーナー・ザ・飛車」は 2 山のニムになります．また，「コーナー・ザ・竜王」は演習問題 3-(a) で扱う特殊な場合のサイクリック・ニムホフです．

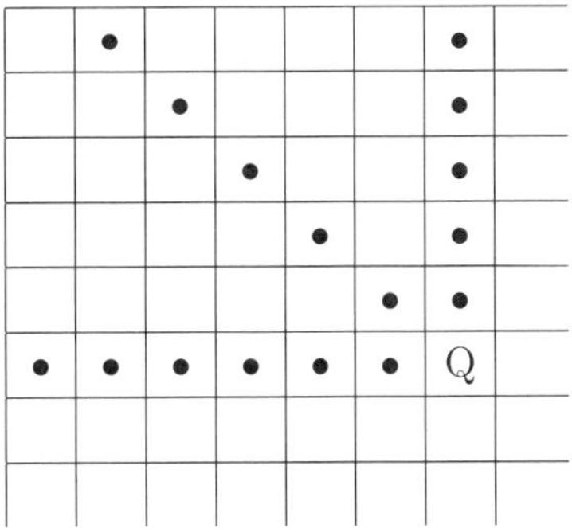

図 3.2 コーナー・ザ・クイーンでクイーン (Q) が動ける場所（黒い点で表示）

盤面に複数のクイーンがあって，しかも同じマス目に複数のクイーンが入ることができる場合について考えてみます．ゲームが終了するのはすべてのクイーンが左上のマスに到達したときです．このとき，局面はそれぞれのクイーンの位置によって定まるコーナー・ザ・クイーンの局面の直和になっています．したがって，コーナー・ザ・クイーン，または Wythoff のニムの局面のグランディ数を簡単に計算する方法があれば，複数のクイーンがいるようなコーナー・ザ・クイーンの必勝戦略保持者もわかります．

しかし，与えられた局面が $\mathcal{P}$ 局面かどうかを判定することは定理 3.5.1 を用いて簡単にできる反面，局面のグランディ数を簡単に求める方法は知られていません．よって，上記の複数のクイーンがいるようなコーナー・ザ・クイーンの必勝戦略保持者を簡単に計算する方法も知られていないということになります．

表 3.7 に小さい値の Wythoff のニムのグランディ数をまとめておきます．定理 3.5.1 からもわかるように，グランディ数が 0 になる局面は直線的に並んでいます．

3.5.1 Wythoff のニムの一般化

Wythoff のニムでは，2 つの山それぞれから，同数の石を取ることが認められていました．これは言い方を変えれば，2 つの山それぞれから，取った石の個数の差が 1 未満となるように石を取ることができる，ともいえます．ここを一般化して，r-WYTHOFF という，次のようなルールセットを考えることができます．

表 3.7　Wythoff のニムのグランディ数

$x\backslash y$	0	1	2	3	4	5	6	7	8	9	10	11	12	13	14
0	0	1	2	3	4	5	6	7	8	9	10	11	12	13	14
1	1	2	0	4	5	3	7	8	6	10	11	9	13	14	12
2	2	0	1	5	3	4	8	6	7	11	9	10	14	12	13
3	3	4	5	6	2	0	1	9	10	12	8	7	15	11	16
4	4	5	3	2	7	6	9	0	1	8	13	12	11	16	15
5	5	3	4	0	6	8	10	1	2	7	12	14	9	15	17
6	6	7	8	1	9	10	3	4	5	13	0	2	16	17	18
7	7	8	6	9	0	1	4	5	3	14	15	13	17	2	10
8	8	6	7	10	1	2	5	3	4	15	16	17	18	0	9
9	9	10	11	12	8	7	13	14	15	16	17	6	19	5	1
10	10	11	9	8	13	12	0	15	16	17	14	18	7	6	2
11	11	9	10	7	12	14	2	13	17	6	18	15	8	19	20
12	12	13	14	15	11	9	16	17	18	19	7	8	10	20	21
13	13	14	12	11	16	15	17	2	0	5	6	19	20	9	7
14	14	12	13	16	15	17	18	10	9	1	2	20	21	7	11

表 3.8　3-Wythoff のグランディ数

$x\backslash y$	0	1	2	3	4	5	6	7	8	9	10	11	12	13	14
0	0	1	2	3	4	5	6	7	8	9	10	11	12	13	14
1	1	2	3	4	0	6	7	8	9	5	11	12	13	14	10
2	2	3	4	5	6	7	1	9	0	10	12	13	14	8	15
3	3	4	5	6	7	8	9	10	2	11	1	14	0	15	16
4	4	0	6	7	8	9	10	11	12	13	3	15	2	16	1
5	5	6	7	8	9	10	11	12	13	14	15	16	4	17	3
6	6	7	1	9	10	11	12	13	14	15	16	17	18	19	20
7	7	8	9	10	11	12	13	14	15	16	17	18	19	20	21
8	8	9	0	2	12	13	14	15	16	17	18	19	20	21	22
9	9	5	10	11	13	14	15	16	17	18	19	20	21	22	23
10	10	11	12	1	3	15	16	17	18	19	20	21	22	23	24
11	11	12	13	14	15	16	17	18	19	20	21	22	23	24	25
12	12	13	14	0	2	4	18	19	20	21	22	23	24	25	26
13	13	14	8	15	16	17	19	20	21	22	23	24	25	26	27
14	14	10	15	16	1	3	20	21	22	23	24	25	26	27	28

・片方の山から好きな数だけ石を取り去る，または
・両方の山から取った石の個数の差が r 未満となるように石を取り去る．

$r=1$ のときが Wythoff のニムです．$r=3$ の場合のグランディ数を表 3.8 に示しました．やはりグランディ数が 0 となる $\mathcal{P}$ 局面については，直線的な関係があるように見えます．実は次の定理が成り立ちます [Fra82]．

定理 3.5.5 (m,n) を r-WYTHOFF のある局面とする．$|n-m|=k$ とすると，$\mathcal{P}$ 局面となるのは，

$$(\lfloor k\xi_r \rfloor, \lfloor k\xi_r \rfloor + kr) \text{ または } (\lfloor k\xi_r \rfloor + kr, \lfloor k\xi_r \rfloor)$$

であるとき，かつそのときに限る．ここで，ξ_r は方程式 $x^2+(r-2)x-r=0$ の解のうち正のもの，すなわち

$$\xi_r = \frac{2-r+\sqrt{r^2+4}}{2}$$

である．

比 $1:\xi_r$ は貴金属比と呼ばれます．特に，$r=1$ のとき $1:\xi_1$ は黄金比であって，$r=2,3$ のとき $1:\xi_2$，$1:\xi_3$ はそれぞれ白銀比，青銅比と呼ばれます．

さて，この定理の証明は定理 3.5.1 の証明とほとんど同じです．

まず，$\alpha=\xi_r$，$\beta=\xi_r+r$ としておきます．ξ_r は方程式 $x^2+(r-2)x-r=0$ の解なので，$\xi_r^2+r\xi_r=2\xi_r+r$ が成り立ちます．

$$\frac{1}{\alpha}+\frac{1}{\beta}=\frac{1}{\xi_r}+\frac{1}{\xi_r+r}=\frac{2\xi_r+r}{\xi_r^2+r\xi_r}=1$$

なので，$m_i=\lfloor i\alpha \rfloor$ とし，集合 $A=\{m_1,m_2,\ldots\}, B=\{m_1+r, m_2+2r,\ldots\}$ を考えると，補題 3.5.2 より任意の非負整数は A,B のちょうどどちらか一方に登場します．

ここから

$$m_0=0, \quad m_{s+1}=\mathrm{mex}(\{m_i, m_i+ir \mid 0\le i\le s\})$$

という性質もわかり，あとは，Wythoff のニムのときと同様に示すことができます．

上述のように，Wythoff のニムについてはグランディ数を与える閉じた式を求めるという長年の未解決問題があり，構造自体も美しいことから，ほかにも様々な変種が研究されています．

3.6 Moore のニム

Moore のニムは次のようなルールセットです．

定義 3.6.1 ある正の整数 k が最初に与えられる．ニムと同様に，いくつかの石でできた山がいくつかある．プレイヤーは自分の手番で，高々 k 山を選び，それぞれの山から好きなだけ（ただし 1 つ以上）石を取る．着手できなくなったプレイヤーの負けである．このようなルールセットを ***Moore* のニム**（MOORE'S NIM, MOORE'S GAME, NIM_k）という．

$k = 1$ のときは通常のニムですので，Moore のニムは通常のニムの一般化ととらえることができます．Moore のニムは必勝判定法が知られています [Moo10].

定理 3.6.2 Moore のニムの局面において，それぞれの山の石の個数を 2 進表記する．各桁について 1 の個数を数えたとき，どれも $k+1$ の倍数個であるとき，かつそのときに限り $\mathcal{P}$ 局面となる．

例 3.6.3 例えば $k = 2$ で局面が $(3, 4, 5, 6)$ のとき，2 進表記すると $(011)_2, (100)_2, (101)_2, (110)_2$ となります．2^2 の位は 1 が 3 個ありますが，$2^1, 2^0$ の位は 1 が 2 個であり，$k + 1 = 3$ の倍数ではありません．よって，これは $\mathcal{N}$ 局面になります．実際 $(3, 4, 5, 6) \to (1, 4, 5, 5)$ とすると，2 進表記したときに $(001)_2, (100)_2, (101)_2, (101)_2$ となり，どの桁も 1 の個数が 0 個か 3 個になります．よって，この局面は $\mathcal{P}$ 局面となります．

ほかにも $k = 2$ で局面が $(1, 1, 3, 5, 7, 7)$ の場合は，2 進表記すると $(001)_2, (001)_2, (011)_2, (101)_2, (111)_2, (111)_2$ となり，どの位も 1 の個数が 3 個か 6 個になります．いずれも 3 の倍数となるので，これは $\mathcal{P}$ 局面になります．

$k = 1$ とおけば，これは定理 2.3.6 になります．このように，Moore のニムでは，2 人のプレイヤーのどちらが必勝戦略を持つかということと，具体的な必勝法は簡単にわかりますが，通常のニムがグランディ数も簡単に求められた一方で，Moore のニムのグランディ数を簡単に求める方法は知られておらず，特殊な場合に留まっています [JM80].

それでは最後に定理 3.6.2 を証明しておきましょう.

定理 3.6.2 の証明　命題 2.2.3 を用いて示す．各桁について 1 の個数を数えたとき，どれも $k+1$ の倍数個であるような局面全体の集合を P，それ以外の局面全体の集合を N とする．明らかに，終了局面は P に属する.

ある局面 $G \in P$ について，山を高々 k 山選んで，それぞれの山から石を取ったとする．このとき，2 進表記で 1 が 0 に変わった，最上位の桁が 2^j の位だったとする．すると，2^j の位の 1 の個数は必ず 1 個以上 k 個以下減少しているので，2^j の位の 1 の個数を $k+1$ で割った余りは，1 以上 k 以下にしかならない．よって G からある局面 $G' \in P$ へ遷移できることはない.

次に，ある局面 $G \in N$ について考える．それぞれの山の石の個数を 2 進表記して，各桁について 1 の個数を調べ，1 の個数を $k+1$ で割った余りが 0 とならない最上位の桁が 2^j の位だったとする．そして，その桁の 1 の個数を $k+1$ で割った余りを $a\ (>0)$ とする．このとき，2^j の位が 1 になるような山を a 個選んで適切に石を取ると，すべての桁において 1 の個数を $k+1$ で割った余りが 0 以上 $k-a$ 以下になるようにすることができる．同様に操作を繰り返せば，高々 k 山から石を取ることで，各桁の 1 の個数を $k+1$ で割った余りが 0 になるようにすることができる.

したがって，命題 2.2.3 より，P は $\mathcal{P}$ 局面全体の集合，N は $\mathcal{N}$ 局面全体の集合となる. □

3.7 コラム 4：佐藤・ウェルターゲーム

佐藤・ウェルターゲーム（SATO-WELTER GAME）は次のようなルールのゲームです.

0	1	2	3	4	5	6	7	8	9	10
		○		○			○		○	○

(i) 上の図のような有限個のマス目の上にいくつかのコインを置いて対戦します．

(ii) 可能な着手は，1 枚のコインをその位置より左側の空きマスに移動させることです（ただし，他のコインを飛び越すこともできます）．

(iii) 終了局面は，コインを動かせなくなった局面，つまりコインが左詰めになった局面です．

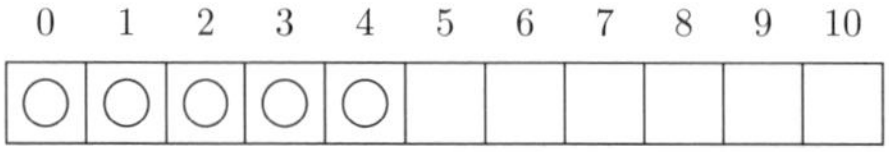

0	1	2	3	4	5	6	7	8	9	10
○	○	○	○	○						

第 2 章の演習問題に登場したスライディングに似ていますが，このゲームではコインの飛び越しが可能です．

コインが置いてある位置の番号を $(m_1, m_2, \ldots, m_n)$ と並べたものを，佐藤・ウェルターゲームの局面とします．例えば，先ほどの開始局面は $(2, 4, 7, 9, 10)$ と表します [8]．

佐藤・ウェルターゲームのグランディ数については，閉じた式が知られており，次のようになります [Wel54, Sat70a, Sat70b]．

定理 3.7.1　$G = (m_1, m_2, \ldots, m_n)$ を佐藤・ウェルターゲームの局面とする．このとき次が成り立つ．

$$\mathcal{G}(G) = \bigoplus_{1 \le i \le n} m_i \oplus \bigoplus_{1 \le i < j \le n} (m_i \mid m_j).$$

ただし，$(a \mid b) = (a \oplus b) \oplus ((a \oplus b) - 1)$，$\bigoplus_{1 \le i \le n} a_i = a_1 \oplus a_2 \oplus \cdots \oplus a_n$ とする．

例 3.7.2　次の局面について考えます．

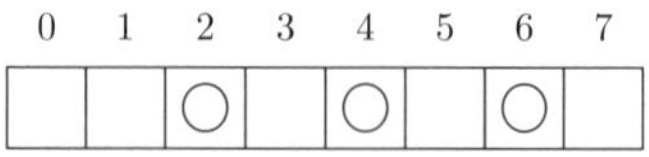

0	1	2	3	4	5	6	7
		○		○		○	

このとき，$G = (2, 4, 6)$ なので，

---

[8] 佐藤・ウェルターゲームは，ニムに「石の数が同数の山を 2 つ作ってはいけない」という条件を加えたものとみなすことができます．つまり，佐藤・ウェルターゲームの局面 $(m_1, m_2, \ldots, m_n)$ は，それぞれ石の数が $m_1, m_2, \ldots, m_n$ 個であり，任意の i, j $(i \neq j)$ に対し，常に $m_i \neq m_j$ であるような局面とみなせます．

$$
\begin{aligned}
\mathcal{G}(G) &= (2 \oplus 4 \oplus 6) \oplus (2 \mid 4) \oplus (4 \mid 6) \oplus (2 \mid 6) \\
&= 0 \oplus (6 \oplus 5) \oplus (2 \oplus 1) \oplus (4 \oplus 3) \\
&= 0 \oplus 3 \oplus 3 \oplus 7 = 7
\end{aligned}
$$

となり，この局面は $\mathcal{N}$ 局面であることがわかります．

さらに，佐藤・ウェルターゲームの局面は，ヤング図形と 1 対 1 に対応することが知られています．

ヤング図形とは，正方形のマスを左上に詰めて，1 行のマスの個数が下にいくほど広義単調減少になるように並べてできる図形です[9]．

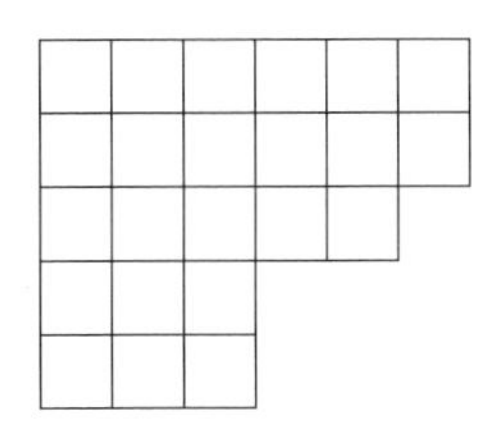

ヤング図形は組合せ論や表現論などで登場します．

佐藤・ウェルターゲームは，ヤング図形を局面とし，そのヤング図形のフックをお互いのプレイヤーが引き抜いていくゲームとみなすことができます．そのゲームを**フック引き抜きゲーム**（HOOK REMOVING GAME）と呼びます．ヤング図形のフックとは，ヤング図形の 1 つのマスを指定し，そのマス自身とそのマスの右側にあるすべてのマス，そのマスの下側にあるすべてのマスを集めたものです．例えば，次のヤング図形において，2 行 2 列のマス ⋆ を指定すると，灰色の部分がフックとなります．

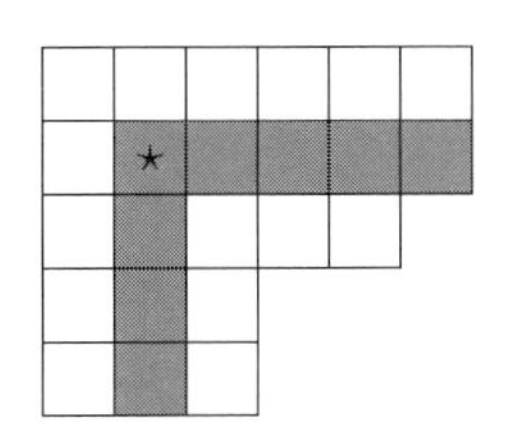

9) ヤング図形の詳細については，[KJW] や [TDH] などを参照してください．

例 3.7.3　ヤング図形からフックを引き抜くと次のようになります．フックを抜いた直後にヤング図形の右下の部分が宙に浮いた状態になる場合がありますが，左上にずらして隙間を詰めます．この一連の操作が，ヤング図形におけるフックの引き抜きです．

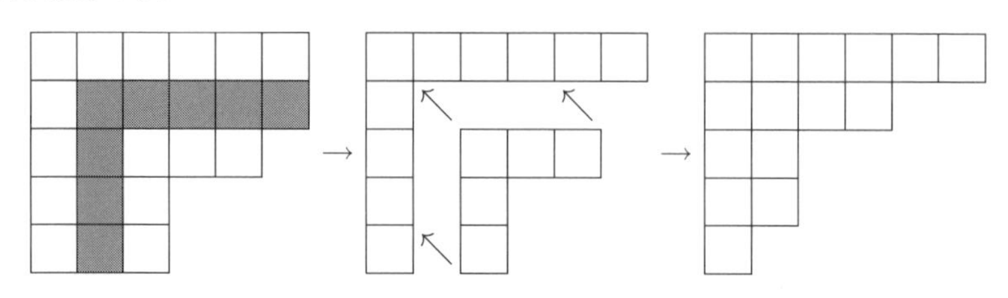

また，ここでフック長について説明します．フック長とは，そのマスに対応するフックに含まれるマスの個数のことです．例えば，次のヤング図形において，2 行 2 列のマスに対応するフックのフック長は，そのフックに含まれるマスの個数が 8 個なので，8 となります．

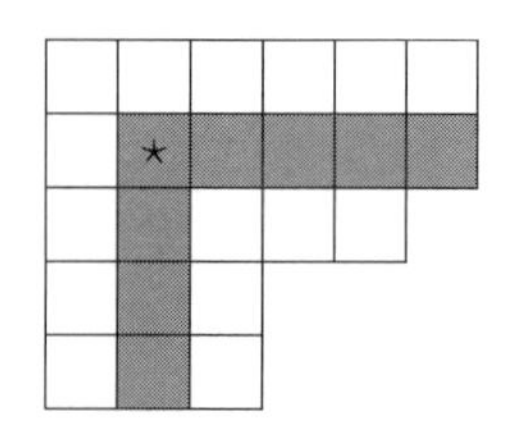

例 3.7.4　次のようなヤング図形において，各マスに対応するフックのフック長を，各マスに書き込んでみると次のようになります．

6	5	3	1
4	3	1	
2	1		

では，フック引き抜きゲームと佐藤・ウェルターゲームがどのように対応しているのかを見てみましょう．

例 3.7.5　佐藤・ウェルターゲームの局面 $(3, 4, 7, 9, 10)$ に一手着手し，$(1, 3, 4, 7, 10)$ にした場合について考えます．

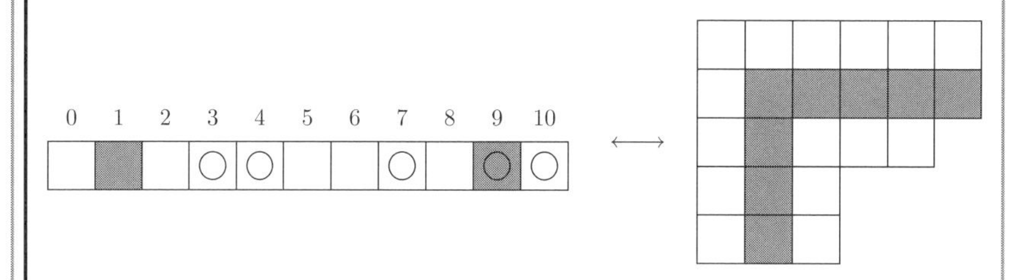

このとき，佐藤・ウェルターゲームの局面は，右側にあるフック引き抜きゲームの局面に対応します．ここで，ヤング図形の下側の辺と右側の辺に，図のように下側の辺の左から順に番号を振っていきます．

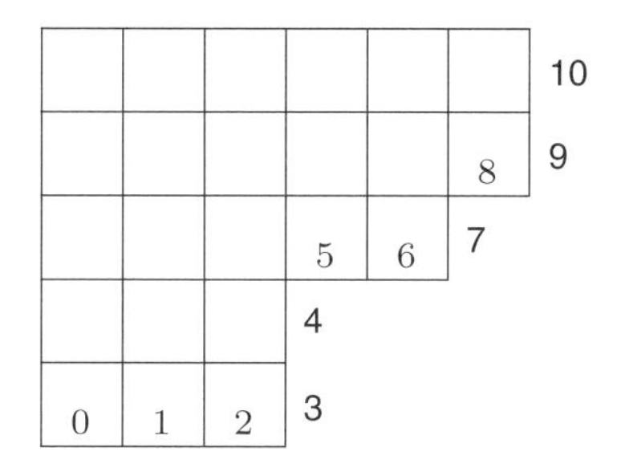

すると，ヤング図形の右側の辺の番号（太字の番号）とコインのある位置の番号が対応しています．また，佐藤・ウェルターゲームの局面において，9 の位置にあるコインを 1 の位置に移動させることは，フック引き抜きゲームにおいて，灰色のフックを引き抜くことに対応します．この灰色のフックは右側の辺の番号が 9，下側の辺の番号が 1 となっていることに注目してください．すると，次のような局面を得ます．

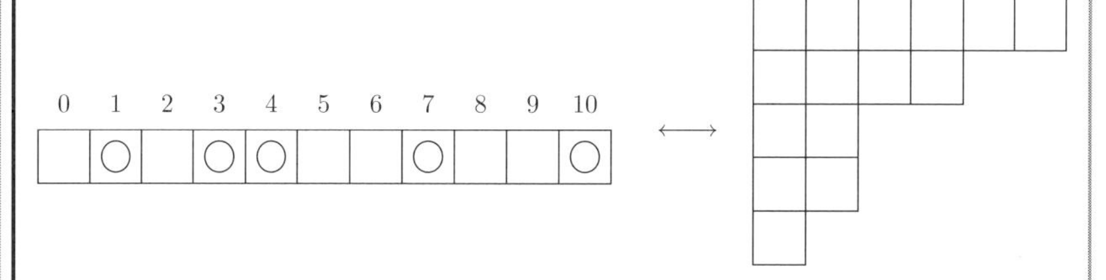

ここでも，ヤング図形の右側の辺の番号とコインのある位置の番号が対応しています．この対応関係は常に成り立ちます．また，抜かれた灰色のフックのフック長は 8 であり，コインの移動したマスの数 $9-1=8$ と一致します．

Y をフック引き抜きゲームの局面であるヤング図形とします．このとき，フック引き抜きゲームの局面のグランディ数は次の式で与えられます [Sat70a, Sat70b]．

定理 3.7.6

$$\mathcal{G}(Y) = \bigoplus_{h} N(h)$$

ただし，h はヤング図形 Y の各マスに対応するフックのフック長のすべてをわたる．また，$N(x) = x \oplus (x-1)$ である．

例 3.7.7　定理 3.7.6 を用いて，フック引き抜きゲームのグランディ数を計算してみましょう．次のような局面が与えられたとします．

$Y =$

フック長は例 3.7.4 でみたように次のようになります．

$Y =$

6	5	3	1
4	3	1	
2	1		

よって，定理 3.7.6 より，

$$\begin{aligned}
\mathcal{G}(Y) &= (6 \oplus 5) \oplus (5 \oplus 4) \oplus (3 \oplus 2) \oplus (1 \oplus 0) \\
&\quad \oplus (4 \oplus 3) \oplus (3 \oplus 2) \oplus (1 \oplus 0) \oplus (2 \oplus 1) \oplus (1 \oplus 0) \\
&= 3 \oplus 1 \oplus 1 \oplus 1 \oplus 7 \oplus 1 \oplus 1 \oplus 3 \oplus 1 \\
&= 7
\end{aligned}$$

となります．

一方で，

$G =$

0	1	2	3	4	5	6	7
		○		○		○	

$\longleftrightarrow$　$Y =$

6	5	3	1
4	3	1	
2	1		

というような対応があるのでした．この局面 G のグランディ数は例 3.7.2 より，$\mathcal{G}(G) = 7$ でしたから，これは先ほど計算したグランディ数の値と一致しています．

佐藤・ウェルターゲームはヤング図形におけるフック引き抜きゲームとみなすことができ，さらにグランディ数の閉じた式にフック長を用いることから，佐藤幹夫氏は，1970 年頃に「佐藤・ウェルターゲームは表現論と何か関係があるのではないか」と予想しました [SMK].

そして，2018 年に入江佑樹氏によりその関係が一部解明されました [Iri18]．次のコラム 5 でその関係性について紹介します．

3.8 コラム 5：表現論とのつながり

入江佑樹氏によって判明した，組合せゲーム理論と表現論とのつながりについて，その概要を紹介します [10]．

まず，p 飽和ゲームについて説明します．ここでは p を素数とします．

定義 3.8.1 集合 $T^{(p)}$ を次のように定義する．

$$T^{(p)} = \{t \in \mathbb{N}_0^n \backslash \{(0,0,\ldots,0)\} \mid v_p(\Sigma t_i) = \min(\{v_p(t_i) \mid 1 \leq i \leq n\})\}.$$

ただし，

$$v_p(m) = \begin{cases} \max(\{\ell \in \mathbb{N}_0 \mid m \text{ は } p^\ell \text{ で割り切れる }\}) & (m \neq 0) \\ \infty & (m = 0). \end{cases}$$

このとき，着手集合 $T^{(p)}$ を持つゲームを，p **飽和ゲーム**と呼びます．

着手集合は一手での石の取り方を定める集合です．例えば，3 山ニムの着手集合を T_1 とすると，$(2,0,0) \in T_1$ となります．なぜなら，これは 1 つ目の山から 2 個の石を取る着手を表しており，3 山ニムにおいて，その着手が許されているからです．しかし，$(1,2,0) \notin T_1$ です．なぜなら，3 山ニムにおいて，2 つの山から石を取ることは許されていないからです．また，Wythoff のニムの着手集合を T_2 とすると，$(3,3) \in T_2$ となります．なぜなら，これは 2 つの山から 3 個ずつの石を取る着手を表しており，Wythoff のニムにおいて 2 つの山から同時に同じ個数の石を取ることが許されているからです．しかし，$(1,2) \notin T_2$ となります．

着手集合を持つゲームとは，与えられた着手集合によって，着手の仕方が定められるゲームのことです．p 飽和ゲームでは，$T^{(p)}$ によって着手の仕方を指定しています．

10) 詳細については，[Iri18] を参照してください．

p 飽和ゲームの興味深い点は，グランディ数の値が p 進法で計算できるゲームが現れることです．例えば，p 飽和ニムの局面を $(m_1, m_2, \ldots, m_n)$ とすると，グランディ数は $m_1 \oplus_p m_2 \oplus_p \cdots \oplus_p m_n$ によって計算することができます（ただし，$\oplus_p$ は繰り上がりなしの p 進和です）．

このとき，次を定義します．

定義 3.8.2　Y を p 飽和フック引き抜きゲームの局面であるヤング図形とする．

$$\phi_p(Y) = \bigoplus_h {}_p N_p(h)$$

ただし，h はヤング図形 Y の各マスに対応するフックのフック長である．また，$N_p(x) = x \ominus_p (x-1)$ であり，$\ominus_p$ は p 進の繰り下がりなしの引き算とする．

例 3.8.3　$p = 3$ のとき，$N_3(x)$ の値を計算してみると，表 3.9 のようになります．

表 3.9　$N_3(x)$ の値

x	1	2	3	4	5	6	7	8	9	$\cdots$
$N_3(x)$	1	1	4	1	1	4	1	1	13	$\cdots$

例えば，$x = 3$ のとき，

$$N_3(3) = 3 \ominus_3 2 = (10)_3 \ominus_3 (02)_3 = (11)_3 = 4.$$

のように計算できます．

このとき，次が成り立ちます [Iri18]．

定理 3.8.4　Y を p 飽和フック引き抜きゲームの局面であるヤング図形とすると，

$$\mathcal{G}(Y) = \phi_p(Y)$$

となる．

また，次を定義します．

定義 3.8.5　$\phi_p(Y)$ の値と p 飽和フック引き抜きゲームの局面であるヤング図形 Y のマスの個数が一致するとき，局面 Y は**極大**であるという．

例 3.8.6　$p = 2$ のとき，ヤング図形のマスの個数と極大局面の個数の対応は表 3.10 のようになります．

表 3.10　ヤング図形のマスの個数と極大局面の個数の対応

ヤング図形のマスの個数	0	1	2	3	4	5	6	7	8	9	10	⋯
極大局面の個数	1	1	2	2	4	4	8	8	8	8	16	⋯

例えば，ヤング図形のマスの個数が 3 のとき，

$Y_1 =$　　$Y_2 =$　　$Y_3 =$

$$\phi_2(Y_1) = 3,\ \phi_2(Y_2) = 1,\ \phi_2(Y_3) = 3.$$

となるため，極大局面の個数は 2 となります．

また，$\mathrm{Sym}(n)$ を n 次対称群とします．$\mathrm{Sym}(n)$ の（複素数全体の集合 $\mathbb{C}$ 上の）既約表現は n 個のマスからなるヤング図形に対応することが知られています．$\mathrm{Sym}(n)$ の既約表現を，対応するヤング図形 Y を用いて R^Y と書くことにします．一般に次が成り立つことが知られています．

命題 3.8.7　既約表現 R^Y の次数（次元）は次のように計算できる．

$$\deg(R^Y) = \frac{n!}{\prod_h h}$$

ただし，h はヤング図形 Y の各マスにおけるフック長である．

これはフック長公式と呼ばれているものです．

例 3.8.8　$Y =$ 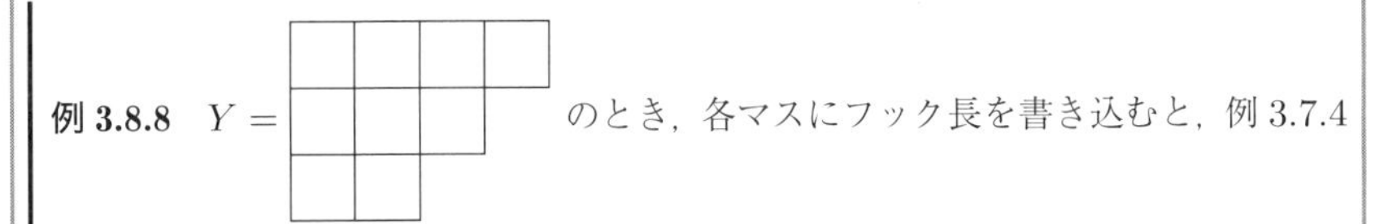 のとき，各マスにフック長を書き込むと，例 3.7.4 より，$Y =$

6	5	3	1
4	3	1	
2	1		

となるので，

$$\deg(R^Y) = \frac{9!}{6 \cdot 5 \cdot 3 \cdot 1 \cdot 4 \cdot 3 \cdot 1 \cdot 2 \cdot 1} = 168$$

のように計算することができます．

そして，次の定理が成り立ちます [Iri18]．

定理 3.8.9 既約表現 R^Y の $\mathrm{Sym}(\phi_p(Y))$ への制限は，次数が p と素な既約成分を持つ.

この定理をゲームの言葉に言い換えると，次のようになります.

定理 3.8.10 局面 Y から到達できる極大局面 Z で，$\phi_p(Y) = \phi_p(Z)$ を満たすものが存在する.

そして，定理 3.8.10 から定理 3.8.4 を導くことができます.

これらの定理により，p 飽和フック引き抜きゲームのグランディ数と（対称群の）表現論が繋がりました.

組合せゲーム理論には，ほかにも符号理論やリー代数，圏論などとの繋がりのある研究も存在します [CS86, Kaw01, AT23, CCS]. 今後，組合せゲーム理論と様々な分野が繋がっていくことでしょう.

◆演習問題◆

1. 本章ではルールのコードネーム $0.c_1c_2c_3\cdots$ を紹介しましたが，ある山から石を1つも取らずに山を分割できるような手も考慮してみます．すると，これまでの小数表記法と同様に考えて，山から石を取らずに山を2分割できるようなルールは $4.c_1c_2c_3\cdots$ と表せます．このことを踏まえて，次のラスカーのニムについて考えてみましょう.

ラスカーのニム（Lasker's nim）とは，通常のニムの着手に加えて，1つの山を（石を減らさずに）分割する着手も可能としたニムです（[Spr36]，[WW] の1巻).

(a) ★ ラスカーのニムのコードネームを求めてください.

(b) ★★★ ラスカーのニムのグランディ数列が加法周期性を持つことを証明してください.

2. ★★★ 各正整数の集合 $S_1 = \{a\}, S_2 = \{a, 2a\}, S_3 = \{1, a\}(1 < a)$ によって定められる制限ニムのグランディ数列 $\{\mathcal{G}_{S_1}(m)\}, \{\mathcal{G}_{S_2}(m)\}, \{\mathcal{G}_{S_3}(m)\}$ について，それぞれ a を用いて表してください.

3. **サイクリック・ニムホフ**（cyclic nimhoff）([FL91]) とは次のようなルールセットです：最初にある正整数 k が与えられる．ニムと同様にいくつかの石でできた山がいくつかある．プレイヤーはいずれかの山を1つ選んで1個以上の石を取るか，山を任意個選んで合計 k 未満となるように石を好きなだけ取ることができる.

(a) ★ $k = 3$ で山の個数が 2 山のとき，グランディ数がどのようになるか表を作って確かめてみましょう．

(b) ★★★★ 一般の k で山の数も n 山のときに, 各山の石の個数 $(m_1, m_2, \ldots, m_n)$ からグランディ数を計算する閉じた式は次のようになります．これを証明してみましょう．ただし，$a \bmod k$ で，整数 a を整数 k で割った余り $(0 \leq a \bmod k < k)$ を表します．

$$k(\left\lfloor \frac{m_1}{k} \right\rfloor \oplus \left\lfloor \frac{m_2}{k} \right\rfloor \oplus \cdots \oplus \left\lfloor \frac{m_n}{k} \right\rfloor) + ((m_1 + m_2 + \cdots + m_n) \bmod k)$$

4. 削除ニム（DELETE NIM）([AS21]) とは次のようなルールセットです：0 個以上の石でできた山が 2 つある．プレイヤーはいずれかの山を削除し，残りの山から石を 1 つ取ったあとで，0 個以上の石でできた 2 つの山に分割する．

プレイの進行の一例は次のようになります．

$$\begin{aligned} (10,8) &\to (2,5) & &(10\text{ を消し，}8\text{ から }1\text{ つ取って分割}) \\ &\to (0,4) & &(2\text{ を消し，}5\text{ から }1\text{ つ取って分割}) \\ &\to (0,3) & &(0\text{ を消し，}4\text{ から }1\text{ つ取って分割}) \\ &\to (1,1) & &(0\text{ を消し，}3\text{ から }1\text{ つ取って分割}) \\ &\to (0,0) & &(0\text{ を消し，}1\text{ から }1\text{ つ取って分割}) \end{aligned}$$

石が 0 個の山を認めていることに注意しましょう．途中で石を 1 つ取る操作があるので，必ず石の総数は着手ごとに減少し，有限回の着手でプレイが終わることが保証されます．

(a) ★★ 与えられた削除ニムの局面が $\mathcal{P}$ 局面か $\mathcal{N}$ 局面かを簡単に判定する方法を考えてください．

(b) ★★★★ 削除ニムの局面 (x, y) のグランディ数 $\mathcal{G}(x, y)$ は

$$\mathcal{G}(x, y) = v_2((x \vee y) + 1) \tag{3.1}$$

と表せます．

ただし，非負整数 a, b に対して，$a \vee b$ を a, b を 2 進表記して桁ごとに論理和を取った値とします．つまり，a と b を 2 進表記して，$0 \vee 0 = 0$, $1 \vee 0 = 1$, $0 \vee 1 = 1$, $1 \vee 1 = 1$ という計算を各桁について行った結果とします．また，整数 m に対して，$v_2(m)$ を m が 2 で割れる最大回数とします．すなわち，定義 3.8.1 の $v_p(m)$ において，$p = 2$ とした場合であり，

$$v_2(m) = \begin{cases} \max(\{\, \ell \in \mathbb{N}_0 \mid m\text{ は }2^\ell\text{で割り切れる}\,\}) & (m \neq 0) \\ \infty & (m = 0) \end{cases}$$

です.

式 3.1 を証明してください[11].

[11] 式 3.1 は言い方を変えると，$x \vee y$ の末尾に続く 1 の個数が，(x, y) のグランディ数ということになります.

第4章

非不偏ゲームの性質

本章では，**非不偏ゲーム**（*partisan/partizan game*）の理論を紹介します．非不偏ゲームでは，不偏ゲームとは異なり，各局面において2人のプレイヤーの可能な着手が異なっていても構いません．我々がプレイするルールセットの多く（囲碁や将棋など）は自分と相手で盤面に対してできる着手が異なる（打てる石の色が違ったり，動かせる駒の向きが違ったりする）ので，非不偏ゲームに属します．その意味で，非不偏ゲームの理論はよくプレイされるルールセットの理論により近いともいえるでしょう．

非不偏ゲームのルールセットの1つに，**一般化コナネ**（GENERALIZED KONANE）があります．一般化コナネは，コナネと呼ばれるハワイの伝統的なルールセットから，駒の初期配置を市松模様にするという制約を除いたものです [CS19]．

一般化コナネのルールを説明します．格子盤面上に黒と白の駒がいくつか置いてあり，プレイヤーは黒番と白番に分かれ，自分の色の駒を動かします．図4.1は一般化コナネの局面とその局面の推移を示しています（左下は黒番の推

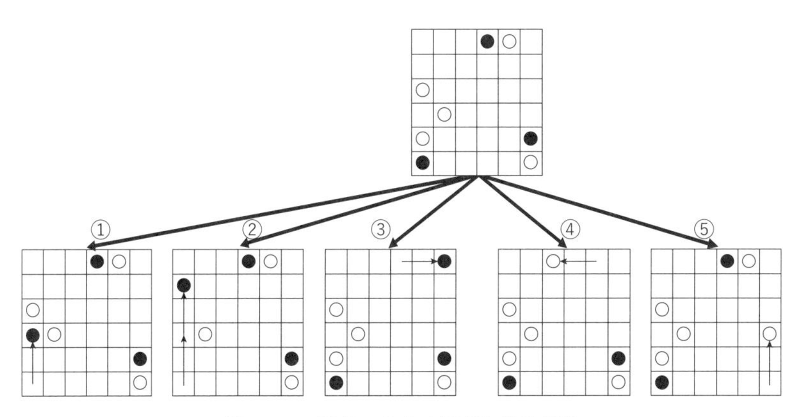

図 4.1　一般化コナネの局面とその推移

移，右下は白番の推移です）．自分のある駒が相手の駒と縦か横に隣接していて，かつ飛び越えた先に駒がない場合，隣接する相手の駒を飛び越えて，その相手の駒を盤上から取り除くことができます（図 4.1 の①と③の動き（黒番）や④と⑤の動き（白番））．さらにその後，飛び越えた向きと同じ方向に相手の駒がある場合，連続して飛び越えて相手の駒を取り除くこともできます（図 4.1 の②の動き）．ただし 2 つ以上連なっている駒を飛び越えることはできず，1 つずつ飛び越えていく以外の動きは認められません．着手できなくなった方が負けになります．駒が残っていても，飛び越えられなくなった時点で負けになってしまいます．

次に，**アイストレー**（ICE TRAY）を紹介しましょう．これは，Jakeliunas と Cornett によって考案されたボードゲーム ‘Hey! That’s My Fish’（邦題：それはオレの魚だ！）[JC11] をもとにしたルールセットで，ルールに少し変更を加え，正規形の非不偏ゲームにしたものです [AS19, SA21]．正方形のタイルでできた盤面があり，プレイヤーは自分の色の駒を動かします．駒は前後左右に直進することができますが，他の駒と同じタイルに乗ったり，他の駒を飛び越えたりすることはできません．駒が動いた後，その駒が乗っていたタイルは盤面から取り除かれます．図では取り除かれたタイルは灰色で表されています．着手できなくなった方が負けです（図 4.2 参照）．

当然ながらルールセットはこれらの他にも無数に存在します．しかし，それ

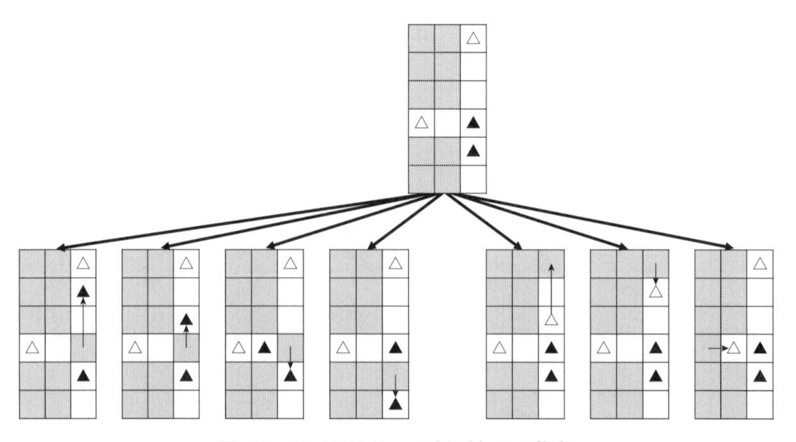

図 4.2　アイストレーの局面とその推移

ぞれのルールセットで現れる局面には似たような構造を持つものがあり，それらを抽象化することによって，その性質を調べることができます．第 2 章で不偏ゲームの理論を学んだ結果，様々な不偏ゲームの必勝戦略保持者を判定することができました．これから本章と第 5 章で非不偏ゲームの理論を学ぶことにより，例えば一般化コナネの図 4.3 のような局面の必勝戦略保持者を判定することができるようになります．

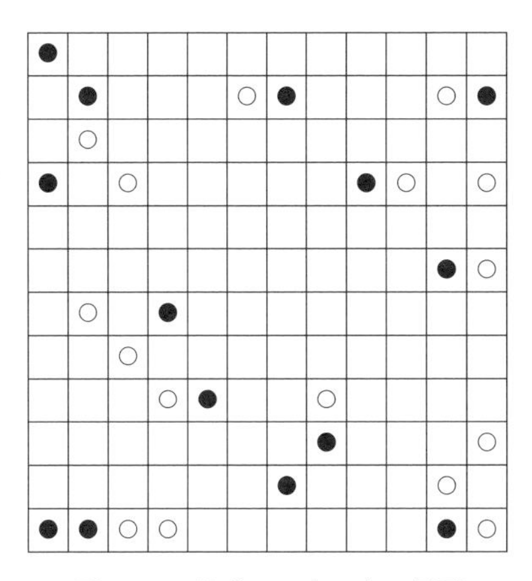

図 4.3 一般化コナネのある局面

4.1 非不偏ゲームの定義

2 人のプレイヤーのことを慣習的に**左**（*Left*）と**右**（*Right*）と呼びます[1]．ある局面から左が一手着手することによって遷移可能な局面の集合と，右が一手着手することによって遷移可能な局面の集合をそれぞれ**左選択肢**（*Left options*）**の集合**と**右選択肢**（*Right options*）**の集合**と呼びます．左選択肢または右選択肢のことを単に**選択肢**（*option*）と呼びます．

前述のように，左選択肢の集合と右選択肢の集合は一致するとは限りません．また，プレイは左と右が交互に着手することによって進行しますが，局面を記述する際には両側の手番の選択肢をそれぞれ情報として与えることとします．

[1] ルールセットによっては黒番と白番，あるいは青と赤などとも呼ばれます．

これは後述する局面同士の直和を考える際には，各直和成分において連続して同じプレイヤーが着手する可能性があるからです．（局面同士の直和は次節で定義します．）

非不偏ゲームの局面を次のように再帰的に定義します．

定義 4.1.1　$G_1^{\mathrm{L}}, G_2^{\mathrm{L}}, \ldots, G_n^{\mathrm{L}}, G_1^{\mathrm{R}}, G_2^{\mathrm{R}}, \ldots, G_m^{\mathrm{R}}$ がそれぞれ局面であるとき $\{G_1^{\mathrm{L}}, G_2^{\mathrm{L}}, \ldots, G_n^{\mathrm{L}} \mid G_1^{\mathrm{R}}, G_2^{\mathrm{R}}, \ldots, G_m^{\mathrm{R}}\}$ も局面である．ここで，$\{G_1^{\mathrm{L}}, G_2^{\mathrm{L}}, \ldots, G_n^{\mathrm{L}} \mid G_1^{\mathrm{R}}, G_2^{\mathrm{R}}, \ldots, G_m^{\mathrm{R}}\}$ において，それぞれ $G_1^{\mathrm{L}}, G_2^{\mathrm{L}}, \ldots, G_n^{\mathrm{L}}$ は左選択肢であり，$G_1^{\mathrm{R}}, G_2^{\mathrm{R}}, \ldots, G_m^{\mathrm{R}}$ は右選択肢である．また，n や m は 0 でも構わない．つまり，縦棒の左，あるいは縦棒の右が空であっても構わない．

G が $\{G_1^{\mathrm{L}}, G_2^{\mathrm{L}}, \ldots, G_n^{\mathrm{L}} \mid G_1^{\mathrm{R}}, G_2^{\mathrm{R}}, \ldots, G_m^{\mathrm{R}}\}$ と表されるとき，集合 $G^{\mathcal{L}} = \{G_1^{\mathrm{L}}, G_2^{\mathrm{L}}, \ldots, G_n^{\mathrm{L}}\}$, $G^{\mathcal{R}} = \{G_1^{\mathrm{R}}, G_2^{\mathrm{R}}, \ldots, G_m^{\mathrm{R}}\}$ として，G を $\{G^{\mathcal{L}} \mid G^{\mathcal{R}}\}$ と書くことがある．

非不偏ゲームの局面全体の集合を $\widetilde{\mathbb{G}}$ と書く．

特に，$\{|\}$ はお互いに着手できない終了局面であり，再帰的定義の起点となります．$\{|\}$ を 0 とも呼びます．このように再帰的に集合 $\widetilde{\mathbb{G}}$ を定義することで，任意の局面を $\widetilde{\mathbb{G}}$ の要素として表すことができます．

図 4.4 の左側は一般化コナネのゲーム木の一例です．プレイヤー左が黒番，右が白番とします．それぞれのプレイヤーが可能な着手に対応して，局面から左下に向かう矢印の先に左選択肢（黒番が着手した局面）をそれぞれ配置し，右下に向かう矢印の先に右選択肢（白番が着手した局面）をそれぞれ配置します．同図右側は定義 4.1.1 の表記で同じ局面を表現したゲーム木です．不偏ゲームのゲーム木を描くときには，単に一手先の局面を下に並べて矢印を描くだけになりますが，非不偏ゲームのゲーム木を描くときには，**左下側に配置することと右下側に配置することで意味が異なってくる**ことに注意が必要です．

2 つの局面 G, H のゲーム木が同型であるとき，G, H は（局面として）**同型**（*isomorphic*）であるといい，$G \cong H$ と表します．図 4.5 は一般化コナネとアイストレーの同型な局面の一例です．ちなみに，図 4.4 では，同じ選択肢の中にゲーム木が同型な局面が複数ある場合は，一方のみを表記しています．

ゲーム木には高さが定義できます．組合せゲーム理論では，ゲーム木の高さのことを局面の誕生日といいます．

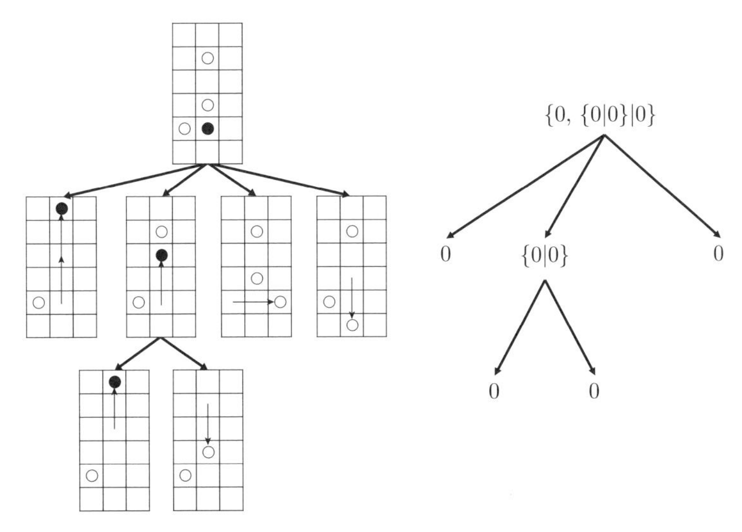

図 4.4　一般化コナネのある局面のゲーム木

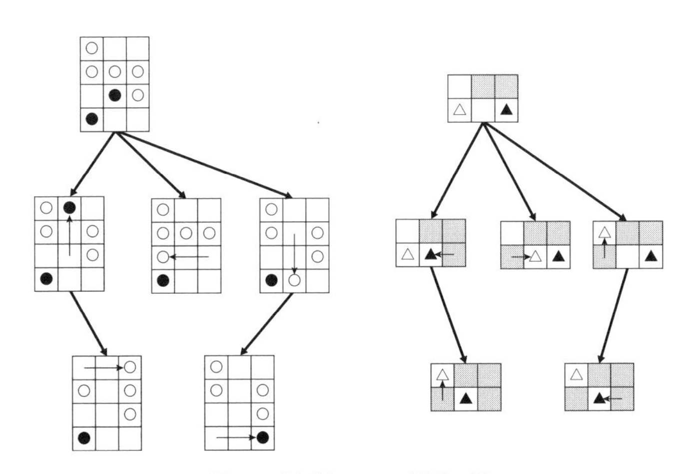

図 4.5　同型な 2 つの局面の例

定義 4.1.2　局面 G に対して，G の**誕生日**（*birthday*）$b(G)$ を

$$b(G) = \begin{cases} 0 & (G \cong 0) \\ \max(\{b(G') \mid G' \text{は} G \text{の選択肢}\}) + 1 & (\text{それ以外}) \end{cases}$$

と定義する．

$b(G) = n$ のとき，G を n 日目に生まれた局面といい，$b(G) \leq n$ のとき，G を n 日目までに生まれた局面という．

つまり，n 日目までに生まれた局面は，最長でも n 手で終了する局面になります．例えば，図 4.4 や図 4.5 で示されていたのは 2 日目までに生まれた局面のゲーム木ということになります．

4.2　非不偏ゲームの直和と代数構造

プレイが進行するにつれ，局面はしばしばいくつかの無関係な部分に分かれていきます．例えば，図 4.6 の一般化コナネやアイストレーの局面をよく観察すると，枠で囲った部分局面に分割されることがわかります．プレイヤーは自分の着手で部分局面のいずれかを選択して一手進め，それ以外の局面は放置することとなります．また，部分局面同士がお互いに干渉することはありません．

不偏ゲームのときと同様に，このような分割を行える場合，全体の局面を部分局面の**直和**であるといい，記号 + を用いて表します．例えば，図 4.7 のようになります．ほかにも，囲碁の終盤のヨセなどでも，プレイの進行に従って局面は分割されていき，プレイヤーはいずれか 1 つの成分を選び，着手することとなります．したがって，このような現象をうまく解析することができれば，ゲームの分析に役立ちます．

以下に直和の厳密な定義を述べます．

定義 4.2.1　局面 G, H を，

$$G \cong \{G_1^{\mathrm{L}}, G_2^{\mathrm{L}}, \ldots, G_n^{\mathrm{L}} \mid G_1^{\mathrm{R}}, G_2^{\mathrm{R}}, \ldots, G_m^{\mathrm{R}}\},$$
$$H \cong \{H_1^{\mathrm{L}}, H_2^{\mathrm{L}}, \ldots, H_{n'}^{\mathrm{L}} \mid H_1^{\mathrm{R}}, H_2^{\mathrm{R}}, \ldots, H_{m'}^{\mathrm{R}}\}$$

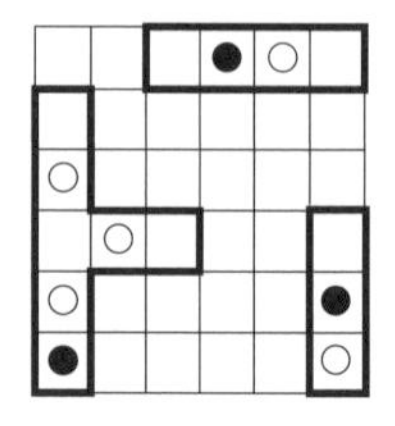

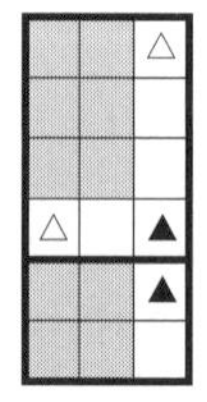

図 4.6　各局面における直和構造

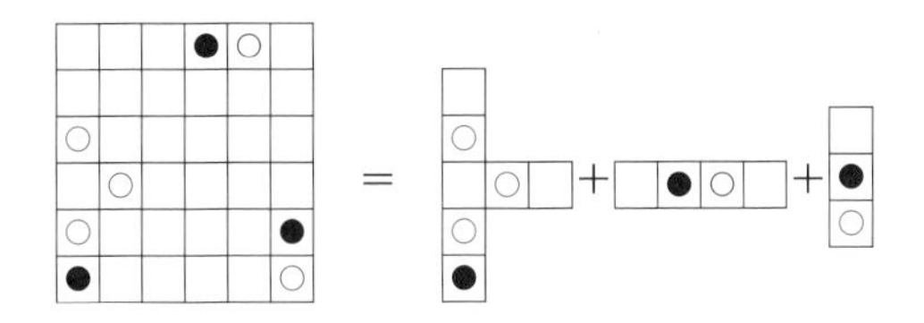

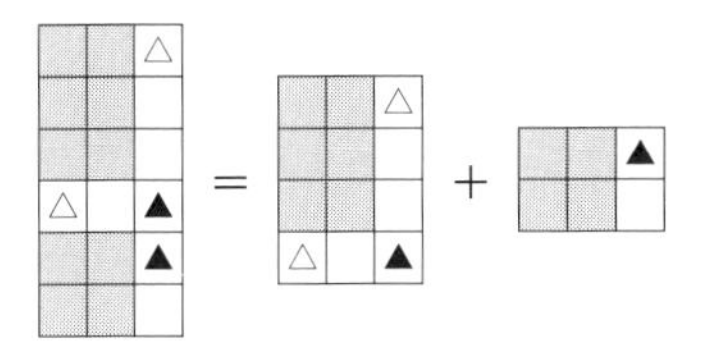

図 4.7 各局面の直和成分への分解

とする．このとき，G と H の**直和**（*disjunctive sum*）$G+H$ を，

$$G+H \cong \{G_1^{\mathrm{L}}+H, G_2^{\mathrm{L}}+H, \ldots, G_n^{\mathrm{L}}+H, G+H_1^{\mathrm{L}}, G+H_2^{\mathrm{L}}, \ldots, G+H_{n'}^{\mathrm{L}} \\ \mid G_1^{\mathrm{R}}+H, G_2^{\mathrm{R}}+H, \ldots, G_m^{\mathrm{R}}+H, G+H_1^{\mathrm{R}}, G+H_2^{\mathrm{R}}, \ldots, G+H_{m'}^{\mathrm{R}}\}$$

と再帰的に定義する．

以下では実際に直和がよい性質を持っていることを説明していきます．まず，明らかに可換律と結合律が成り立ちます．

定理 4.2.2 任意の局面 G, H, J に対して，次が成り立つ．

〈可換律〉 $G+H \cong H+G$.
〈結合律〉 $(G+H)+J \cong G+(H+J)$.

次に，必勝戦略保持者に対応して，局面を 4 つの集合に分類します．集合 $\mathcal{N}$, $\mathcal{P}$, $\mathcal{L}$, $\mathcal{R}$ を，それぞれ先手 ($\mathcal{N}$ext)，後手 ($\mathcal{P}$revious)，左 ($\mathcal{L}$eft)，右 ($\mathcal{R}$ight) が必勝戦略を持つ局面全体の集合とします．これを**帰結類**（*outcome*）と呼び，G の帰結類（すなわち G が属する集合）を $o(G)$ で表します．つまり，例えば $G \in \mathcal{P}$ のとき，$o(G)=\mathcal{P}$ です．帰結類はそれぞれ排反になっており，すべて

表 4.1　非不偏ゲームの帰結類

		左が先に着手	
		左が勝つ	右が勝つ
右が先に着手	左が勝つ	$\mathcal{L}$	$\mathcal{P}$
	右が勝つ	$\mathcal{N}$	$\mathcal{R}$

の局面は$\mathcal{N}$, $\mathcal{P}$, $\mathcal{L}$, $\mathcal{R}$ のうちちょうど 1 つに属します[2]. 4 通りの帰結類について，先手のプレイヤーと必勝戦略保持者の関係を表 4.1 にまとめておきます.

また，$G \in \mathcal{L}$ または $G \in \mathcal{P}$ であるとき，$G \in \mathcal{L} \cup \mathcal{P}$ と表します．他の場合も同様です．あとで厳密に確認しますが，$G \in \mathcal{L} \cup \mathcal{P}$ のとき，G は左が後手で勝てる局面です[3]．同様に，$G \in \mathcal{L} \cup \mathcal{N}$, $G \in \mathcal{R} \cup \mathcal{P}$, $G \in \mathcal{R} \cup \mathcal{N}$ のとき，それぞれ左が先手で勝てる局面，右が後手で勝てる局面，右が先手で勝てる局面となります.

これらの帰結類に対し，左右のプレイヤーの有利不利を表す大小関係を導入します.

定義 4.2.3　集合 X 上の 2 項関係 $\leqslant$ が次を満たすとき，$\leqslant$ は X 上の**半順序関係**（*partial order relation*），または単に**半順序**と呼ばれる.

〈反射律〉　任意の $x \in X$ に対して，$x \leqslant x$.
〈反対称律〉任意の $x, y \in X$ に対して，$x \leqslant y$ かつ $y \leqslant x$ ならば，$x = y$.
〈推移律〉　任意の $x, y, z \in X$ に対して，$x \leqslant y$ かつ $y \leqslant z$ ならば，$x \leqslant z$.

このとき，組 $(X, \leqslant)$ を**半順序集合**（*partially ordered set*）と呼ぶ.

定義 4.2.4　ある半順序集合の 2 つの要素 a, b が $a > b$, $a < b$, $a = b$ のいずれの関係も満たさないとき，a, b は**比較不能**（*confused*）であるといい，$a \parallel b$ と書く.

---

2) 不偏ゲームでは必勝戦略保持者に応じて局面は $\mathcal{P}$ 局面または $\mathcal{N}$ 局面となりました．そのため，不偏ゲームの帰結類は 2 つですが，非不偏ゲームでは帰結類は 4 つとなることに注意してください.

3) （先手後手にかかわらず）左が勝てる局面，または（どちらのプレイヤーが後手かにかかわらず）後手が勝てる局面なので，整理すると，左が後手であれば勝てる局面ということになります．詳しくは系 4.2.7 で扱います.

定義 4.2.5 局面 G について，その左選択肢全体の集合を $\{G_1^{\mathrm{L}}, \ldots, G_n^{\mathrm{L}}\}$，右選択肢全体の集合を $\{G_1^{\mathrm{R}}, \ldots, G_m^{\mathrm{R}}\}$ とする．局面の帰結類 $\mathcal{N}, \mathcal{P}, \mathcal{L}, \mathcal{R}$ を次のように定める．

$$\begin{aligned}
G \in \mathcal{N} &\iff \text{ある } i \text{ について } G_i^{\mathrm{L}} \in \mathcal{L} \cup \mathcal{P} \\
&\qquad \text{かつ ある } j \text{ について } G_j^{\mathrm{R}} \in \mathcal{R} \cup \mathcal{P}, \\
G \in \mathcal{P} &\iff \text{任意の } i \text{ について } G_i^{\mathrm{L}} \in \mathcal{R} \cup \mathcal{N} \\
&\qquad \text{かつ 任意の } j \text{ について } G_j^{\mathrm{R}} \in \mathcal{L} \cup \mathcal{N}, \\
G \in \mathcal{L} &\iff \text{ある } i \text{ について } G_i^{\mathrm{L}} \in \mathcal{L} \cup \mathcal{P} \\
&\qquad \text{かつ 任意の } j \text{ について } G_j^{\mathrm{R}} \in \mathcal{L} \cup \mathcal{N}, \\
G \in \mathcal{R} &\iff \text{任意の } i \text{ について } G_i^{\mathrm{L}} \in \mathcal{R} \cup \mathcal{N} \\
&\qquad \text{かつ ある } j \text{ について } G_j^{\mathrm{R}} \in \mathcal{R} \cup \mathcal{P}.
\end{aligned}$$

また，帰結類同士の半順序関係を次のように定める．

$$\mathcal{L} > \mathcal{P} > \mathcal{R}, \quad \mathcal{L} > \mathcal{N} > \mathcal{R}, \quad \mathcal{P} \parallel \mathcal{N}.$$

帰結類同士の半順序関係をハッセ図（Hasse diagram）にすると図 4.8 のようになります．局面の帰結類は再帰的に定義されることに注意しましょう．特に，$G \cong \{\,|\,\}$ のときは $G \in \mathcal{P}$ となります[4]．次の定理で示すように，$\mathcal{L}$ が左にとって最も望ましい帰結類，$\mathcal{R}$ が左にとって最も望ましくない帰結類であり，$\mathcal{P}$ と $\mathcal{N}$ がその間に位置します．このことが，上で導入した帰結類の大小関係と対応しています．

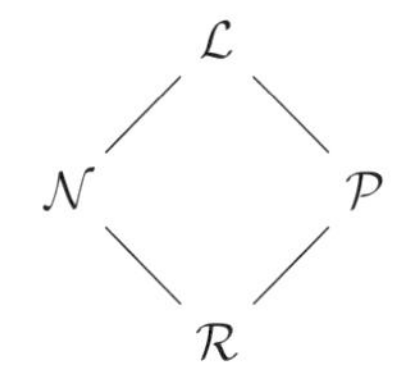

図 4.8 帰結類の大小関係

[4] なお，第 7 章で扱うルーピーゲームや逆形のゲームなどでは帰結類の定義が異なってくるため注意が必要です．

定理 4.2.6　$o(G) = \mathcal{P}$ のとき，局面 G は後手のプレイヤーに必勝戦略がある．同様にして，$o(G) = \mathcal{L}, \mathcal{R}, \mathcal{N}$ のとき，局面 G はそれぞれ左，右，先手のプレイヤーに必勝戦略がある．

証明　局面 G の後続局面数に関する帰納法で（同時に）証明する．$G \cong 0$ のとき $o(0) = \mathcal{P}$ であって，正規形の定義より $0 \cong \{|\}$ においては後手のプレイヤーの勝ちとなるため，主張が成り立つ．

G よりも後続局面数が少ない任意の局面 G' について，$o(G') = \mathcal{P}$ ならば後手に，$o(G') = \mathcal{L}$ ならば左に，$o(G') = \mathcal{R}$ ならば右に，$o(G') = \mathcal{N}$ ならば先手に必勝戦略があるとする．$o(G) = \mathcal{P}$ とする．このとき，G に左選択肢がなければ，G で左が先手のときに左は負ける．また，左選択肢があれば，定義 4.2.5 よりそれは $\mathcal{N}$ または $\mathcal{R}$ に属し，いずれの場合であっても，帰納法の仮定により右に必勝戦略がある．したがって，$o(G) = \mathcal{P}$ のとき，左が先手であれば，必勝戦略を持っているのは右である．同様に，右が先手であれば，必勝戦略を持っているのは左であるため，いずれの場合でも後手のプレイヤーが必勝戦略を持っていることになる．$o(G) = \mathcal{L}, \mathcal{R}, \mathcal{N}$ の場合も，同様に示すことができる．□

系 4.2.7　次が成り立つ．

- $G \in \mathcal{L} \cup \mathcal{P} \iff$ 左は後手で勝つことができる．
- $G \in \mathcal{L} \cup \mathcal{N} \iff$ 左は先手で勝つことができる．
- $G \in \mathcal{R} \cup \mathcal{P} \iff$ 右は後手で勝つことができる．
- $G \in \mathcal{R} \cup \mathcal{N} \iff$ 右は先手で勝つことができる．

証明　定理 4.2.6 より，$G \in \mathcal{L}$ のとき，先手であっても後手であっても左が勝つことができる．また，$G \in \mathcal{P}$ のときは後手のプレイヤーが勝つことができる．したがって，左が後手であれば $G \in \mathcal{L}$ と $G \in \mathcal{P}$ のどちらであっても必勝戦略を持つことになる．同様にして，$G \in \mathcal{R}$ と $G \in \mathcal{N}$ のどちらであっても，右は先手で勝つことができる．左が後手で勝てることと右が先手で勝てることは排反であるため，逆も成り立つ．ほかの場合も同様である．□

系 4.2.8 次が成り立つ.

- $G \in \mathcal{L} \cup \mathcal{P} \iff$ 任意の i について $G_i^{\mathrm{R}} \in \mathcal{L} \cup \mathcal{N}$.
- $G \in \mathcal{L} \cup \mathcal{N} \iff$ ある i について $G_i^{\mathrm{L}} \in \mathcal{L} \cup \mathcal{P}$.
- $G \in \mathcal{R} \cup \mathcal{P} \iff$ 任意の i について $G_i^{\mathrm{L}} \in \mathcal{R} \cup \mathcal{N}$.
- $G \in \mathcal{R} \cup \mathcal{N} \iff$ ある i について $G_i^{\mathrm{R}} \in \mathcal{R} \cup \mathcal{P}$.

系 4.2.9 次が成り立つ.

- 任意の i について $G_i^{\mathrm{R}} \in \mathcal{L} \cup \mathcal{N} \iff$ 左は後手で勝つことができる.
- ある i について $G_i^{\mathrm{L}} \in \mathcal{L} \cup \mathcal{P} \iff$ 左は先手で勝つことができる.
- 任意の i について $G_i^{\mathrm{L}} \in \mathcal{R} \cup \mathcal{N} \iff$ 右は後手で勝つことができる.
- ある i について $G_i^{\mathrm{R}} \in \mathcal{R} \cup \mathcal{P} \iff$ 右は先手で勝つことができる.

プレイヤーや観戦者にとって，ゲームにおいてどちらのプレイヤーが勝てるだろうかという情報にこそ価値があり，それは言い換えれば，局面がどの帰結類に属しているかということです．よって，どの帰結類に属しているかだけがわかれば十分に思えますが，ある 2 つの局面が同じ帰結類に属していたとしても，それぞれの局面に同じ局面を直和の意味で足すと，帰結類が異なる可能性があります．図 4.9 は一般化コナネにおけるそのような例です．

このような背景のもと，先に定義した局面の同型をより緩めた関係として局面の等価を定義します．

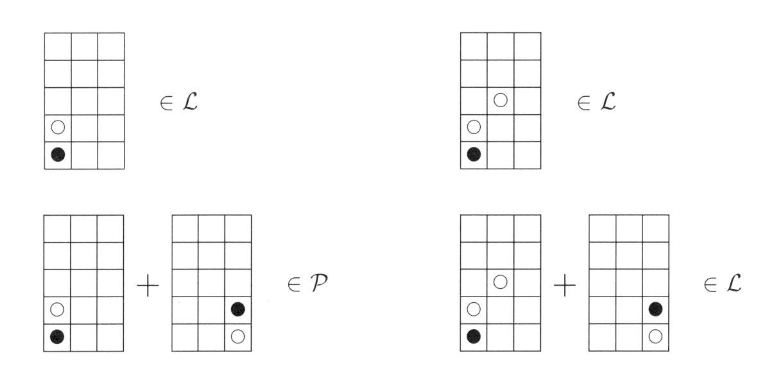

図 4.9 同じ帰結類に属する 2 つの局面に，同じ局面を足すと帰結類が異なってしまう例

定義 4.2.10　G, H を局面とする．任意の局面 X に対して，

$$o(G+X) = o(H+X)$$

が成り立つとき，G と H は**等価**（*equivalent*）であるといい，$G = H$ と書く．

ここで記号 $=$ を用いることが適切であることを確認するために，まず，$=$ が同値関係になることを示しておきましょう．

定義 4.2.11　集合 X 上の 2 項関係 $\sim$ が次を満たすとき，$\sim$ は X 上の**同値関係**（*equivalence relation*）と呼ばれる．

〈反射律〉任意の $x \in X$ に対して，$x \sim x$.
〈対称律〉任意の $x, y \in X$ に対して，$x \sim y$ ならば，$y \sim x$.
〈推移律〉任意の $x, y, z \in X$ に対して，$x \sim y$ かつ $y \sim z$ ならば，$x \sim z$.

定理 4.2.12　局面同士の等価関係 $=$ は同値関係になる．

証明

〈反射律〉任意の局面 G と任意の局面 X に対して，$o(G+X) = o(G+X)$ である．ゆえに，反射律 $G = G$ が成り立つ．
〈対称律〉局面 G, H が $G = H$ を満たすとき，任意の局面 X に対して，$o(G+X) = o(H+X)$ なので $o(H+X) = o(G+X)$ である．ゆえに $G = H \Longrightarrow H = G$ である．
〈推移律〉局面 G, H, J が $G = H$, $H = J$ を満たすとする．このとき，任意の局面 X に対して，$o(G+X) = o(H+X) = o(J+X)$ であるから，$G = J$ である．ゆえに，$G = H$, $H = J \Longrightarrow G = J$ となる．□

同値関係の定義からわかるように，同値関係で互いに結ばれたもの同士は 1 つのグループを形成し，互いに似た性質を持つことになります．実際，ゲームの局面の場合，同型ならば明らかに等価ですし[5]，ゲームの勝敗に関する限り，

---

[5] 逆は必ずしも成り立ちません．つまり $G = H$ であっても $G \cong H$ ではない場合があります．簡単な例として，$G \not\cong 0$ のとき，定義 4.2.13 と定理 4.2.14 で見るように $G + (-G) = 0$ がですが，$G + (-G) \not\cong 0$ です．

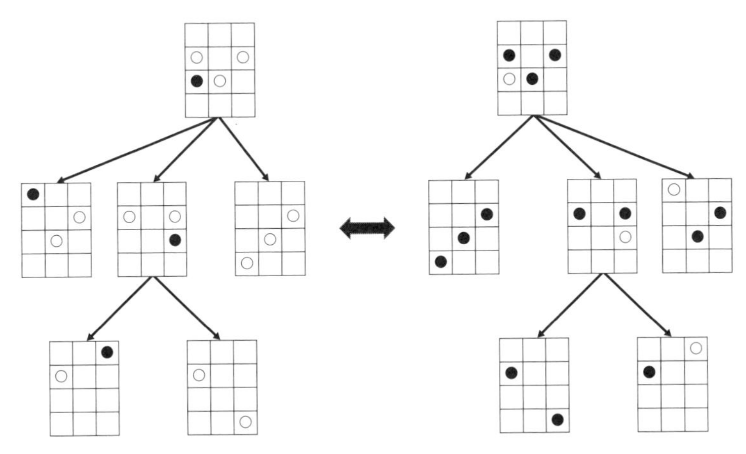

図 4.10 一般化コナネにおける逆局面の例

等価な2つの局面を区別する必要はないと言ってよいでしょう．等価な局面は，ゲーム木の構造は必ずしも一致しないものの，ある直和成分をそれと等価な局面（成分）に差し替えても勝敗への影響はないという性質があります．このことを利用し，複雑な局面をより単純な局面に置き換えてゲームを解析することができます（詳しくは，4.4節で扱います）．また，このように同型という関係に代えて等価という関係を考えることにより，直和に関するさらにいくつかのよい性質を導くことができます．

定義 4.2.13 $G \cong \{G_1^{\mathrm{L}}, G_2^{\mathrm{L}}, \ldots, G_n^{\mathrm{L}} \mid G_1^{\mathrm{R}}, G_2^{\mathrm{R}}, \ldots, G_m^{\mathrm{R}}\}$ とする．このとき G の**逆局面**（*negative position*）を，

$$-G \cong \{-G_1^{\mathrm{R}}, -G_2^{\mathrm{R}}, \ldots, -G_m^{\mathrm{R}} \mid -G_1^{\mathrm{L}}, -G_2^{\mathrm{L}}, \ldots, -G_n^{\mathrm{L}}\}$$

と再帰的に定義する．

一般化コナネにおける逆局面の例を図 4.10 に示します．つまり，逆局面は左右のプレイヤーができることを入れ替えた局面になります．

定理 4.2.14 任意の局面 G に対して，次の2つの性質が成り立つ．

$$G + 0 \cong 0 + G \cong G,$$

$$G + (-G) = 0.$$

証明　上の式については明らかである．

下の式について，定義 4.2.10 より，$G + (-G) = 0$ とは任意の X について $G + (-G) + X$ と $0 + X \cong X$ の帰結類が常に等しくなるということであるから，任意の X について $G + (-G) + X$ の帰結類がどうなるかを考える．

まず，左が先手で X に必勝戦略を持つとする．このとき，左は最初に必勝戦略の通りに X に着手する．その後は右が X に着手してくれれば X における必勝戦略通りに着手を進める．また右が G に着手して G^{R} にすると，左は直ちに $-G$ に着手して $-G^{\mathrm{R}}$ にすることができる．同様に右が $-G$ に着手して $-G^{\mathrm{L}}$ にすると，左は G に着手して G^{L} にすることができる．X においても $G+(-G)$ においても左が最後の着手者になることができるので，全体として左が勝つことができる．左が後手で X に必勝戦略を持つ場合，右が先手で X に必勝戦略を持つ場合，右が後手で X に必勝戦略を持つ場合も同様である．

左が先手で X に必勝戦略を持つ場合と右が後手で X に必勝戦略を持つ場合は排反なので，左が先手で $G + (-G) + X$ に必勝戦略を持つ場合に左が先手で X に必勝戦略を持ち，右が後手で $G + (-G) + X$ に必勝戦略を持つ場合に右が後手で X に必勝戦略を持つことがいえる．左が後手で $G + (-G) + X$ に必勝戦略を持つ場合と右が先手で $G + (-G) + X$ に必勝戦略を持つ場合も同様である．　□

以降，$G + (-H)$ のことを単に $G - H$ と書きます．

4.3 ゲームの大小関係

次に，局面の大小関係を定義します．

定義 4.3.1　G, H を局面とする．任意の局面 X に対して，

$$o(G + X) \geq o(H + X)$$

が成り立つとき，$G \geq H$ であるという．

言い換えれば，左にとって G が常に H より悪くないとき，つまり任意の X について，$H + X$ を $G + X$ に差し替えることで，$H + X$ で左に必勝戦略があったのに $G + X$ でそれがなくなるといったことがないとき，$G \geq H$ にな

ります．なお，左右を入れ替えて $G \leq H$ を同様に定義します．$G \geq H$ かつ $G \neq H$ のとき $G > H$ とします．$G < H$ についても同様です．また，$G \geq H$, $G \leq H$ のいずれも成り立たないとき，$G \,||\, H$ とします．

$G \geq H$ は $G > H$ または $G = H$ を意味します．よって，$G \not\geq H$ は $G < H$ または $G \,||\, H$ を意味します[6]．これを $G \lhd\!\!\mid H$ と書きます．同様に，$G \leq H$ は $G < H$ または $G = H$ を意味し，$G \not\leq H$ $(G \mid\!\!\rhd H)$ は $G > H$ または $G \,||\, H$ を意味します．

定理 4.3.2 任意の局面 G, H, J について，次が成り立つ．

(i) 〈推移律〉 $G \geq H,\ H \geq J \Longrightarrow G \geq J$.

(i-1) 〈推移律 ′〉 $G \mid\!\!\rhd H,\ H \geq J \Longrightarrow G \mid\!\!\rhd J$.

(i-2) 〈推移律 ″〉 $G \geq H,\ H \mid\!\!\rhd J \Longrightarrow G \mid\!\!\rhd J$.

(ii) 〈適合性 1〉 $G \geq H \Longleftrightarrow G + J \geq H + J$.

(iii) 〈適合性 2〉 $G \geq H \Longleftrightarrow -H \geq -G$.

証明 (i) 帰結類同士の大小関係に注意する．任意の局面 X について，$o(G+X) \geq o(H+X)$ かつ $o(H+X) \geq o(J+X)$ が成り立つならば，$o(G+X) \geq o(J+X)$ である．ゆえに $G \geq H,\ H \geq J \Rightarrow G \geq J$ である．

(i-1) 背理法で示す．$G \mid\!\!\rhd H,\ H \geq J$ かつ $G \leq J$ とする．このとき (i) より $H \geq J,\ J \geq G$ から $H \geq G$ が得られ，$G \mid\!\!\rhd H$ としたことに矛盾する．ゆえに $G \mid\!\!\rhd H,\ H \geq J \Longrightarrow G \mid\!\!\rhd J$ が成り立つ．

(i-2) 背理法で (i-1) と同様に示せる．

(ii) $G \geq H$ のとき，任意の局面 X に対して $o(G+(J+X)) \geq o(H+(J+X))$ である．ゆえに $G+J \geq H+J$ である．逆に，$G+J \geq H+J$ のとき，任意の局面 X に対して $o(G+J+(-J)+X) \geq o(H+J+(-J)+X)$ である．ゆえに $o(G+X) \geq o(H+X)$ となり，$G \geq H$ が成り立つ．

(iii) $G \geq H$ ならば (ii) より

$$-H = G - G - H \geq H - G - H = -G$$

であり，逆も同様である． □

---

6) 「$G \not\geq H \Longleftrightarrow G < H$」**ではない**ことに注意が必要です．

さらに，次の補題と定理を用いて，局面の等価性や大小関係を効率よく示すことができます．

補題 4.3.3　任意の局面 G に対して，次が成り立つ．

- $G \geq 0 \iff G \in \mathcal{L} \cup \mathcal{P}$.
- $G \leq 0 \iff G \in \mathcal{R} \cup \mathcal{P}$.
- $G \lhd\!\!| \; 0 \iff G \in \mathcal{R} \cup \mathcal{N}$.
- $G \;|\!\!\rhd 0 \iff G \in \mathcal{L} \cup \mathcal{N}$.

証明　$G \geq 0$ とする．このとき，任意の X に対して，$o(G+X) \geq o(X)$ である．したがって，$X = 0$ とすると，$o(G) \geq o(0) = \mathcal{P}$ である．よって $o(G) = \mathcal{L}$ または $o(G) = \mathcal{P}$ が成り立つ．

次に，$o(G) = \mathcal{L}$ または $o(G) = \mathcal{P}$ が成り立つとする．このとき，任意の X に対して $G + X$ を考える．

$o(X) = \mathcal{R}$ のとき，$o(G+X) \geq o(X)$ が常に成り立つ．

$o(X) = \mathcal{P}$ のとき，$G + X$ において左が後手であれば，右が着手した側の成分において必勝戦略を取り続けると，左はどちらの成分においても最後の着手者になれるので，左は勝つことができる．したがって，$o(G+X) = \mathcal{L}$ または $o(G+X) = \mathcal{P}$ である．

$o(X) = \mathcal{N}$ のとき，X にはある左選択肢 X^{L} があって，$X^{\mathrm{L}} \in \mathcal{L} \cup \mathcal{P}$ である．したがって，X^{L} において左は後手で必勝戦略を持つ．よって $G + X$ は選択肢 $G + X^{\mathrm{L}}$ があって，それぞれの成分において左は後手で必勝戦略を持つので，$G + X^{\mathrm{L}}$ についても左は後手で必勝戦略を持つ（右が着手してきた側の成分において必勝戦略を取り続ければよい）．よって，$o(G+X) = \mathcal{L}$ または $o(G+X) = \mathcal{N}$ である．

$o(X) = \mathcal{L}$ のとき，左は X において先手でも後手でも勝つことができる．このとき，$G + X$ における左の必勝戦略を考えると，先手であれば X に着手することで，後手であれば右が着手してきた方の成分に着手し続けることで勝つことができる．よって，$o(G+X) = \mathcal{L}$ である．

以上から，$o(G + X) \geq o(X)$ であり，$G \geq 0$ を得る．したがって，$G \geq 0 \iff G \in \mathcal{L} \cup \mathcal{P}$ である．$G \geq 0$ および $G \lhd\!\!| \; 0$ のどちらか一方のみが必ず成り立ち，$G \in \mathcal{L} \cup \mathcal{P}$ と $G \in \mathcal{R} \cup \mathcal{N}$ のどちらか一方のみが必ず成り

立つので，$G \geq 0 \iff G \in \mathcal{L} \cup \mathcal{P}$ から $G \lhd\!| \, 0 \iff G \in \mathcal{R} \cup \mathcal{N}$ がいえる．

同様にして，$G \leq 0 \iff G \in \mathcal{R} \cup \mathcal{P}$，$G \, |\!\rhd 0 \iff G \in \mathcal{L} \cup \mathcal{N}$ も成り立つ．

□

系 4.2.7〜4.2.9 で扱った他の同値な条件についても確認しておいてください．

定理 4.3.4 任意の局面 G に対して，次が成り立つ．

- $G = 0 \iff o(G) = \mathcal{P}$.
- $G > 0 \iff o(G) = \mathcal{L}$.
- $G < 0 \iff o(G) = \mathcal{R}$.
- $G \parallel 0 \iff o(G) = \mathcal{N}$.

証明 補題 4.3.3 より，$G \geq 0$ かつ $G \leq 0$ であれば $o(G) = \mathcal{P}$ である．同様にして，$G \geq 0$ かつ $G \, |\!\rhd 0$ であれば $o(G) = \mathcal{L}$，$G \leq 0$ かつ $G \lhd\!| \, 0$ であれば $o(G) = \mathcal{R}$，$G \, |\!\rhd 0$ かつ $G \lhd\!| \, 0$ であれば $o(G) = \mathcal{N}$ である．ゆえに，$G = 0 \Longrightarrow o(G) = \mathcal{P}$，$G > 0 \Longrightarrow o(G) = \mathcal{L}$，$G < 0 \Longrightarrow o(G) = \mathcal{R}$，$G \parallel 0 \Longrightarrow o(G) = \mathcal{N}$ がそれぞれ成り立つ．G と 0 との大小関係はこの 4 通りしかなく，それぞれ排反であるため，逆も成り立つ． □

定理 4.3.5 任意の局面 G, H に対して，次が成り立つ．

- $G = H \iff o(G - H) = \mathcal{P}$.
- $G > H \iff o(G - H) = \mathcal{L}$.
- $G < H \iff o(G - H) = \mathcal{R}$.
- $G \parallel H \iff o(G - H) = \mathcal{N}$.

証明 定理 4.3.4 において，G を $G - H$ に代えればよい． □

以上の定理により，2 つの局面 G, H の等価性や大小関係は，それらの差 $G - H$ の帰結類を決定することによって示すことができます．つまり，すべての X との直和について考えるのではなく，具体的な 1 つの局面 $G - H$ についてどちらのプレイヤーに必勝戦略があるかを示すだけで，G と H の関係がわかるのです．この事実は以降でも 2 つの局面の関係を調べるためにしばしば用いられます[7]．

次の補題はゲームの性質を調べる際にしばしば用いられることがあります．

補題 4.3.6　任意の局面 G, H に対して，次が成り立つ．

- $G \leq H \iff$ 任意の G の左選択肢 G^{L} に対して $G^{\mathrm{L}} \mathrel{\lhd\!\!|} H$ かつ
任意の H の右選択肢 H^{R} に対して $G \mathrel{\lhd\!\!|} H^{\mathrm{R}}$．
- $G \mathrel{|\!\!\rhd} H \iff$ ある G の左選択肢 G^{L} に対して $G^{\mathrm{L}} \geq H$ または
ある H の右選択肢 H^{R} に対して $G \geq H^{\mathrm{R}}$．

証明　$G \leq H$ のとき，$G - H \leq 0$ すなわち $G - H \in \mathcal{R} \cup \mathcal{P}$ である．よって，$G - H$ の任意の左選択肢は $\mathcal{R} \cup \mathcal{N}$ に属する．このとき，任意の G の左選択肢 G^{L} に対して $G^{\mathrm{L}} - H \in \mathcal{R} \cup \mathcal{N}$ であり，任意の H の右選択肢 H^{R} に対して $G - H^{\mathrm{R}} \in \mathcal{R} \cup \mathcal{N}$ である．したがって，任意の G の左選択肢 G^{L} に対して $G^{\mathrm{L}} \mathrel{\lhd\!\!|} H$ かつ，任意の H の右選択肢 H^{R} に対して $G \mathrel{\lhd\!\!|} H^{\mathrm{R}}$ となる．

また逆に，任意の G の左選択肢 G^{L} に対して $G^{\mathrm{L}} \mathrel{\lhd\!\!|} H$ かつ，任意の H の右選択肢 H^{R} に対して $G \mathrel{\lhd\!\!|} H^{\mathrm{R}}$ であれば，$G^{\mathrm{L}} - H \in \mathcal{R} \cup \mathcal{N}$ かつ $G - H^{\mathrm{R}} \in \mathcal{R} \cup \mathcal{N}$ なので，$G - H$ の任意の左選択肢は $\mathcal{R} \cup \mathcal{N}$ に属する．よって $G - H \in \mathcal{R} \cup \mathcal{P}$ より，$G - H \leq 0$ であるから，$G \leq H$ が得られる．

また，この結果の対偶をとれば，

$G \mathrel{|\!\!\rhd} H \iff$ ある G の左選択肢 G^{L} に対して $G^{\mathrm{L}} \geq H$ または
ある H の右選択肢 H^{R} に対して $G \geq H^{\mathrm{R}}$

が得られる．□

補題 4.3.7　任意の局面 G に対して，次が成り立つ．

- $G \geq G$ である．同様に $G \leq G$ である．
- G の任意の右選択肢 G^{R} について $G^{\mathrm{R}} \mathrel{|\!\!\rhd} G$ が成り立つ．同様に G の任意の左選択肢 G^{L} について $G^{\mathrm{L}} \mathrel{\lhd\!\!|} G$ が成り立つ．

---

[7] 前節と本節の結果より，非不偏ゲームの局面全体の集合 $\widetilde{\mathbb{G}}$ を $=$ で分類した商集合 $\widetilde{\mathbb{G}}/=$ は，直和 $+$ やその逆元 $-$ に関してアーベル群（可換群）をなすことと，半順序構造をなすことがわかります．このことについては第 5 章で扱います．

証明 $G = G$ なので $G \geq G$ と $G \leq G$ は明らか.

また, ここから, 補題 4.3.6 より, G の任意の右選択肢 G^{R} に対して, $G^{\mathrm{R}} \,|\!\!> G$ が成り立つ. 同様に $G^{\mathrm{L}} <\!\!| \, G$ が成り立つ. □

4.4 局面の標準形

等価な局面の中には標準形と呼ばれる "最も単純な局面" が存在します. まず, 局面の等価性を崩さない 2 つの操作について紹介します.

定理 4.4.1 (劣位な選択肢の削除 (removing dominated options)) $G \cong \{G_1^{\mathrm{L}}, G_2^{\mathrm{L}}, \ldots, G_n^{\mathrm{L}} \mid G_1^{\mathrm{R}}, G_2^{\mathrm{R}}, \ldots, G_m^{\mathrm{R}}\}$ であり, $G_1^{\mathrm{L}} \leq G_2^{\mathrm{L}}$ を満たすとする. このとき, $G' \cong \{G_2^{\mathrm{L}}, \ldots, G_n^{\mathrm{L}} \mid G_1^{\mathrm{R}}, G_2^{\mathrm{R}}, \ldots, G_m^{\mathrm{R}}\}$ とすると, $G = G'$ となる. 右選択肢についても同様に, $G_1^{\mathrm{R}} \geq G_2^{\mathrm{R}}$ であるとき, $G'' \cong \{G_1^{\mathrm{L}}, G_2^{\mathrm{L}}, \ldots, G_n^{\mathrm{L}} \mid G_2^{\mathrm{R}}, \ldots, G_m^{\mathrm{R}}\}$ とすると, $G = G''$ を満たす.

証明 $G = G'$ を示すために, $o(G - G') = \mathcal{P}$ を示す. つまり, $G - G'$ において後手のプレイヤーに必勝戦略があることを示す.

$G - G'$ の左選択肢全体の集合は $\{G_i^{\mathrm{L}} - G' \mid 1 \leq i \leq n\} \cup \{G - G_j^{\mathrm{R}} \mid 1 \leq j \leq m\}$ である. 任意の $i > 1$ について, $G_i^{\mathrm{L}} - G'$ は右選択肢 $G_i^{\mathrm{L}} - G_i^{\mathrm{L}} = 0$ を持つ. $G_1^{\mathrm{L}} - G'$ は右選択肢 $G_1^{\mathrm{L}} - G_2^{\mathrm{L}} \leq 0$ を持つ. $G - G_j^{\mathrm{R}}$ は右選択肢 $G_j^{\mathrm{R}} - G_j^{\mathrm{R}} = 0$ を持つ.

次に, $G - G'$ の右選択肢全体の集合は $\{G_i^{\mathrm{R}} - G' \mid 1 \leq i \leq m\} \cup \{G - G_j^{\mathrm{L}} \mid 2 \leq j \leq n\}$ である. $G_i^{\mathrm{R}} - G'$ は左選択肢 $G_i^{\mathrm{R}} - G_i^{\mathrm{R}}$ を持つ. また $G - G_j^{\mathrm{L}}$ は左選択肢 $G_j^{\mathrm{L}} - G_j^{\mathrm{L}} = 0$ を持つ.

以上から $o(G - G') = \mathcal{P}$, すなわち $G - G' = 0$. よって $G = G'$ を得る. $G = G''$ も同様である. □

ある局面に 2 つの左選択肢が存在して, 片方の左選択肢がもう片方よりも左にとって悪いものならば, 左は悪い方の選択肢を選ばないため, あたかもその左選択肢が存在しないように考えても結果は変わらないと考えられます. 上の定理はその直観を保証するものです.

また, ある局面で左が着手したとき, それに対する右のある応手が最初の局面より右にとって悪くならないなら, 右は必ずその応手をすると仮定してもゲームの結果は変わらないと考えることもできます．それを保証するのが，次の定理です．

定理 4.4.2（**打ち消し可能な選択肢の短絡**（bypassing reversible options））$G \cong \{G_1^{\mathrm{L}}, G_2^{\mathrm{L}}, \ldots, G_n^{\mathrm{L}} \mid G_1^{\mathrm{R}}, G_2^{\mathrm{R}}, \ldots, G_m^{\mathrm{R}}\}$ とする．また，G_1^{L} のある右選択肢 A が $G \geq A$ を満たすとする．このとき，A の左選択肢を $A_1, A_2, \ldots, A_\ell$ とし，$G' \cong \{A_1, A_2, \ldots, A_\ell, G_2^{\mathrm{L}}, \ldots, G_n^{\mathrm{L}} \mid G_1^{\mathrm{R}}, G_2^{\mathrm{R}}, \ldots, G_m^{\mathrm{R}}\}$ とすると，$G = G'$ となる．右選択肢についても同様のことが成り立つ．

証明　$G - G'$ について考える．$G - G'$ の左選択肢全体の集合は $\{G_i^{\mathrm{L}} - G' \mid 1 \leq i \leq n\} \cup \{G - G_j^{\mathrm{R}} \mid 1 \leq j \leq m\}$ である．$i > 1$ のとき $G_i^{\mathrm{L}} - G'$ は右選択肢 $G_i^{\mathrm{L}} - G_i^{\mathrm{L}} = 0$ を持つ．$G_1^{\mathrm{L}} - G'$ は右選択肢 $A - G'$ を持つ．$A - G'$ の左選択肢全体の集合は $\{A_k - G' \mid 1 \leq k \leq \ell\} \cup \{A - G_j^{\mathrm{R}} \mid 1 \leq j \leq m\}$ である．$A_k - G'$ は右選択肢 $A_k - A_k = 0$ を持つ．また，$A - G_j^{\mathrm{R}}$ は $A - G$ の左選択肢でもあるから補題 4.3.7 より $A - G_j^{\mathrm{R}} \lhd\!\!| \ A - G$，ゆえに $A \leq G$ と定理 4.3.2 より $A - G_j^{\mathrm{R}} \lhd\!\!| \ 0$ である．したがって $A - G' \leq 0$ である．さらに $G - G_j^{\mathrm{R}}$ は右選択肢 $G_j^{\mathrm{R}} - G_j^{\mathrm{R}} = 0$ を持つ．よって，$G - G' \in \mathcal{R} \cup \mathcal{P}$ である．

次に，$G - G'$ の右選択肢全体の集合は $\{G_j^{\mathrm{R}} - G' \mid 1 \leq j \leq m\} \cup \{G - A_k \mid 1 \leq k \leq \ell\} \cup \{G - G_i^{\mathrm{L}} \mid 2 \leq i \leq n\}$ である．$G_j^{\mathrm{R}} - G'$ は左選択肢 $G_j^{\mathrm{R}} - G_j^{\mathrm{R}} = 0$ を持つ．$G \geq A$ より $G - A \geq 0$ であるから補題 4.3.6 より $G - A_k \ |\!\!\rhd \ 0$ である．さらに $G - G_i^{\mathrm{L}}$ は左選択肢 $G_i^{\mathrm{L}} - G_i^{\mathrm{L}} = 0$ を持つ．よって，$G - G' \in \mathcal{L} \cup \mathcal{P}$ である．

以上から $o(G - G') = \mathcal{P}$，すなわち $G - G' = 0$ が成り立つ．よって $G = G'$ を得る．□

これら 2 つの操作によって，次のように標準形を定めることができます．

定義 4.4.3　局面 G およびその後続局面に対して，劣位な選択肢の削除と打ち消し可能な選択肢の短絡を繰り返し行い，いずれも適用できなくなったとき得られる局面 G' を G の**標準形**（*canonical form*）と呼ぶ．

まず，任意の局面 G から劣位な選択肢の削除と打ち消し可能な選択肢の短絡を無限回続けることはできない，ということを確認しておきましょう．

定理 4.4.4 局面 G およびその後続局面に対して，劣位な選択肢の削除と打ち消し可能な選択肢の短絡を繰り返し行うとき，有限回の操作で必ず劣位な選択肢の削除も打ち消し可能な選択肢の短絡もできないような局面に到達する．

証明 第1章で紹介したように，ゲームは必ず有限手数で終了することと，ある局面で可能な着手は有限個であることに注意すると，G の後続局面全体の集合 $\overline{G}$ の要素数は有限であることがわかる．帰納法によって証明する．

$\#\overline{G} = 1$ のとき，$G \cong \{|\}$ なので，劣位な選択肢も打ち消し可能な選択肢も存在しない．

$\#\overline{G} < k$ のとき主張は成立すると仮定して，$\#\overline{G} = k$ の場合を考える．このとき，G のある後続局面に劣位な選択肢の削除または打ち消し可能な選択肢の短絡を適用して得られる局面 G' について考えると，$\#\overline{G'} < k$ である．よって帰納法の仮定より，G' から劣位な選択肢の削除と打ち消し可能な選択肢の短絡を繰り返すと必ず有限回で終了するから，G から始めても有限回で終了する．

□

さらに，この標準形は（同型の意味で）一意に定まります．

定理 4.4.5 標準形は一意に定まる．すなわち，局面 G と H が $G = H$ を満たすとき，それぞれの標準形を G', H' $(G' = H')$ とすると，$G' \cong H'$ を満たす．

証明 局面 G' と H' の誕生日の和に関する帰納法で証明する．

G' と H' は標準形であって $G' = H'$ を満たすとする．このとき，$G' - H' = 0$ である．すると，補題4.3.7から，G' の任意の右選択肢 $G_1'^{\mathrm{R}}$ に対して，$G_1'^{\mathrm{R}} - H' \mathrel{|\!\!\rhd} 0$ が成り立つ．このとき，$G_1'^{\mathrm{R}}$ にある左選択肢 $G_1'^{\mathrm{RL}}$ が存在して $G_1'^{\mathrm{RL}} - H' \geq 0$ となるか，H' にある右選択肢 $H_1'^{\mathrm{R}}$ が存在して $G_1'^{\mathrm{R}} - H_1'^{\mathrm{R}} \geq 0$ となる．ここで，$G_1'^{\mathrm{RL}} - H' \geq 0$ とすると，$G' = H'$ なので $G_1'^{\mathrm{RL}} \geq G'$ となるが，仮定より打ち消し可能な選択肢は G' に存在しないので，このような $G_1'^{\mathrm{RL}}$ は存在しない．よって，ある $H_1'^{\mathrm{R}}$ が存在して，$G_1'^{\mathrm{R}} \geq H_1'^{\mathrm{R}}$ となる．これが任意の $G_1'^{\mathrm{R}}$ について成り立つ．

一方，任意の $H_1'^{\mathrm{R}}$ に対して，$G' - H'$ の左選択肢 $G' - H_1'^{\mathrm{R}}$ を考える．$G' - H_1'^{\mathrm{R}} \mathrel{\lhd\!\!|} 0$ であるから，ある $H_1'^{\mathrm{R}}$ の左選択肢 $H_1'^{\mathrm{RL}}$ が存在して $G' - H_1'^{\mathrm{RL}} \leq 0$

となるか，ある G' の右選択肢 $G_2'^{\rm R}$ が存在して $G_2'^{\rm R} - H_1'^{\rm R} \le 0$ となる．ここで $G' - H_1'^{\rm RL} \le 0$ とすると，$G' = H'$ であるから $H' \le H_1'^{\rm RL}$ となり，H' に打ち消し可能な選択肢が存在しないことと矛盾する．したがって，ある G' の右選択肢 $G_2'^{\rm R}$ が存在して $G_2'^{\rm R} - H_1'^{\rm R} \le 0$ となる．

以上から，任意の $G_1'^{\rm R}$ に対し，$G_1'^{\rm R} \ge H_1'^{\rm R}$ なる $H_1'^{\rm R}$ が存在し，さらに $H_1'^{\rm R}$ に対して $H_1'^{\rm R} \ge G_2'^{\rm R}$ なる $G_2'^{\rm R}$ が存在することもわかる．$G_1'^{\rm R} \ge H_1'^{\rm R} \ge G_2'^{\rm R}$ となるが，もし $G_1'^{\rm R}$ と $G_2'^{\rm R}$ が異なる選択肢であれば，G' は標準形なので劣位な選択肢 $G_1'^{\rm R}$ は削除されているはずである．したがって，$G_1'^{\rm R} \ge H_1'^{\rm R} \ge G_1'^{\rm R}$ であり，$G_1'^{\rm R} = H_1'^{\rm R}$ となる．

したがって，任意の G' の右選択肢 $G_1'^{\rm R}$ に対して $G_1'^{\rm R} = H_1'^{\rm R}$ となる H' の右選択肢 $H_1'^{\rm R}$ がただ1つ存在し，逆に任意の H' の右選択肢 $H_1'^{\rm R}$ に対して $H_1'^{\rm R} = G_1'^{\rm R}$ となる G' の右選択肢 $G_1'^{\rm R}$ がただ1つ存在する．帰納法の仮定より，$G_1'^{\rm R} \cong H_1'^{\rm R}$ である．左選択肢についても同様のことがいえるので，G' と H' の選択肢の集合は完全に一致する． □

4.5 コラム6：計算複雑性の話

ゲームを理論的に解析するときに**計算複雑性**（*computational complexity*）を議論することがあります．ゲームの計算複雑性の議論では，ゲームの盤面を入力とし，いずれのプレイヤーに必勝戦略があるかを出力とする判定問題を考えます．このとき，囲碁や将棋のように盤面の大きさが決まっていると，あらかじめすべての局面を探索して結果を記憶しておくことで，ただちに解を出力できてしまうので，計算複雑性クラスの観点からは問題として成立しないことになります．

そこで，盤面サイズを任意の大きさにできるような一般化された囲碁や将棋を考えると，その任意の局面で必勝者を判定できるか？という問題になり，本質的な難しさに迫ることができます．

ゲームの計算複雑性クラスについては，一般化された囲碁やチェスがEXPTIME完全，コナネがPSPACE完全，ニムが多項式時間で解ける，などと知られています．[CGT] の1.4節にあるまとめなどを参考にしてください．

◆演習問題◆

1. ★★ 逆形のゲームは，最後に着手できなくなったプレイヤーが勝ちとなるゲームです．逆形のゲームにおいて，正規形の場合と同様に帰結類を再帰的に定義してください．逆形の場合は $\{|\} \in \mathcal{N}$ となることに注意しましょう．

2. ★★ 定理 4.2.6 の証明で省略された，$o(G) = \mathcal{L}$, $\mathcal{R}$, $\mathcal{N}$ の場合について，具体的に証明を書いてください．

3. ★★ 下図の一般化コナネの局面とアイストレーの局面の等価関係を証明してください．

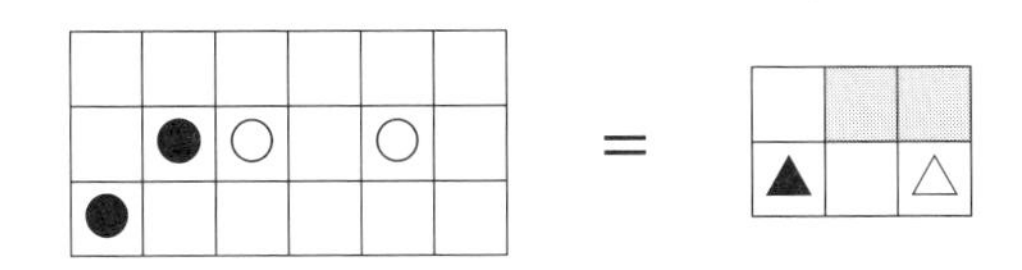

第 5 章

様々な局面の値

この章では非不偏ゲームの局面の値について紹介します．その値を見ることによって，ある 1 つの局面や直和ゲームの局面について，先手，後手，左，右のどのプレイヤーに必勝戦略があるかがわかります．また，それだけでなく局面の値は「その局面は片方のプレイヤーにどれだけ有利か？」という指標にもなります．局面の値の持つ性質を調べ，非不偏ゲームの解析を行いましょう．

5.1　整数

非不偏ゲームの局面全体の集合 $\widetilde{\mathbb{G}}$ には特徴的な性質を持つ値がいくつも存在します．括弧を用いた局面の表記では本質がつかみにくいため，それらには名前が付けられています．

まずはじめに，「整数」とみなせる局面を紹介します．

n を正整数とします．左が n 回着手できるけれど，右は 1 回も着手できない局面を整数 n であるとみなします．同様に右が n 回着手できるけれど，左は 1 回も着手できない局面は $-n$ であるとみなします．図 5.1 は一般化コナネにおいて，整数とみなせる局面の例です．

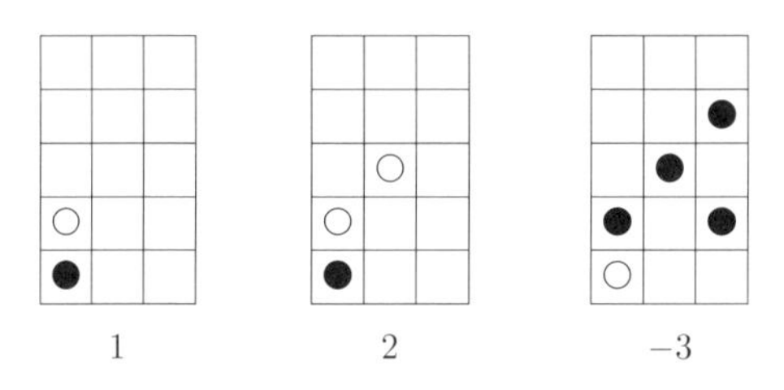

図 5.1　一般化コナネにおける整数とみなせる局面の例

0は左も右も着手できない局面であり，$0 \cong \{|\}$ であったことを思い出しましょう．

定義 5.1.1　正整数 n に対し，

$$n \cong \{n-1\,|\}$$

と定義する．

ここで，明らかに右辺は標準形になります．このとき，定義 4.2.13 から，$-n = \{|\,1-n\}$ となることがただちにわかります．

またこの定義から，局面が整数 n であるとみなせる局面 G において，以下のことが観察できます．

・$n=0$ のとき，G にはどちらのプレイヤーにも可能な着手はありません．
・$n>0$ のとき，G において，左は $n-1$ とみなせる局面にする着手がありますが，右には可能な着手はありません．
・$n<0$ のとき，G において，右は $n+1$ とみなせる局面にする着手がありますが，左には可能な着手はありません．

そして，次の定理が成り立ちます．

定理 5.1.2　局面 A, B, C が整数 a, b, c とみなせるとき，次が成り立つ．

・$A \geq B \Longleftrightarrow a \geq b$.
・$A+B=C \Longleftrightarrow a+b=c$.

証明　定理の主張を示すために，$A+B+C \geq 0$ が成り立つとき，かつそのときに限り，$a+b+c \geq 0$ となることを示す．A, B, C はいずれも標準形であるとする．A, B, C の後続局面の総数に関する帰納法で示す．

A, B, C の後続局面の総数が 0 のときは $A \cong 0$, $B \cong 0$, $C \cong 0$ より，$A+B+C \cong 0$ であり，$a=0$, $b=0$, $c=0$ より $a+b+c=0$ であるから主張は成り立つ．

次に，$A+B+C \geq 0 \Longrightarrow a+b+c \geq 0$ を示す．$A+B+C \geq 0$ となることは，局面 $A+B+C$ において左が後手で必勝戦略を持つことと同値である．

右に着手がない場合は，A, B, C ともに正か 0 であるので，a, b, c も非負の整数になり，$a+b+c \geq 0$ である．

右に着手がある場合，右が A を A' に変えたとしても一般性を失わない．このとき，A は標準形であったので，$A=\{\mid A'\}$ は負であり，A' は $a+1$ とみなせる局面であることがわかる．

$A+B+C$ において，左は後手で必勝戦略を持つので，$A'+B+C$ において左は先手で必勝戦略を持つ．A' には左選択肢が存在しないから，左の必勝戦略は B か C に着手する手である．B に着手して B' に変える手であると考えても一般性を失わない．このとき，B は標準形であったので，$B=\{B'\mid\}$ は正であり，B' は $b-1$ とみなせる局面であることがわかる．

$A'+B'+C$ において左は後手で必勝戦略を持つので，$A'+B'+C \geq 0$ である．したがって，帰納法の仮定から，$(a+1)+(b-1)+c \geq 0$，すなわち，$a+b+c \geq 0$ を得る．

次に，$a+b+c \geq 0 \Longrightarrow A+B+C \geq 0$ を示す．

a,b,c のいずれも正か 0 のとき，A,B,C のいずれも右選択肢を持たないから，$A+B+C$ において左は後手で勝つ．

それ以外のとき，$a<0$ と考えても一般性を失わない．このとき，A をある A' に変える手を右は持つが，A' は $a+1$ であるとみなせる局面である．一方，$a+b+c \geq 0$ だったので，a が負なら b,c の少なくとも片方は正になる．b が正だと考えても一般性を失わない．このとき，左は B を B' に変える手が存在するので，その手を選ぶ．すると，B' は $b-1$ とみなせる局面である．

したがって，$(a+1)+(b-1)+c=a+b+c \geq 0$ なので，帰納法の仮定より $A'+B'+C \geq 0$，すなわち $A'+B'+C$ において左は後手で勝てる．よって，$A+B+C$ においても左は後手で勝つことができるので，$A+B+C \geq 0$ である．

以上から，$A+B+C \geq 0 \Longleftrightarrow a+b+c \geq 0$ が示された．

ここで，B を $-B$ に置き換え，C を 0 にすると，$A+(-B)+0 \geq 0 \Longleftrightarrow a+(-b)+0 \geq 0$ だから $A \geq B \Longleftrightarrow a \geq b$ を得る．

また，$A+B+C \geq 0 \Longleftrightarrow a+b+c \geq 0$ と同様に $A+B+C \leq 0 \Longleftrightarrow a+b+c \leq 0$ が示せ，この 2 つから $A+B+C=0 \Longleftrightarrow a+b+c=0$ であるので，C を $-C$ に置き換えると，$A+B+(-C)=0 \Longleftrightarrow a+b+(-c)=0$．ゆえに $A+B=C \Longleftrightarrow a+b=c$ である． □

この定理より，局面が整数とみなせるとき，和や大小関係について，その局面を整数と同様に扱えることがわかります．

5.2 局面の値とは

任意の不偏ゲームの局面 G に対して，グランディ数 $\mathcal{G}(G) \in \mathbb{N}_0$ が定義されていたことを思い出しましょう．そして，$\mathbb{N}_0$ 上の演算 $\oplus$ を用いて，$\mathcal{G}(G+H) = \mathcal{G}(G) \oplus \mathcal{G}(H)$ となるのでした．これは，すべての不偏ゲームの局面を，グランディ数が 0 となる局面全体の集合，グランディ数が 1 となる局面全体の集合，… のように，その局面のグランディ数に応じて分類して，グランディ数が a となる局面全体の集合に属する局面と，グランディ数が b となる局面全体の集合に属する局面の直和は，グランディ数が $a \oplus b$ となる局面全体の集合に属する，ということです．このことから，各集合から要素を 1 つずつ取ってきて，それらの和がどのようなふるまいをするかさえわかればよい，ということになります．

同じことは非不偏ゲームにもいうことができます．非不偏ゲームの局面全体について，$=$ で等価とみなせる局面同士は 1 つのグループにまとめてしまうことを考えます．次で定義するように，これを同値類と呼びます．不偏ゲームでは各同値類にグランディ数を用いて名前をつけましたが，非不偏ゲームでは各同値類には局面の値という名前がつけられ，局面の値全体の集合を $\mathbb{G}$ と記します．局面の値同士の計算法則や大小関係について明らかにすることが，非不偏ゲームの研究の目標の 1 つです．

以上のことについて，数学の用語を用いて厳密に確認しておきましょう．なお，この節が難しいと感じる方は，この段階では以下の内容は読み飛ばして，次の節に入っていただいても問題はありません．

定義 5.2.1　X を集合とする．$x\ (\in X)$ と同値関係 $\sim$ で結ばれる要素の集合 $\{y \in X \mid x \sim y\}$ を x の**同値類**（*equivalence class*）と呼び，$[x]_\sim$ と記す．さらに X を同値類に分類した集合族，すなわち $\{[x]_\sim \mid x \in X\}$ を X の $\sim$ による**商集合**（*quotient set*）と呼び，$X/\sim$ と記す．

また，X 上の同値関係 $\sim$ に関する同値類が，X の要素 a を用いて $[a]_\sim$ と表されるとき，a をその同値類の**代表元**（*representative element*）といいます．

定義 5.2.2 $\widetilde{\mathbb{G}}$ を $=$ で割った商集合 $\widetilde{\mathbb{G}}/=$ を $\mathbb{G}$ と書く．$\mathbb{G}$ の要素を局面の**値**（*value*）と呼ぶ．

つまり，局面 G の同値類 $[G]_=$ を G の値といいます．すなわち，「$=$」で分類された局面たちのグループが局面の値になります．また標準形はその同値類の "最も単純な" 代表元になります[1]．ただ，記述が煩わしくなることを避けるため，特に混乱の恐れがなければ G の値 $[G]_=$ を単に G と書くことがあります．

定義 5.2.3 X を集合，$\sim$ をその上の同値関係とし，f を X 上で定義された n 項演算子とする．次を満たすとき，同値関係 $\sim$ は f に関して**合同関係**（*congruent relation*）であるという．

$$x_1 \sim y_1, \ldots, x_n \sim y_n \Longrightarrow f(x_1, \ldots, x_n) \sim f(y_1, \ldots, y_n).$$

また，R を X 上の n 項関係とするとき，次を満たせば，同値関係 $\sim$ は R に関して**合同関係**（*congruent relation*）であるという．

$$x_1 \sim y_1, \ldots, x_n \sim y_n \Longrightarrow (R(x_1, \ldots, x_n) \iff R(y_1, \ldots, y_n)).$$

一般に，同値関係 $\sim$ が n 項演算 f や n 項関係 R に関する合同関係であれば，次の定義により，f, R はそれぞれ $X/\sim$ 上の n 項演算，n 項関係とみなすことができます．

$$f([x_1]_\sim, \ldots, [x_n]_\sim) = [f(x_1, \ldots, x_n)]_\sim.$$
$$R([x_1]_\sim, \ldots, [x_n]_\sim) \iff R(x_1, \ldots, x_n).$$

---

[1] 例えば，整数全体の集合を同値関係である mod 3 で割ると，整数全体の集合は 3 つの同値類 $\{\ldots, -6, -3, 0, 3, 6, \ldots\}, \{\ldots, -5, -2, 1, 4, 7, \ldots\}, \{\ldots, -4, -1, 2, 5, 8, \ldots\}$ に分けられます．これはよく知られているように，3 で割った余りがそれぞれ $0, 1, 2$ となる整数の集合です．ここで，例えば同値類 $\{\ldots, -6, -3, 0, 3, 6, \ldots\}$ は要素を 1 つ取ってきて（これを代表元といいます），$\cdots = [-6] = [-3] = [0] = [3] = [6] = \cdots = \{\ldots, -6, -3, 0, 3, 6, \ldots\}$ のように書くことができますが，この場合での "最も単純な" 代表元というのは，0 を指しています．

例 5.2.4　局面の等価関係 $=$ は直和演算 $+$ に関して合同関係になります．これを確認してみましょう．

$G_1 = H_1$ と $G_2 = H_2$ から $G_1 + G_2 = H_1 + H_2$ を示します．任意の X に対して $o(G_1 + (G_2 + X)) = o(H_1 + (G_2 + X))$ なので，$G_1 + G_2 = H_1 + G_2$ であり，同様にして，$H_1 + G_2 = H_1 + H_2$ が成り立ちます．よって，

$$G_1 + G_2 = H_1 + G_2 = H_1 + H_2$$

となるので，定義 5.2.3 より $=$ は $+$ に関して合同関係になります．

このことから，$[G_1]_= + [G_2]_=$ を $[G_1 + G_2]_=$ と定義することで，$+$ は $\mathbb{G}$ 上の 2 項演算とみなすことができます．

例 5.2.5　局面の等価関係 $=$ は大小関係（2 項関係）$\geq$ に関して合同関係になります．これも確認してみましょう．

$G_1 = H_1$ と $G_2 = H_2$ から $G_1 \geq G_2 \Longleftrightarrow H_1 \geq H_2$ を示します．

任意の X に対して $o(G_1 + X) \geq o(G_2 + X)$ のとき，$G_1 = H_1$，$G_2 = H_2$ より，$o(G_1 + X) = o(H_1 + X)$，$o(G_2 + X) = o(H_2 + X)$ ですから，$o(H_1 + X) \geq o(H_2 + X)$ となります．よって $H_1 \geq H_2$ です．逆も同様です．

このことから，同値類の大小関係 $[G_1]_= \geq [G_2]_=$ を $G_1 \geq G_2$ と定義することで，$\geq$ は $\mathbb{G}$ 上の大小関係とみなすことができます．

これらのことから，同値類同士，すなわち，局面の値同士の足し算と大小関係がうまく定義できることが確認できました[2)]．

本章では局面の値同士の足し算の結果や大小関係を調べていきますが，上述のようにこれらは同値類の局面同士の足し算の結果や大小関係と一致します．そのため，適当に局面を選んで調べ，それらの値同士の関係を示すということを頻繁に行います．なお，2 つの局面について値同士の関係さえわかっていれば，もとの局面同士の関係もわかるということを，本節の最後にもう一度思い出しておきましょう．

---

2)「うまく定義できている」ということを，一般に 'well-defined' といいます．

5.3　2 進有理数

整数とみなせる局面について学びましたが，例えば $\frac{1}{2}$ とみなせるような局面は存在するでしょうか？ 同じ局面を足して 1 になるような局面について考えると，例えば

$$\{0 \mid 1\} + \{0 \mid 1\} = 1$$

や

$$\{1 \mid 0\} + \{1 \mid 0\} = 1$$

という等式を見つけることができます[3]．対応する一般化コナネの局面を図 5.2 に示しておきます．

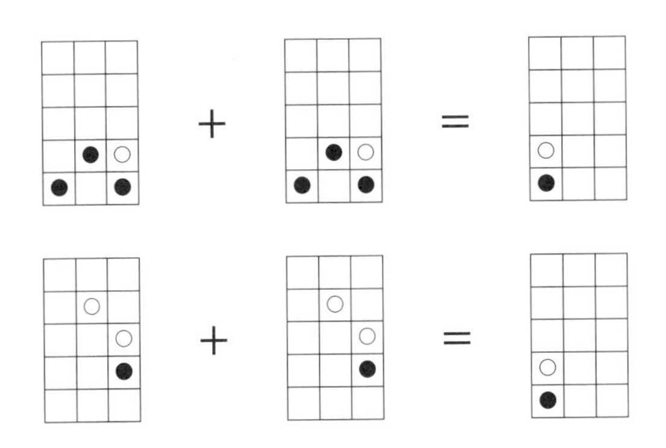

図 5.2　2 つ足して 1 になる局面

$\{0 \mid 1\}$ も $\{1 \mid 0\}$ も $\frac{1}{2}$ とみなしてしまってよいでしょうか？ 実はそうしようとすると問題が起こります．

なぜなら，それらの局面の帰結類を調べると，$o(\{0 \mid 1\}) = \mathcal{L}$ および $o(\{1 \mid 0\}) = \mathcal{N}$ であり，同じ数とみなせる局面同士が等価で結べないからです．

同じ数とみなせる局面が等価になるようにするには，もう少し厳しい条件が必要になります．以下で 2 進有理数の定義を学ぶことで，どのような局面が $\frac{1}{2}$ と呼ばれるかがわかります．

---

[3] 定理 4.3.5 より，左辺から右辺を引いて，後手に必勝戦略があることを確認すればよいです．

定義 5.3.1　n を正整数，m を正の奇数とする [4)]．

$$\frac{m}{2^n} \cong \left\{ \frac{m-1}{2^n} \;\middle|\; \frac{m+1}{2^n} \right\}.$$

この定義によると，$\frac{1}{2} \cong \{0 \mid 1\}$ なので，最初の例で $\frac{1}{2}$ と呼ぶべきだったのは $\{0 \mid 1\}$ の方であったとわかります．分子が整数で分母が 2 のべきとなる有理数のことを **2 進有理数**（*dyadic rational number*）と呼びます [5)]．値が 2 進有理数となる一般化コナネの局面の例を図 5.3 に示します．

さらに，局面 G の値が 2 進有理数であるとき，G の性質とその値の性質は一致することが知られています．具体的には次の通りです．

定理 5.3.2　局面 A, B, C の値が 2 進有理数 a, b, c であるとき，次が成り立つ．

- $A \geq B \iff a \geq b.$
- $A + B = C \iff a + b = c.$

証明　証明のために，局面 A, B, C の値が 2 進有理数 a, b, c であるとき，次が

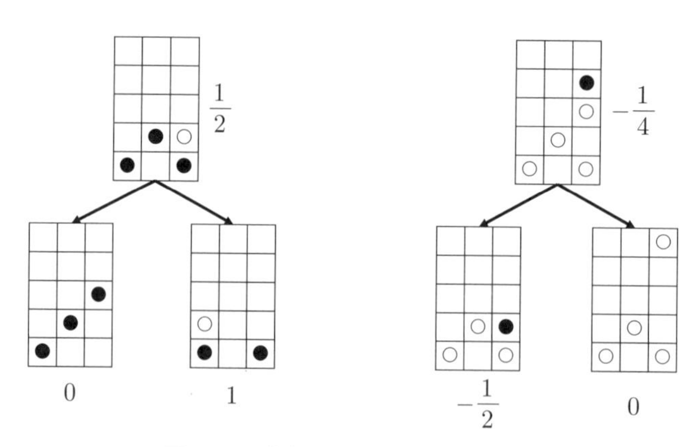

図 5.3　2 進有理数の値を持つ局面の例

4) 2 進有理数 a, b に対して，いつでも $\frac{a+b}{2} = \{a \mid b\}$ が成り立つわけではないことに注意してください．例えば，$\frac{5}{4} \cong \left\{1 \;\middle|\; \frac{3}{2}\right\}$ ですが，あとでわかる通り $\frac{5}{4} \neq \left\{\frac{1}{2} \;\middle|\; 2\right\}$ です．

5) 整数は分母が 2^0 となる有理数なので 2 進有理数です．

成り立つことを A, B, C の後続局面の総和に関する帰納法で同時に示す.

$$a+b+c>0 \Longleftrightarrow A+B+C>0,$$
$$a+b+c=0 \Longleftrightarrow A+B+C=0,$$
$$a+b+c<0 \Longleftrightarrow A+B+C<0.$$

$a+b+c \geq 0$ のとき, $A+B+C \geq 0$ を最初に示す. 右が A に着手して A^{R} にしたとすると, A^{R} の持つ値 a' は $a'>a$ を満たす. ゆえに, $a'+b+c>0$ である. このとき, 帰納法の仮定より, $A^{\mathrm{R}}+B+C>0$ であるので, $A^{\mathrm{R}}+B+C \in \mathcal{L}$ である. 右が B に着手したとき, および右が C に着手したときも同様に $\mathcal{L}$ に属する局面になるので, $A+B+C \in \mathcal{L} \cup \mathcal{P}$ である. ゆえに, $a+b+c \geq 0 \Longrightarrow A+B+C \geq 0$ が成り立つ. 同様にして, $a+b+c \leq 0 \Longrightarrow A+B+C \leq 0$ が成り立つ. したがって, $a+b+c=0 \Longrightarrow A+B+C=0$ が成り立つ.

次に, $a+b+c>0 \Longrightarrow A+B+C>0$ を示す.

a, b, c がすべて整数の場合は定理 5.1.2 の証明で示した通りである.

それ以外の場合について, $a+b+c \geq 0 \Longrightarrow A+B+C \geq 0$ より, $a+b+c>0$ であれば $A+B+C$ において左が後手で勝てることはすでに示しているので, 左が先手でも勝てることを示す. $a+b+c=\dfrac{i}{2^j}$ とする. ただし i が奇数または $j=0$ である.

このとき, a, b, c の分母がすべて 2^j より小さければ, $a+b+c$ の分母が 2^j になることはないので, a, b, c のいずれかは $\dfrac{i'}{2^{j'}}$ $(i'>0,\ j' \geq j)$ の形になる. $a=\dfrac{i'}{2^{j'}}$ であるとしても一般性を失わない. このとき, $a+b+c-\dfrac{1}{2^{j'}} \geq 0$ が成り立つので, $A+B+C$ から左は $A^{\mathrm{L}}+B+C \geq 0$ なる選択肢を持つ. よって, $a+b+c>0 \Longrightarrow A+B+C>0$ である. $a+b+c<0 \Longrightarrow A+B+C<0$ についても同様に示せる.

以上から,

$$a+b+c>0 \Longrightarrow A+B+C>0,$$
$$a+b+c=0 \Longrightarrow A+B+C=0,$$
$$a+b+c<0 \Longrightarrow A+B+C<0$$

がいずれも成り立ち, それぞれ排反な条件なので, 逆向きも成立する.

したがって，$A+B+C \geq 0 \iff a+b+c \geq 0$ が得られるが，ここで B を $-B$ に置き換えて C を 0 にすると，$A+(-B)+0 \geq 0 \iff a+(-b)+0 \geq 0$ となり，$A \geq B \iff a \geq b$ を得る．

また，$A+B+C=0 \iff a+b+c=0$ であるので，C を $-C$ に置き換えると，$A+B+(-C)=0 \iff a+b+(-c)=0$ を得る．ゆえに，$A+B=C \iff a+b=c$ である．□

系 5.3.3　任意の正整数 n と正の奇数 m に対して，2 進有理数

$$\frac{m}{2^n} \cong \left\{ \frac{m-1}{2^n} \,\middle|\, \frac{m+1}{2^n} \right\}$$

の右辺は標準形である．

証明　劣位な選択肢は明らかに存在しない．左選択肢 $\dfrac{m-1}{2^n}$ の右選択肢は $\dfrac{m}{2^n}$ より大きいか存在しないので，$\dfrac{m-1}{2^n}$ は打ち消し可能な選択肢ではない．同様に，右選択肢 $\dfrac{m+1}{2^n}$ も打ち消し可能な選択肢ではない．□

局面が 2 進有理数の直和になっているときは，標準形であるか否かにかかわらず，分母が最も大きい局面に着手するのが必勝戦略保持者にとっての 1 つの必勝戦略になります．

定理 5.3.4　分母の大きさが異なる 2 進有理数 d_1, d_2 の和が $d_1+d_2>0$ であるとき，分母が大きい方を d_1 とすると，ある左選択肢 d_1^{L} があって $d_1^{\mathrm{L}}+d_2 \geq 0$ となる．

証明　d_1 と d_2 の後続局面の総数に関する帰納法で示す．

d_2 が標準形である場合について考える．ここで，d_1 のある左選択肢 d_1^{L} について $d_1^{\mathrm{L}}+d_2 \geq 0$ か，d_2 のある左選択肢 d_2 について $d_1+d_2^{\mathrm{L}} \geq 0$ が成り立つが，前者は主張そのものだから，$d_1+d_2^{\mathrm{L}} \geq 0$ が成り立つとする．いま，d_2 は標準形であると仮定しているので，d_2^{L} は一意に定まり，$d_2^{\mathrm{L}}<d_2$ を満たし，d_2^{L} の分母は d_2 の分母より小さい．ここで，$d_1+d_2^{\mathrm{L}}=0$ ならば $d_1=-d_2^{\mathrm{L}}$ となり，分母の大きさの仮定に反するから $d_1+d_2^{\mathrm{L}}>0$ である．よって，帰納法の仮定より，$d_1^{\mathrm{L}}+d_2^{\mathrm{L}} \geq 0$ となる d_1^{L} が存在し，$d_1^{\mathrm{L}}+d_2>d_1^{\mathrm{L}}+d_2^{\mathrm{L}} \geq 0$ となる．

次に d_2 が標準形でない場合について考えると，d_2 が標準形のときに用いる

d_1^{L} を使えば $d_1^{\mathrm{L}} + d_2 > 0$ である. □

これで，すべての非不偏ゲームの局面における必勝戦略がわかったのでしょうか？ 残念ながら，すべての局面の値が 2 進有理数となるわけではありませんので，そうはいきません．比較不能な局面が存在することからもわかるように，2 進有理数どころか，実数直線上に乗らないような値を持つ局面が数多く存在しています．そのようなゲームの値同士の和や，それらと 2 進有理数の和もそれぞれ定義されています．そのような 2 進有理数以外の値を次節以降でみていきましょう．

5.4 $*k$ （スター k）

2 進有理数以外の代表的な値をみていきます．

定義 5.4.1

$$*0 \cong 0$$

とする．また，任意の正整数 k に対して，

$$*k \cong \{*0, *1, *2, \ldots, *(k-1) \mid *0, *1, *2, \ldots, *(k-1)\}$$

と定義する．特に，$*1 \cong \{*0 \mid *0\} \cong \{0 \mid 0\}$ は単に $*$ と書く．

値が $*$ および $*2$ となる一般化コナネの局面の例を図 5.4 に示します．

$*k$ は左右の選択肢が対称的なので，$*k = -*k$ が成り立ちます．

$*$ を**スター**（*star*），$*k$ を**スター** k（*star k*）と呼びます．$0\ (\cong *0), *, *2, \ldots$ は任意の後続局面において右選択肢と左選択肢が一致します．つまり，これらは不偏ゲームの値であり，$*k$ は，石の数が k 個ある 1 山ニムの局面の値とみなせます．第 2 章で紹介した Sprague-Grundy の理論から，k がグランディ数に対応することがわかり，次のことがいえます．

定理 5.4.2 G が不偏ゲームの局面であるとき，ある非負整数 k が存在して $G = *k$ となる．具体的には，$k = \mathrm{mex}\{k' \mid G' = *k', G \to G'\}$ である．

また，G, H が不偏ゲームの局面であって $G = *k$，$H = *\ell$ のとき，

$$G + H = *(k \oplus \ell)$$

となる．

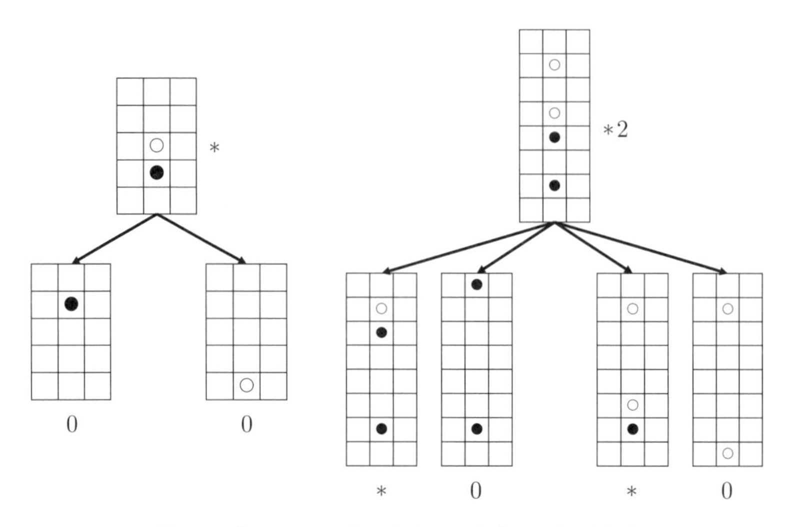

図 5.4　値が $*$ および $*2$ となる一般化コナネの局面

証明　不偏ゲームの議論から，$o(G + *k) = \mathcal{P}$ が成り立つ．ゆえに，$G = *k$ である．同様に，不偏ゲームの議論から，$o(G + H + *(k \oplus \ell)) = \mathcal{P}$ であるので，$G + H = *(k \oplus \ell)$ である [6]．□

$*k$ の代数的な性質として，次の定理が成り立ちます．

定理 5.4.3　任意の非負整数 k, ℓ $(k \neq \ell)$ および任意の正の 2 進有理数 x に対して，$*k + *k = 0$，$*k \,||\, *\ell$，$*k < x$ が成り立つ．

証明には，後述の系 5.7.10 を用います．

証明　明らかに，$*k + *k = *(k \oplus k) = 0$ である．また，$k \neq \ell$ のとき $o(*k + *\ell) = o(*(k \oplus \ell)) = \mathcal{N}$ である．よって $*k \,||\, *\ell$ である．

次に $x > 0$ が 2 進有理数であるとする．$X = x - *k$ について考え，$o(X) = \mathcal{L}$ を示す．X は左選択肢 $x - 0 = x > 0$ を持つ．また，X の右選択肢 $X' = x - *k'$ については，$k' > 0$ のとき，左は選択肢 $x - 0 = x > 0$ を持つ．$k = 0$ のとき

6) この確認は不要であるように見えるかもしれませんが，第 2 章で証明した内容はあくまで不偏ゲームに関する内容であることを思い出しましょう．つまり，任意の不偏ゲームの局面 X に対して，$o(G + H + X) = o(*(k \oplus \ell) + X)$ であることは示されていますが，ある非不偏ゲームの局面 Y が存在して $o(G + H + Y) \neq o(*(k \oplus \ell) + Y)$ となる可能性があるのです．この議論でそのような Y が存在しないことを保証しています．

は，$X' = x > 0$ である．X の別の右選択肢 $X'' = x' - *k$ について考えると，系 5.7.10 より $x' > x$ だから，左は $x' - 0 = x' > 0$ にする選択肢を持つ．したがって $o(X) = \mathcal{L}$ であり，$x > *k$ を得る． □

系 5.4.4 任意の 2 進有理数 $x > 0$ と非負整数 k に対して，$-x < *k < x$ である．

任意の正の 2 進有理数 x に対して $-x < G < x$ が成り立つとき，G を**無限小の値**（*infinitesimal*）といいます．$*k$ は 0 と比較不能な無限小の値です．

5.5 ↑（アップ）と↓（ダウン）

無限小の値には，無限小の正の値や無限小の負の値と呼ばれるものも存在します．例えば次のようなものです．

定義 5.5.1 ↑と↓をそれぞれ次のように定義する．

$$\uparrow \cong \{0 \mid *\},\ \downarrow \cong \{* \mid 0\}.$$

↑は**アップ**（*up*），↓は**ダウン**（*down*）と呼びます．↑は左選択肢 0 を持ち，また唯一の右選択肢 $*$ は左選択肢 0 を持ちます．したがって，どちらから着手し始めても左が勝つことができるので，$\uparrow \in \mathcal{L}$ です．一方で，実はどんな正の 2 進有理数よりも↑の方が小さいことを証明できます．なお，$\downarrow = -\uparrow$ であるため，↑に関する性質から符号を反転させることで↓に関する性質が得られることに注意しましょう．局面の値が↑となるような一般化コナネの局面の例を図 5.5 に示します．

局面の値 a を n 回足し合わせたものを $n \cdot a$ と記します[7]．

定義 5.5.2 局面の値 $a, b > 0$ および任意の正整数 n に対して $n \cdot a < b$ が成り立つとき，$a \ll b$ と書く．このとき，a は b に対して**無限小**であるという．

[7] 他の表記として，書籍によっては，任意の数 x と $*k$ に対して $x + *k$ を $x{*k}$ と書くことや，$\uparrow + *k$ を $\uparrow{*k}$ と書くことがあります．また，$2 \cdot \uparrow$, $3 \cdot \uparrow$, $4 \cdot \uparrow$ を $\Uparrow$, ⤊, ⟰と書くこともあります．

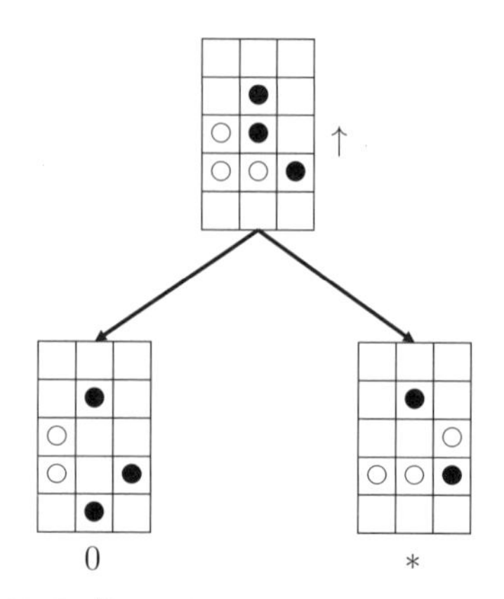

図 5.5　局面の値が $\uparrow$ となるような一般化コナネの局面

定理 5.5.3　$0 < \uparrow$ であり，$\uparrow \ll 1$ となる．

証明　$\uparrow \in \mathcal{L}$ なので $0 < \uparrow$ である．次に $n \cdot \uparrow - 1 < 0$ を n に関する帰納法で示す．$n \cdot \uparrow - 1$ の左選択肢は，$(n-1) \cdot \uparrow - 1$ である．帰納法の仮定より，$(n-1) \cdot \uparrow - 1 < 0$ である．よって $n \cdot \uparrow - 1 \leq 0$ となる．また，$n \cdot \uparrow - 1$ は右選択肢 $(n-1) \cdot \uparrow + * - 1$ を持つ．左が $*$ の部分に着手する場合の選択肢は $(n-1) \cdot \uparrow - 1 < 0$ である．また，$(n-1) \cdot \uparrow + * - 1$ の左選択肢 $(n-2) \cdot \uparrow + * - 1$ は右選択肢 $(n-2) \cdot \uparrow - 1 < 0$ を持つ．よって $n \cdot \uparrow - 1 \lhd\!| \, 0$ となる．以上のことから $n \cdot \uparrow - 1 < 0$ が成り立つ．よって，$\uparrow \ll 1$ となる．□

系 5.5.4　任意の正の 2 進有理数 x に対して，$\uparrow \ll x$ である．

次に，$\uparrow$ と $*k$ の関係をみていきましょう．

定理 5.5.5　次が成り立つ．

- $\uparrow \,\|\, *$ である．
- 任意の整数 $n > 1$ に対して $n \cdot \uparrow > *$ である．
- 任意の整数 $n \geq 1$ と $k > 1$ に対して $n \cdot \uparrow > *k$ である．

証明　$* + * = 0$ なので $* = -*$ である．このことから，$\uparrow + * \in \mathcal{N}$ であれば $\uparrow \,\|\, *$ となる．以下ではこれを示す．$\uparrow + *$ は左選択肢 $\uparrow + 0 = \uparrow > 0$ を持つ．

また，$\uparrow + *$ は右選択肢 $* + * = 0$ を持つ．以上のことから，$\uparrow + * \in \mathcal{N}$ である．よって，$\uparrow \| *$ である．

次に，$\uparrow + \uparrow + *$ について考える．この局面は左選択肢 $\uparrow + \uparrow + 0 > 0$ を持つ．また，各右選択肢は $\uparrow + * + * = \uparrow > 0$, $\uparrow + \uparrow + 0 > 0$ よりいずれも正になる．よって $\uparrow + \uparrow + * > 0$ から，$2 \cdot \uparrow > *$ であり，$\uparrow > 0$ なので，任意の整数 $n > 1$ に対して $n \cdot \uparrow > *$ が成り立つ．

最後に，$\uparrow + *k$ $(k > 1)$ について考える．この局面は左選択肢 $\uparrow + 0 > 0$ を持つ．また，右選択肢について考えると，$k \neq 1$ なので $* + *k \in \mathcal{N}$ である．また $\uparrow + *k'(k' < k) \in \mathcal{L} \cup \mathcal{N}$ がこれまでの結果と帰納法からいえるので，$\uparrow + *k \in \mathcal{L}$ である．よって $n \cdot \uparrow > *k$ $(k > 1)$ である． □

定理 5.5.6 任意の正整数 n に対して，

$$n \cdot \uparrow = \{0 \mid (n-1) \cdot \uparrow + *\},$$

$$n \cdot \uparrow + * = \begin{cases} \{0 \mid (n-1) \cdot \uparrow\} & (n > 1 \text{ のとき}) \\ \{0, * \mid 0\} & (n = 1 \text{ のとき}) \end{cases}$$

であり，これらは標準形となる．

<u>**証明**</u> $\uparrow + * = \{\uparrow, * \mid \uparrow, 0\}$ であるが，劣位な選択肢の削除から $\uparrow + * = \{\uparrow, * \mid 0\}$ となる．さらに，$\uparrow$ は右選択肢 $*$ を持ち，$* < \uparrow + *$ なので，打ち消し可能な選択肢の短絡から $\uparrow + * = \{0, * \mid 0\}$ を得る．

また，$\uparrow = \{0 \mid *\}$ が定義より成り立つ．

次に，$2 \cdot \uparrow = \{\uparrow \mid \uparrow + *\}$ であるが，左選択肢 $\uparrow$ の右選択肢 $*$ は $* < 2 \cdot \uparrow$ を満たすので，打ち消し可能な選択肢の短絡により，$2 \cdot \uparrow = \{0 \mid \uparrow + *\}$ である．

$3 \cdot \uparrow = \{2 \cdot \uparrow \mid 2 \cdot \uparrow + *\} = \{\{0 \mid \uparrow + *\} \mid 2 \cdot \uparrow + *\}$ であるが，$\uparrow + * < 3 \cdot \uparrow$ なので，打ち消し可能な選択肢の短絡により，$3 \cdot \uparrow = \{0, * \mid 2 \cdot \uparrow + *\}$ である．さらに $*$ の右選択肢 0 は $0 < 3 \cdot \uparrow$ を満たすので，さらなる打ち消し可能な選択肢の短絡により，$3 \cdot \uparrow = \{0 \mid 2 \cdot \uparrow + *\}$ である．

$2 \cdot \uparrow + * = \{2 \cdot \uparrow, \uparrow + * \mid 2 \cdot \uparrow, \uparrow\}$ であるが，劣位な選択肢であるため右選択肢 $2 \cdot \uparrow$ は削除され，$2 \cdot \uparrow + * = \{\{0 \mid \uparrow + *\}, \{0, * \mid 0\} \mid \uparrow\}$ となる．ここで，$\uparrow + * < 2 \cdot \uparrow + *$, $0 < 2 \cdot \uparrow + *$ がともに満たされるので，打ち消し可能な選択肢の短絡により，$2 \cdot \uparrow + * = \{0, * \mid \uparrow\}$ である．さらに，$*$ の右選択肢 0

は $0 < 2\cdot\uparrow + *$ を満たすので，さらなる打ち消し可能な選択肢の短絡により，$2\cdot\uparrow + * = \{0 \mid \uparrow\}$ となる．

これらの結果をもとに帰納法で主張を示す．

$n > 3$ のとき，

$$\begin{aligned} n\cdot\uparrow &= \{(n-1)\cdot\uparrow \mid (n-1)\cdot\uparrow + *\} \\ &= \{\{0 \mid (n-2)\cdot\uparrow + *\} \mid (n-1)\cdot\uparrow + *\} \qquad \text{(帰納法の仮定)} \end{aligned}$$

だが，ここで $(n-2)\cdot\uparrow + * < (n-2)\cdot\uparrow + * + (\uparrow + \uparrow + *) = n\cdot\uparrow$ なので，打ち消し可能な選択肢の短絡を行うことができる．$(n-2)\cdot\uparrow + *$ の左選択肢の集合を $((n-2)\cdot\uparrow + *)^{\mathcal{L}}$ とすると，

$$\begin{aligned} \{\{0 \mid (n-2)\cdot\uparrow + *\} \mid (n-1)\cdot\uparrow + *\} &= \{((n-2)\cdot\uparrow + *)^{\mathcal{L}} \mid (n-1)\cdot\uparrow + *\} \\ &= \{0 \mid (n-1)\cdot\uparrow + *\} \\ &\qquad \text{(帰納法の仮定)} \end{aligned}$$

であり，また $n > 2$ のとき，

$$\begin{aligned} n\cdot\uparrow + * &= \{n\cdot\uparrow,\ (n-1)\cdot\uparrow + * \mid n\cdot\uparrow,\ (n-1)\cdot\uparrow\} \\ &= \{n\cdot\uparrow,\ (n-1)\cdot\uparrow + * \mid (n-1)\cdot\uparrow\} \qquad \text{(劣位な選択肢の削除)} \\ &= \{\{0 \mid (n-1)\cdot\uparrow + *\},\ \{0 \mid (n-2)\cdot\uparrow\} \mid (n-1)\cdot\uparrow\} \\ &\qquad \text{(帰納法の仮定)} \\ &= \{((n-1)\cdot\uparrow + *)^{\mathcal{L}}, ((n-2)\cdot\uparrow)^{\mathcal{L}} \mid (n-1)\cdot\uparrow\} \\ &\qquad \text{(打ち消し可能な選択肢の短絡)} \\ &= \{0 \mid (n-1)\cdot\uparrow\} \qquad \text{(帰納法の仮定)} \end{aligned}$$

である．

また，$(n-1)\cdot\uparrow + *$, $(n-1)\cdot\uparrow$ の左選択肢は帰納法の仮定より 0 であり，打ち消し可能な選択肢の短絡は起こらないので，これらは標準形になる．　□

次に，$\uparrow$ の仲間たちを紹介します．まず，局面の順序和を定義します．

定義 5.5.7 $G \cong \{G_1^{\mathrm{L}}, \ldots, G_n^{\mathrm{L}} \mid G_1^{\mathrm{R}}, \ldots, G_m^{\mathrm{R}}\}$, $H \cong \{H_1^{\mathrm{L}}, \ldots, H_{n'}^{\mathrm{L}} \mid H_1^{\mathrm{R}}, \ldots, H_{m'}^{\mathrm{R}}\}$ のとき，局面 G, H の**順序和**（*ordinal sum*）$G : H$ とは，

$$G : H \cong \{G_1^{\mathrm{L}}, \ldots, G_n^{\mathrm{L}}, G : H_1^{\mathrm{L}}, \ldots, G : H_{n'}^{\mathrm{L}} \mid G_1^{\mathrm{R}}, \ldots, G_m^{\mathrm{R}}, G : H_1^{\mathrm{R}}, \ldots, G : H_{m'}^{\mathrm{R}}\}$$

という局面の和である．

順序和では，局面 G は変えずに H に着手するか，H をすべてなくしてしまって G にも着手するかの 2 通りが，それぞれのプレイヤーに対して許されています．$G = G'$ であったとしても，$G \not\cong G'$ の場合は，$G : H \neq G' : H$ となる場合があることに注意しましょう．例えば，$G \cong 0$, $G' \cong \{* \mid *\}$, $H \cong 1$ のとき，$G = G'$ ですが，$G \not\cong G'$ であり，$G : 1 \cong 1$, $G' : 1 \cong \{0, * \mid 0\} = \uparrow + *$ です．よって，$1 \neq \uparrow + *$ より，$G : H \neq G' : H$ となります．また，特殊な場合を除いて，$G : H \neq H : G$ となることに注意が必要です [8]．

命題 5.5.8 局面 G, H, H' に対して，次が成り立つ．

(a) $(-G) : (-H) = -(G : H)$.

(b) $H \geq H' \Longleftrightarrow G : H \geq G : H'$.

証明 (a) 後続局面数に関する帰納法を用いると，

$$\begin{aligned}
-(G : H) &= \{-G_1^{\mathrm{R}}, \ldots, -G_m^{\mathrm{R}}, -(G : H_1^{\mathrm{R}}), \ldots, -(G : H_{m'}^{\mathrm{R}}) \mid \\
&\qquad -G_1^{\mathrm{L}}, \ldots, -G_n^{\mathrm{L}}, -(G : H_1^{\mathrm{L}}), \ldots, -(G : H_{n'}^{\mathrm{L}})\} \\
&= \{(-G)_1^{\mathrm{L}}, \ldots, (-G)_m^{\mathrm{L}}, (-G) : (-H)_1^{\mathrm{L}}, \ldots, (-G) : (-H)_{m'}^{\mathrm{L}} \mid \\
&\qquad (-G)_1^{\mathrm{R}}, \ldots, (-G)_n^{\mathrm{R}}, (-G) : (-H)_1^{\mathrm{R}}, \ldots, (-G) : (-H)_{n'}^{\mathrm{R}}\} \\
&= (-G) : (-H)
\end{aligned}$$

である．

(b) 後続局面数に関する帰納法で示す．$H \geq H'$ を仮定して $(G : H) - (G : H')$ について考える．

---

[8] ちなみに，**ハッケンブッシュ**（*hackenbush*）というルールセットの一部の局面を記述する際に，順序和を使うと便利なことがあります [WW, ONG].

H の任意の右選択肢 H^{R} について，$H \geq H'$ より $H^{\mathrm{R}} \mathrel{|\!\!\triangleright} H'$ が成り立つ．よって，帰納法の仮定より，$G : H^{\mathrm{R}} \mathrel{|\!\!\triangleright} G : H'$ が成り立つ．同様に，H' の任意の左選択肢 H'^{L} について，$G : H \mathrel{|\!\!\triangleright} G : H'^{\mathrm{L}}$ が成り立つ．また，$G^{\mathrm{R}} - (G : H')$, $(G : H) - G^{\mathrm{L}}$ についてはそれぞれ左選択肢 $G^{\mathrm{R}} - G^{\mathrm{R}}$, $G^{\mathrm{L}} - G^{\mathrm{L}}$ が存在する．以上から $G : H \geq G : H'$ である．

次に，$G : H \geq G : H'$ が成り立つと仮定する．このとき，$H - H'$ について考える．$G : H^{\mathrm{R}} \mathrel{|\!\!\triangleright} G : H'$ なので，帰納法の仮定により $H^{\mathrm{R}} \mathrel{|\!\!\triangleright} H'$ である．また，$G : H \mathrel{|\!\!\triangleright} G : H'^{\mathrm{L}}$ なので，帰納法の仮定により $H \mathrel{|\!\!\triangleright} H'^{\mathrm{L}}$ となる．したがって，$H \geq H'$ が成り立つ． □

順序和を使って表す局面の値のなかで，特に $* : n$ について考えてみましょう．$* : 0 = \{0 \mid 0\} = *$, $* : 1 = \{0, * \mid 0\} = \uparrow + *$ です．また一般に $* : n = \{0, * : (n-1) \mid 0\}$ であって $* < * : 1 < * : 2 < \cdots$ が成り立ちます．

定義 5.5.9　$\uparrow^n$ と $\uparrow^{[n]}$ を次のように定義する．

(i) n を正整数とする．

$$\uparrow^n \cong (* : n) - (* : (n-1)).$$

また，$\downarrow_n \cong -\uparrow^n$ とする．

(ii) n を非負整数とする．

$$\uparrow^{[n]} \cong (* : n) - * = \uparrow + \uparrow^2 + \cdots + \uparrow^n.$$

また，$\downarrow_{[n]} \cong -\uparrow^{[n]}$ とする．

$\uparrow^n$ のことを n **番目のアップ**（*up-n^th*）と呼びます．

命題 5.5.10　任意の非負整数 n に対して，次が成り立つ．

(i) $\uparrow^{n+1} = \{0 \mid * : (-n)\}$ が成り立ち，右辺は標準形となる．
(ii) $\uparrow^{[n+1]} = \{\uparrow^{[n]} \mid *\}$ が成り立ち，右辺は標準形となる．

証明　(i) の証明：定義より，

$$\begin{aligned}\uparrow^{n+1} - \{0 \mid * : (-n)\} &= (* : (n+1)) - (* : n) + \{* : n \mid 0\} \\ &= \{0, * : n \mid 0\} - (* : n) + \{* : n \mid 0\}\end{aligned}$$

が成り立つことに注意する．$G \cong \{0, * : n \mid 0\} - (* : n) + \{* : n \mid 0\}$ とする．

- 左選択肢 $G_1^{\mathrm{L}} = -(* : n) + \{* : n \mid 0\}$ に対しては，右選択肢 $\{* : n \mid 0\} \in \mathcal{R}$ が存在するので $G_1^{\mathrm{L}} \in \mathcal{R} \cup \mathcal{N}$ である．
- 左選択肢 $G_2^{\mathrm{L}} = (* : n) - (* : n) + \{* : n \mid 0\}$ について，$G_2^{\mathrm{L}} = \{* : n \mid 0\} \in \mathcal{R}$ である．
- 左選択肢 $G_3^{\mathrm{L}} = \{0, * : n \mid 0\} + \{* : n \mid 0\}$ に対しては，右選択肢 $\{* : n \mid 0\} \in \mathcal{R}$ が存在するので $G_3^{\mathrm{L}} \in \mathcal{R} \cup \mathcal{N}$ である．
- 左選択肢 $G_4^{\mathrm{L}} = \{0, * : n \mid 0\} - (* : n) + (* : n)$ について，$G_4^{\mathrm{L}} = \{0, * : n \mid 0\} \in \mathcal{N}$ である．
- 右選択肢 $G_1^{\mathrm{R}} = -(* : n) + \{* : n \mid 0\}$ に対して，左選択肢 $-(* : n) + (* : n) = 0$ が存在するので $G_1^{\mathrm{R}} \in \mathcal{L} \cup \mathcal{N}$ である．
- 右選択肢 $G_2^{\mathrm{R}} = \{0, * : n \mid 0\} + \{* : n \mid 0\}$ に対しては，左選択肢 $\{0, * : n \mid 0\} + (* : n) = \{0, * : n \mid 0\} + \{0, * : (n-1) \mid 0\} \in \mathcal{L}$ が存在するので，$G_2^{\mathrm{R}} \in \mathcal{L} \cup \mathcal{N}$ である．
- 右選択肢 $G_3^{\mathrm{R}} = \{0, * : n \mid 0\} - (* : (n-1)) + \{* : n \mid 0\}$ に対しては，左選択肢 $\{0, * : n \mid 0\} - (* : (n-1)) + (* : n) = (* : (n+1)) + (* : n) - (* : (n-1)) = (* : (n+1)) + \uparrow^n \in \mathcal{L}$ が存在するので $G_3^{\mathrm{R}} \in \mathcal{L} \cup \mathcal{N}$ である．
- 右選択肢 $G_4^{\mathrm{R}} = \{0, * : n \mid 0\} - (* : n)$ に対しては，左選択肢 $(* : n) - (* : n) = 0$ が存在するので $G_4^{\mathrm{R}} \in \mathcal{L} \cup \mathcal{N}$ である．

以上から，$\uparrow^{n+1} - \{0 \mid * : (-n)\} \in \mathcal{P}$ より $\uparrow^{n+1} = \{0 \mid * : (-n)\}$ である．

また，右辺の局面に左選択肢も右選択肢も 1 つしかないので，劣位な選択肢は存在しない．

次に，打ち消し可能な選択肢について考えると，右選択肢 $* : (-n)$ の左選択肢 0 は $0 < \uparrow^{n+1}$ なので打ち消し可能な選択肢ではない．以上から，等号は成立し，右辺は標準形である．

(ii) の証明：$\uparrow^{[n]}$ の定義と $* = -*$ より，

$$\begin{aligned}\uparrow^{[n+1]} - \{\uparrow^{[n]} \mid *\} &= (* : (n+1)) + * + \{* \mid \downarrow_{[n]}\} \\ &= \{0, * : n \mid 0\} + * + \{* \mid \downarrow_{[n]}\}\end{aligned}$$

が成り立つことに注意する．$G = \{0, * : n \mid 0\} + * + \{* \mid \downarrow_{[n]}\}$ とする．

- 左選択肢 $G_1^{\mathrm{L}} = * + \{* \mid \downarrow_{[n]}\}$ に対しては，右選択肢 $\{* \mid \downarrow_{[n]}\} \in \mathcal{R}$ が存在するので $G_1^{\mathrm{L}} \in \mathcal{R} \cup \mathcal{N}$ である．
- 左選択肢 $G_2^{\mathrm{L}} = * : n + * + \{* \mid \downarrow_{[n]}\} = \uparrow^{[n]} + \{* \mid \downarrow_{[n]}\}$ に対しては，右選択肢 $\uparrow^{[n]} + \downarrow_{[n]} = 0$ が存在するので $G_2^{\mathrm{L}} \in \mathcal{R} \cup \mathcal{N}$ である．
- 左選択肢 $G_3^{\mathrm{L}} = \{0, * : n \mid 0\} + \{* \mid \downarrow_{[n]}\}$ に対しては，右選択肢 $\{* \mid \downarrow_{[n]}\} \in \mathcal{R}$ が存在するため $G_3^{\mathrm{L}} \in \mathcal{R} \cup \mathcal{N}$ である．
- 左選択肢 $G_4^{\mathrm{L}} = \{0, * : n \mid 0\} + * + * = \{0, * : n \mid 0\}$ に対しては，右選択肢 0 が存在するため $G_4^{\mathrm{L}} \in \mathcal{R} \cup \mathcal{N}$ である．
- 右選択肢 $G_1^{\mathrm{R}} = * + \{* \mid \downarrow_{[n]}\}$ に対しては，左選択肢 $* + * = 0$ が存在するので $G_1^{\mathrm{R}} \in \mathcal{L} \cup \mathcal{N}$ である．
- 右選択肢 $G_2^{\mathrm{R}} = \{0, * : n \mid 0\} + \{* \mid \downarrow_{[n]}\}$ に対しては，左選択肢 $\{0, * : n \mid 0\} + * = \uparrow^{[n+1]} > 0$ が存在するので $G_2^{\mathrm{R}} \in \mathcal{L} \cup \mathcal{N}$ である．
- 右選択肢 $G_3^{\mathrm{R}} = \{0, * : n \mid 0\} + * + \downarrow_{[n]}$ について，$G_3^{\mathrm{R}} = \uparrow^{[n+1]} - \uparrow^{[n]} = \uparrow^{n+1} \in \mathcal{L}$ である．

以上から，$\uparrow^{[n+1]} - \{\uparrow^{[n]} \mid *\} \in \mathcal{P}$ より $\uparrow^{[n+1]} = \{\uparrow^{[n]} \mid *\}$ である．

また，右辺の局面について，左選択肢も右選択肢も 1 つしかないので，劣位な選択肢は存在しない．

次に，打ち消し可能な選択肢について，$\uparrow^{[n]}$ の右選択肢 $*$ を考えると，$\uparrow^{[n+1]} + * \in \mathcal{R} \cup \mathcal{N}$ なので，$\uparrow^{[n+1]} \lhd\!| \; *$ であるから，$\uparrow^{[n]}$ は打ち消し可能な選択肢ではない．さらに，$*$ の左選択肢 0 は $0 < \uparrow^{[n]}$ を満たすので，$*$ も打ち消し可能な選択肢ではない．以上から，等号は成立し，右辺は標準形である．□

また，任意の正整数 n について $\uparrow^{n+1} \ll \uparrow^{n}$ が成り立ちます．これについては演習問題で取り上げます．

最後に例として $* : 2, \uparrow^{3}, \uparrow^{[4]}$ の値を持つ一般化コナネの局面を図 5.6 に示します．

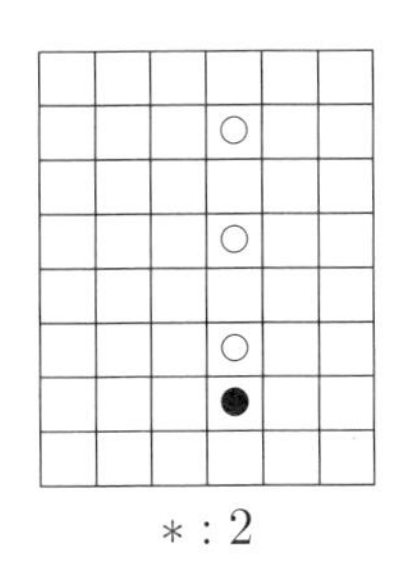

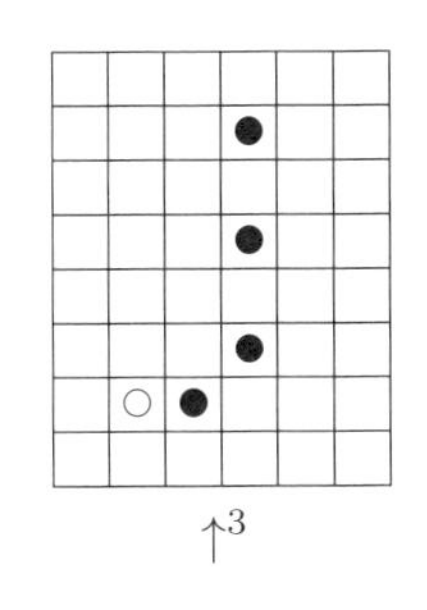

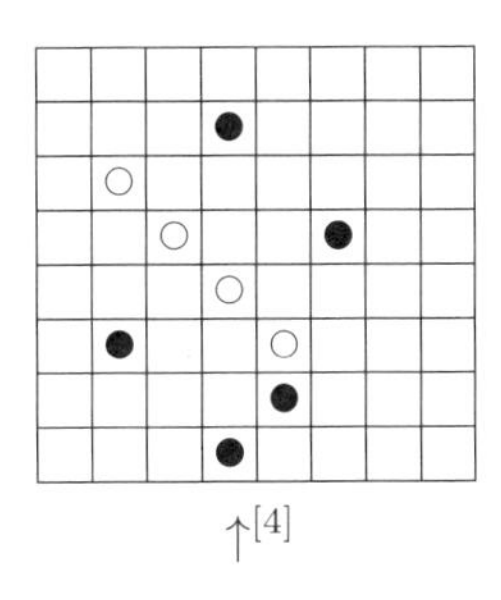

図 5.6 $* : 2, \uparrow^3, \uparrow^{[4]}$ の値を持つ一般化コナネの局面

5.6 ⧾（タイニー）と ⧿（マイニー）

定義 5.6.1 任意の局面 $G \geq 0$ に対して，

$$⧾_G \cong \{0 \mid \{0 \mid -G\}\}, \quad ⧿_G \cong \{\{G \mid 0\} \mid 0\}$$

と定義する．

$⧾_2$ と $⧿_1$ の値を持つ一般化コナネの局面の例を図 5.7 に示します．

$⧾_G$ を**タイニー** G（*Tiny-G*），$⧿_G$ を**マイニー** G（*Miny-G*）と呼びます．$⧿_G = -⧾_G$ が成り立ちます．以下では G は非負の 2 進有理数として議論を進めます．

タイニーとマイニーは "脅しの局面" といえます．$⧾_G$ を含む直和ゲームにおいて，右が続けて 2 回 $⧾_G$ に着手すると，$-G$ を得ることができます．そのため，右が $⧾_G$ に着手してきたら，G が十分大きければ左は対応せざるを得ませ

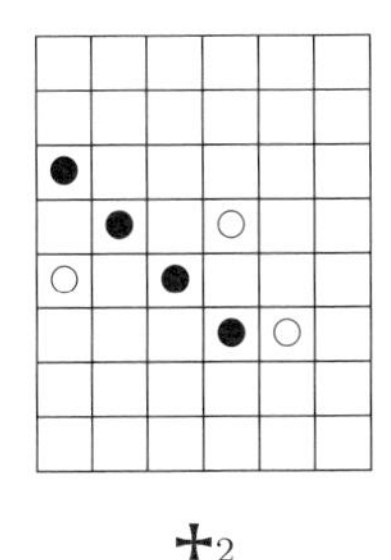

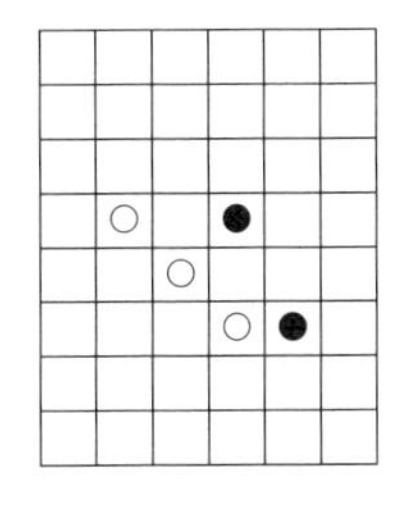

図 5.7 $⧾_2, ⧿_1$ の値を持つ一般化コナネの局面

ん．そのため，左は $⧾_G$ において先手でも後手でも勝てるものの，その有利さはとても小さなものになります[9]．

定理 5.6.2　任意の2進有理数 $x \geq 0$ について，$0 < ⧾_x$ であり，$⧾_x \ll 1$ となる．

証明　$⧾_x \in \mathcal{L}$ なので $0 < ⧾_x$ である．次に $n \cdot ⧾_x - 1 < 0$ を帰納法で示す．$n \cdot ⧾_x - 1$ の左選択肢は，$(n-1) \cdot ⧾_x - 1$ である．帰納法の仮定より，$(n-1) \cdot ⧾_x - 1 < 0$ である．よって $n \cdot ⧾_x - 1 \leq 0$ となる．また，$n \cdot ⧾_x - 1$ は右選択肢 $(n-1) \cdot ⧾_x + \{0 \mid -x\} - 1$ を持つ．左が $\{0 \mid -x\}$ の部分に着手する場合の選択肢は $(n-1) \cdot ⧾_x - 1 < 0$ である．また，$(n-1) \cdot ⧾_x + \{0 \mid -x\} - 1$ の左選択肢 $(n-2) \cdot ⧾_x + \{0 \mid -x\} - 1$ は右選択肢 $(n-2) \cdot ⧾_x - x - 1 < 0$ を持つ．以上のことから $n \cdot ⧾_x - 1 < 0$ が成り立つ．よって，$⧾_x \ll 1$ となる．

□

系 5.6.3　任意の2進有理数 $x \geq 0$ と任意の正の2進有理数 y に対して，$⧾_x \ll y$ である．

補題 5.6.4　任意の2進有理数 x, y が $x > y \geq 0$ を満たすとき，$⧾_x \ll \{0 \mid -y\} + \{x \mid 0\}$ が成り立つ．

証明　任意の非負整数 n に対して $\{0 \mid -y\} + \{x \mid 0\} + n \cdot ⧿_x > 0$ が成り立つことを n に関する帰納法で示す．x, y は標準形としてよい．

$n = 0$ のとき，$x - y > 0$ なので，$\{0 \mid -y\} + \{x \mid 0\} \in \mathcal{L}$ である．よって，主張が成り立つ．

$n > 0$ のとき，$\{0 \mid -y\} + \{x \mid 0\} + n \cdot ⧿_x$ は左選択肢 $\{0 \mid -y\} + x + n \cdot ⧿_x$ を持つ．これに対する右選択肢 $-y + x + n \cdot ⧿_x$ は $x - y > 0$ と系 5.6.3 より $-y+x+n \cdot ⧿_x > 0$ を満たす．別の右選択肢 $\{0 \mid -y\}+x^{\mathrm{R}}+n \cdot ⧿_x$ については左選択肢 $0+x^{\mathrm{R}}+n \cdot ⧿_x > 0$ がある．さらに別の右選択肢 $\{0 \mid -y\}+x+(n-1) \cdot ⧿_x$ については左選択肢 $0+x+(n-1) \cdot ⧿_x > 0$ がある．よって $\{0 \mid -y\}+x+n \cdot ⧿_x \geq 0$ である．

---

[9] つまり，タイニーやマイニーは，囲碁におけるコウ材のようなものだと考えることができます．

一方，$\{0 \mid -y\} + \{x \mid 0\} + n \cdot ⧿_x$ の右選択肢 $-y + \{x \mid 0\} + n \cdot ⧿_x$ に対しては左選択肢 $-y + x + n \cdot ⧿_x > 0$ がある．別の右選択肢 $\{0 \mid -y\} + 0 + n \cdot ⧿_x$ については左選択肢 $\{0 \mid -y\} + \{x \mid 0\} + (n-1) \cdot ⧿_x$ があって，帰納法の仮定よりこれは正である．さらに別の右選択肢 $\{0 \mid -y\} + \{x \mid 0\} + (n-1) \cdot ⧿_x$ も，帰納法の仮定より正であることがわかる．

以上から，$\{0 \mid -y\} + \{x \mid 0\} + n \cdot ⧿_x \in \mathcal{L}$ であるので，主張は示された．□

定理 5.6.5 任意の 2 進有理数 x, y が $x > y \geq 0$ を満たすとき，$⧾_x \ll ⧾_y$ が成り立つ．

証明 $⧾_x \ll ⧾_y$，すなわち任意の整数 n に対して $⧾_y > n \cdot ⧾_x$ であることを n に関する帰納法で示す．$⧾_y + n \cdot ⧿_x > 0$ を示す．$n = 0$ のときは明らかなので，$n > 0$ とする．

$⧾_y + n \cdot ⧿_x$ の左選択肢 $⧾_y + \{x \mid 0\} + (n-1) \cdot ⧿_x$ について考える．この局面に対して右選択肢 $\{0 \mid -y\} + \{x \mid 0\} + (n-1) \cdot ⧿_x$ は補題 5.6.4 より正である．別の右選択肢 $⧾_y + 0 + (n-1) \cdot ⧿_x$ については帰納法の仮定より正である．さらに別の右選択肢 $⧾_y + \{x \mid 0\} + (n-2) \cdot ⧿_x$ については左選択肢 $⧾_y + x + (n-2) \cdot ⧿_x$ があって，$⧾_y > 0$ と系 5.6.3 よりこれは正である．よって，$⧾_y + \{x \mid 0\} + (n-1) \cdot ⧿_x \geq 0$ である．

一方，$⧾_y + n \cdot ⧿_x$ の右選択肢 $\{0 \mid -y\} + n \cdot ⧿_x$ については左選択肢 $\{0 \mid -y\} + \{x \mid 0\} + (n-1) \cdot ⧿_x$ があって補題 5.6.4 よりこれは正である．また別の右選択肢 $⧾_y + (n-1) \cdot ⧿_x$ については，帰納法の仮定よりこれは正である．

以上から，$⧾_y + n \cdot ⧿_x \in \mathcal{L}$ であるので，$⧾_y > n \cdot ⧾_x$ となる．□

特に，$\uparrow = ⧾_0$ なので，次が成り立ちます．

系 5.6.6 任意の 2 進有理数 $x > 0$ に対して $⧾_x \ll \uparrow$．

ここまで出てきた正の値の大きさを比較すると次のようになります．示していないものについては本章の演習問題で扱います．

$$0 \ll \cdots \ll ⧾_2 \ll \cdots \ll ⧾_1 \ll \cdots \ll ⧾_{\frac{1}{2}} \ll \cdots$$
$$\ll \uparrow^3 \ll \uparrow^2 \ll \uparrow \ll \cdots < \frac{1}{2} < \cdots < 1 < \cdots$$

これらの関係を図示すると図 5.8 のようになります[10].

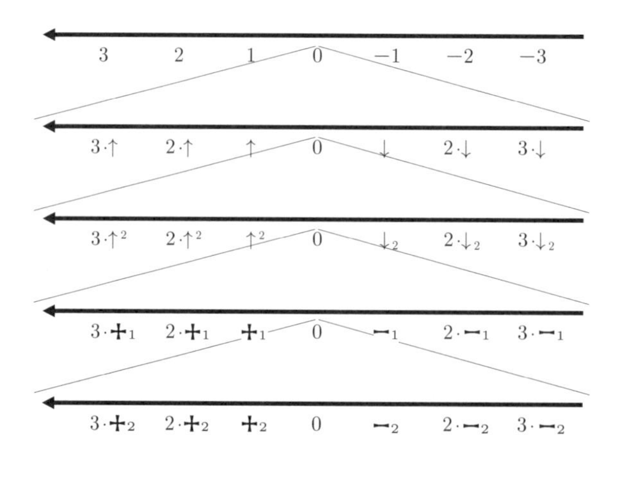

図 5.8　ゲームの値の大小関係

5.7　2 進有理数と他の値の関係

5.3 節では，2 進有理数の定義を紹介しました．標準形でない局面については，どのようなときに局面 G は 2 進有理数と等しくなるのでしょうか．実は，わざわざ標準形に直さなくても等しい値を計算する方法があります．本節では 2 進有理数の様々な性質と，他の値との関係について述べていきます[11].

[10] 組合せゲーム理論では，左が正，右が負に紐づいているので，数直線の向きも左向きにする慣習があります．

[11] ショートな非不偏ゲームの局面の値が 2 進有理数ではない実数（例えば $\frac{1}{3}$ や $\sqrt{2}$ のような値）になることはないのか？と思われる方がいるかもしれませんが，実は，ショートな非不偏ゲームの局面の値がそういう値になることはありません．ところが，第 6 章で扱う超限ゲームでは，$\frac{1}{3}$ や $\sqrt{2}$ のような値も登場します．本節の 2 進有理数に関する性質は，第 6 章で超現実数と呼ばれる数に関する性質へと拡張されます．

定義 5.7.1　I を 2 進有理数の集合とする．$a, b \in I$ とするとき，$a \leq c \leq b$ なる任意の 2 進有理数 c がまた I の要素となるなら，I は 2 進有理数の**区間**（*interval*）であるという．I を 2 進有理数の区間とするとき，$x \in I$ であり，x の左選択肢 x^{L} も x の右選択肢 x^{R} も I に属さないような 2 進有理数 x（具体的には，I に属する 2 進有理数の中で最も誕生日が小さいもの）が存在する．それを区間 I の**最簡数**（*simplest number*）と呼ぶ．

補題 5.7.2　I が空でない 2 進有理数の区間ならば，I の最簡数はただ 1 つに定まる．具体的には次のように求まる．

- I に整数が含まれる場合は，I に含まれる整数の中で最も絶対値が小さい（誕生日が小さい）ものである．
- I に整数が含まれない場合は，I に含まれる 2 進有理数の中で最も分母が小さい（誕生日が小さい）ものである．

証明　まず，最簡数が 1 つに定まることを示す．$x, y \in I$ をともに I の最簡数とする．x の左選択肢 x^{L} について $x^{\mathrm{L}} < x$ だから，$y \leq x^{\mathrm{L}}$ とすると I が区間であることに反する．よって $x^{\mathrm{L}} \lhd\!\!| \; y$ である．同様に y の右選択肢 y^{R} について $x \lhd\!\!| \; y^{\mathrm{R}}$ でもあるから補題 4.3.6 より $x \leq y$ である．また，同様に $y \leq x$ となるから，$x = y$ でなければならない．

次に，具体的にどのような値になるかを考える．I が 0 を含む場合，明らかに 0 は I の最簡数である．次に，I が 0 を含まず，0 より大きい整数を含むとする．このとき，$n = \min(I)$ とすると，$n = \{n-1 \mid\}$ であるが $n-1$ は I に含まれないので n は最簡数の定義を満たす．I が 0 を含まず 0 より小さい整数を含む場合も同様である．

最後に，I が整数を含まない場合を考える．このとき，I に含まれる 2 進有理数の中で最も分母が小さいものを

$$\frac{m}{2^n} = \left\{ \frac{m-1}{2^n} \;\middle|\; \frac{m+1}{2^n} \right\} \quad (m \text{ は奇数})$$

とすると，$\dfrac{m-1}{2^n}$ と $\dfrac{m+1}{2^n}$ を既約分数にしたときの分母は 2^n より小さいためこれらは区間 I に含まれず，$\dfrac{m}{2^n}$ は最簡数の定義を満たす．□

例 5.7.3　I が開区間 $(1,3)$ のとき，I の最簡数は 2 になります．I が半開区間 $\left(\frac{3}{8}, \frac{3}{4}\right]$ のとき，I の最簡数は $\frac{1}{2}$ になります．I が閉区間 $\left[-\frac{7}{4}, \frac{3}{2}\right]$ のとき，I の最簡数は 0 になります．

定義 5.7.4　L と R を局面の集合とするとき，どの $\ell \in L$, $r \in R$ に対しても $\ell \lhd\!| \; x \lhd\!| \; r$ となる 2 進有理数の全体の集合を L と R の間の**ギャップ**という．

補題 5.7.5　L と R の間のギャップ I は，2 進有理数の区間となる．

証明　$x, y \in I$ とすると，任意の $\ell \in L$ と $r \in R$ に対して $\ell \lhd\!| \; x \lhd\!| \; r$, $\ell \lhd\!| \; y \lhd\!| \; r$ となる．$x \leq z \leq y$ ならば定理 4.3.2 により $\ell \lhd\!| \; z \lhd\!| \; r$ であるから，$z \in I$ である．□

L と R の間のギャップが空か空でないかが，局面 $G = \{L \mid R\}$ がある 2 進有理数と等しくなるかどうかの分かれ目です．

定理 5.7.6（最簡数定理）　L, R を局面 G の左選択肢と右選択肢の集合とする．L と R の間のギャップ I が空でないなら G は I の最簡数に等しい．I が空なら，G はいかなる 2 進有理数とも等しくならない[12)]．

証明　I を空でないとして，x を I の最簡数とする．

$G \leq x$ を示そう．そのためには，補題 4.3.6 により，任意の $G^{\mathrm{L}} \in L$ に対して $G^{\mathrm{L}} \lhd\!| \; x$ であり x の右選択肢 $x^{\mathrm{R}} \in R$ に対して $G \lhd\!| \; x^{\mathrm{R}}$ であることを示せばよいが，前者は条件 $x \in I$ より明らかである．後者について考えると，条件 $x^{\mathrm{R}} \notin I$ により，(1) $G^{\mathrm{R}} \in R$ が存在して $G^{\mathrm{R}} \leq x^{\mathrm{R}}$ となるか，または，(2) $G^{\mathrm{L}} \in L$ が存在して $x < x^{\mathrm{R}} \leq G^{\mathrm{L}}$ となるが，(2) の場合は $x \in I$ に反する．よって (1) より，$G \lhd\!| \; x^{\mathrm{R}}$ が成り立つ．

また，同様に $x \leq G$ も示されるから，$G = x$ である．

逆に $G \cong \{L \mid R\}$ がある 2 進有理数 x と等しければ，補題 4.3.7 よりどの

12) つまり，L と R の間のギャップが空でないことが局面の値が 2 進有理数となるための必要十分条件です．他に十分条件としては**負誘因定理**（*Negative-Incentives Theorem*）が知られています [LIP].

$G^{\mathrm{L}} \in L$ も $G^{\mathrm{L}} \lhd\!\!| \; x$ を満たし，どの $G^{\mathrm{R}} \in R$ も $x \lhd\!\!| \; G^{\mathrm{R}}$ を満たすから，x 自身が L と R の間のギャップ I に属する．よって，I は空でない． □

例 5.7.7 局面 $* \cong \{0 \mid 0\}$ は，($0 \geq 0$ だから）2 進有理数ではありません．$\{1 \mid 0\}$ や $\{1 \mid -1\}$ も，($1 \geq 0$，$1 \geq -1$ だから）2 進有理数ではありません．また，$\uparrow = \{0 \mid *\}$ や $\downarrow = \{* \mid 0\}$ も，$*$ が無限小であり，かつ 0 と比較不能であることにより，ギャップが空になることから，2 進有理数ではありません．

例 5.7.8 $G \cong \{1 + * \mid 2 + *, 3 + \uparrow\}$ のとき，$1 + * \lhd\!\!| \; x \lhd\!\!| \; 2 + *$，$1 + * \lhd\!\!| \; x \lhd\!\!| \; 3 + \uparrow$ を満たす 2 進有理数全体の集合は明らかに空ではありません．$2 + * < 3 + \uparrow$ なので，$1 + * \lhd\!\!| \; x \lhd\!\!| \; 2 + *$ を満たす x 全体を区間 I とすると，G の値は I の最簡数になります．$1 + * \lhd\!\!| \; 1 \lhd\!\!| \; 2 + *$ であり，$0 < 1 + *$ なので I の最簡数は 1 です．よって $G = 1$ です．

系 5.7.9 2 進有理数の集合 L, R が局面 G の左選択肢と右選択肢の集合であり，どんな $G^{\mathrm{L}} \in L$ と $G^{\mathrm{R}} \in R$ についても $G^{\mathrm{L}} \lhd\!\!| \; G^{\mathrm{R}}$ のとき，G は 2 進有理数である．

系 5.7.10 任意の局面 G について，ある 2 進有理数 x が存在して $G = x$ であれば，その左選択肢 G^{L} で 2 進有理数となるもの，右選択肢 G^{R} で 2 進有理数となるものをとると $G^{\mathrm{L}} < x < G^{\mathrm{R}}$ が成り立つ．

x が 2 進有理数である場合には，どんな $x^{\mathrm{L}}, x^{\mathrm{R}}$ に対しても $x^{\mathrm{L}} < x < x^{\mathrm{R}}$ になります．つまり，x と等価な局面では，左が着手すると x より小さい値に，右が着手すると x より大きい値になり，今より状況が悪くなるため，どちらのプレイヤーも着手したくないという局面になります．だから，2 進有理数を成分に含む直和ゲームでは，できる限り 2 進有理数に着手することを避けるのがよいです．このことは，数避定理として述べられます．

定理 5.7.11（数避定理（*number avoidance theorem*)）G を 2 進有理数とは等しくない局面とし，x を 2 進有理数とする．このとき次が成り立つ．

(1) $G + x \; |\!\!\rhd \; 0$ なら，G の左選択肢 G^{L} が存在して $G^{\mathrm{L}} + x \geq 0$ である．
(2) $G + x \lhd\!\!| \; 0$ なら，G の右選択肢 G^{R} が存在して $G^{\mathrm{R}} + x \leq 0$ である．

証明　x の後続局面数に関する帰納法による.

(1) $G + x \mathrel{|\!\!\triangleright} 0$ とする. 補題 4.3.6 より G の左選択肢 G^{L} が存在して $G^{\mathrm{L}} + x \geq 0$ であるか, x の左選択肢 x^{L} が存在して $G + x^{\mathrm{L}} \geq 0$ であるが, 前者は主張そのものだから, 後者が成り立つとしよう. $G + x^{\mathrm{L}} \leq 0$ ならば $G = -x^{\mathrm{L}}$ となり, G が数とは等しくないという仮定に反するから, $G + x^{\mathrm{L}} \mathrel{|\!\!\triangleright} 0$ である. よって, 帰納法の仮定により, $G^{\mathrm{L}} + x^{\mathrm{L}} \geq 0$ となる G^{L} が存在し, x は数だから $G^{\mathrm{L}} + x > G^{\mathrm{L}} + x^{\mathrm{L}} \geq 0$ である.

(2) (1) と同様に示される. □

この定理は, 2 進有理数以外の局面と 2 進有理数との直和ゲームにおいては, 先手側にとって良い着手が存在する場合には, 2 進有理数以外の局面から探せば十分ということを意味します. よって, 直和ゲームの局面での最善の着手を探す上での探索範囲を狭めることに貢献しますから, 局面が 2 進有理数かどうかを知るのは戦略上重要といえます.

5.8 転換ゲーム

転換ゲーム (*switch*) とは, 正の 2 進有理数 x に対して, $\{x \mid -x\}$ と書き表せるものです. これを $\pm x$ と表記します. $-(\pm x) = -\{x \mid -x\} = \{x \mid -x\} = \pm x$ が成り立ちます. $G + (\pm x)$ を単に $G \pm x$ と書くことにします.

また, 2 つの 2 進有理数 x, y $(x > y)$ に対して $\{x \mid y\}$ と表せる値を転換ゲームと呼ぶこともあります. このとき, 次の定理が成り立ちます. つまり両者の違いは, $\pm x$ と書き表せるものに, ある 2 進有理数を加えた値を転換ゲームとみなすかどうかだけになっています. 証明には第 6 章で示す数移動定理を用います.

定理 5.8.1　2 進有理数 x, y $(x > y)$ に対して, $\{x \mid y\} = \dfrac{x+y}{2} \pm \dfrac{x-y}{2}$ が成り立つ.

証明　$x > y$ より, $\pm\dfrac{x-y}{2}$ は 2 進有理数ではないので, 数移動定理 (系 6.3.18) より,

$$\begin{aligned} \frac{x+y}{2} \pm \frac{x-y}{2} &= \left\{ \frac{x+y}{2} + \frac{x-y}{2} \;\middle|\; \frac{x+y}{2} - \frac{x-y}{2} \right\} \\ &= \{x \mid y\} \end{aligned}$$

が成り立つ. □

図 5.9 に転換ゲームの値を持つ一般化コナネの局面を示します. 転換ゲームについては第 6 章で関連した内容を扱います.

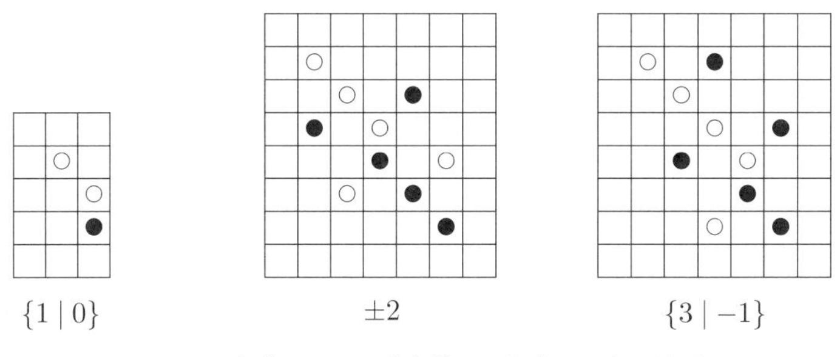

図 5.9 転換ゲームの値を持つ一般化コナネの局面

では, ここまで学んできた内容を用いて, 一般化コナネの局面を解析してみましょう [13]. 図 5.10 の局面の帰結類は何でしょうか? 解答は次節の末尾に掲載します.

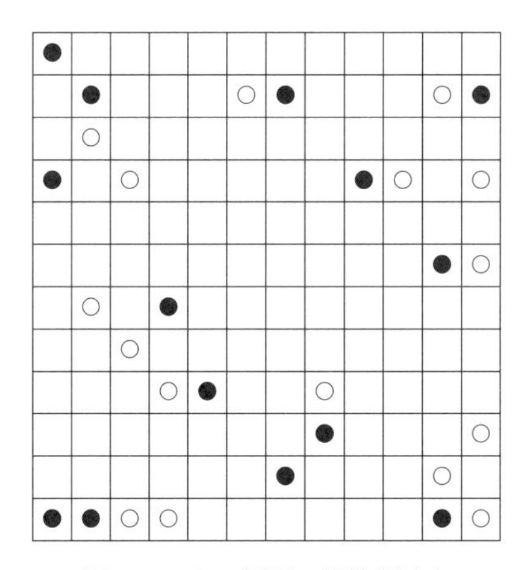

図 5.10 この局面の帰結類は?

---

13) ほかの様々な非不偏ゲームの局面を解析してみたい方は [WW] を参照してください.

5.9 特徴的な局面

図 5.11 は 2 日目までに生まれた 22 個の標準形の大小関係を表しています（2 日目までに生まれた標準形が 22 個になることについては，本章の演習問題 2 を参考にしてください）[14]．ここから，次のようなことがわかります．

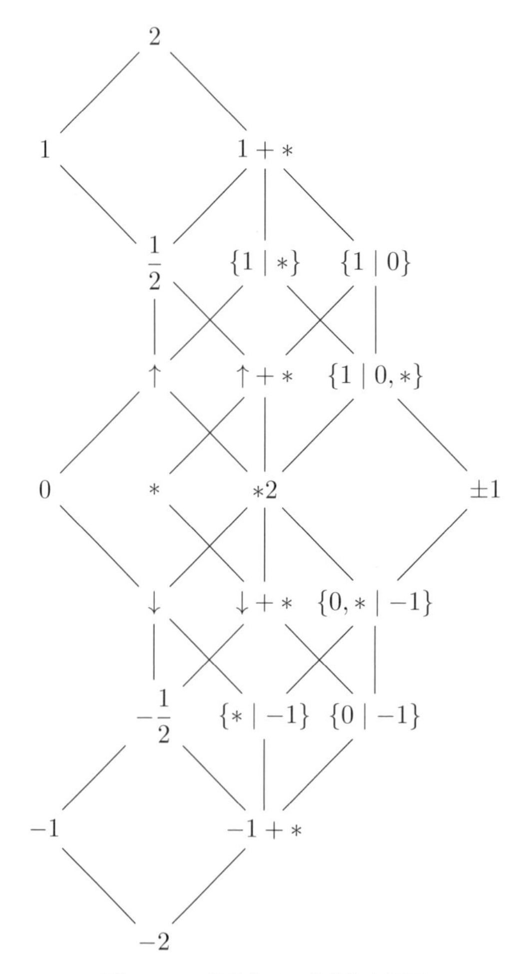

図 5.11　2 日目までに生まれた局面

[14] ちなみに，本書では扱いませんが，一般に n 日目までに生まれた局面の値全体の集合は単に半順序集合になるだけでなく，**分配束**（*distributive lattice*）をなすということが知られています [CGT]．よって，図 5.11 も実は分配束になっています．

- 2 が最も大きく，-2 が最も小さい．
- 2 番目に大きい値が 1 と $1+*$ であり，2 番目に小さい値が -1 と $-1+*$ である．
- 正の数の中で最も小さい値は $\frac{1}{2}$ である．負の数の中で最も大きい値は $-\frac{1}{2}$ である．
- 無限小の局面の中で最も大きい値は $\uparrow$ と $\uparrow + *$ である．最も小さい値は $\downarrow$ と $\downarrow + *$ である．

これらの法則は一般化することができます．本節では，どのような値がこのような特徴的な性質を持つかを調べていきます．なお，本節で紹介する定理は正負を入れ替えたものも成立します．

定理 5.9.1 G を n 日目までに生まれた局面とする．このとき，

$$G \leq n$$

が成り立つ．

証明 n に関する帰納法で証明する．$n=0$ のときは明らかに成り立つ．G を n 日目までに生まれた局面とする．$G-n$ について考える．G の任意の左選択肢 G^{L} は，$(n-1)$ 日目までに生まれた局面である．よって帰納法の仮定より，$G^{\mathrm{L}} \leq n-1$ である．したがって，$G-n$ の任意の左選択肢 $G^{\mathrm{L}}-n$ は右選択肢 $G^{\mathrm{L}}-(n-1) \leq 0$ を持つ．すなわち，$G-n \leq 0$ であり，$G \leq n$ となる．□

定理 5.9.2 G を $(n+1)$ 日目までに生まれた標準形とする．また $G \neq n+1$ とする．このとき，

$$G \leq n \text{ または } G \leq n+*$$

が成り立つ．

証明 n に関する帰納法で証明する．$n=0$ のとき，主張は明らかに成り立つ．G を $(n+1)$ 日目までに生まれた局面であって，$G \neq n+1$ なるものとする．定理 5.9.1 より，$G < n+1$ である．$G-n$ および $G-(n+*)$ について考える．G の左選択肢 G^{L} は n 日目までに生まれた局面である．よって，$G^{\mathrm{L}} = n$ であるか $G^{\mathrm{L}} \neq n$ であって，$G^{\mathrm{L}} \neq n$ のときは帰納法の仮定より $G^{\mathrm{L}} \leq n-1$，$G^{\mathrm{L}} \leq (n-1)+*$ のいずれかが成り立つ．$G^{\mathrm{L}} = n$ のとき，G

の左選択肢は n ただ 1 つである．なぜなら，G の左選択肢はすべて n 日目までに生まれた局面であるから，劣位な選択肢の削除により，ほかの選択肢は削除されるためである．また，$G \neq n+1$ であるから，G は少なくとも 1 つの右選択肢 $G^{\mathrm{R}} \leq n$ を持つ．このとき，$G-(n+*)$ について考えると，左選択肢 G^{L} で $G^{\mathrm{L}}-(n+*)=n-(n+*)=* \in \mathcal{N}$ が成り立つ．また，もう 1 つの左選択肢 $G-n$ に対して，右選択肢 $G^{\mathrm{R}}-n \leq 0$ が存在する．以上により，$G-(n+*) \in \mathcal{R} \cup \mathcal{P}$ となって，$G \leq n+*$ となる．

次に，すべての左選択肢が $G^{\mathrm{L}} \leq n-1$ または $G^{\mathrm{L}} \leq (n-1)+*$ を満たしているとする．このとき，$G-n$ の任意の左選択肢 $G^{\mathrm{L}}-n$ は $G^{\mathrm{L}}-n \leq (n-1)-n=-1$ または $G^{\mathrm{L}}-n \leq (n-1)+*-n=-1+*$ を満たす．いずれにせよ，$G^{\mathrm{L}}-n<0$ であるので，$G \leq n$ が成り立つ．□

定理 5.9.3　G を $(n+1)$ 日目までに生まれた正の 2 進有理数とする．このとき，

$$G \geq 2^{-n}$$

が成り立つ．

証明　G は標準形としてよい．n に関する帰納法で証明する．$n=0$ のときは明らかに成り立つ．G の左選択肢 G^{L} と右選択肢 G^{R} はそれぞれ n 日目までに生まれた 2 進有理数であって，$0 \leq G^{\mathrm{L}} < G^{\mathrm{R}}$ を満たす．よって，これが最小となるのは，$G^{\mathrm{L}}=0$ かつ，G^{R} が n 日目までに生まれた最も小さい正の 2 進有理数であることが必要である．帰納法の仮定により，そのような G^{R} は 2^{-n+1} となる．したがって，

$$G=\{0 \mid 2^{-n+1}\}=2^{-n}$$

となる．□

定理 5.9.4　G を $(n+2)$ 日目までに生まれた正の値とする．このとき，

$$G \geq ⧾_n$$

が成り立つ．

証明　$G>0$ を $(n+2)$ 日目までに生まれた局面とする．$G-⧾_n=G+⧿_n$

について考える．右は選択肢 $G^{\mathrm{R}} + \text{⧿}_n$ を持つ．このとき左が $G^{\mathrm{R}} + \{n \mid 0\}$ と応手したとする．右の可能な着手はさらに G^{R} の右選択肢の 1 つ $(G^{\mathrm{R}})^{\mathrm{R}}$ を選んで $(G^{\mathrm{R}})^{\mathrm{R}} + \{n \mid 0\}$ とするか，$G^{\mathrm{R}} + 0$ とするかのいずれかである．ここで，G は $(n+2)$ 日目までに生まれた局面であるので，$(G^{\mathrm{R}})^{\mathrm{R}}$ は n 日目までに生まれた局面であり $(G^{\mathrm{R}})^{\mathrm{R}} \geq -n$ が成り立つ．よって $(G^{\mathrm{R}})^{\mathrm{R}} + n \geq 0$ である．また，$G > 0$ であるので，$G^{\mathrm{R}} \in \mathcal{L} \cup \mathcal{N}$ である．したがって，$G^{\mathrm{R}} + \{n \mid 0\} \geq 0$ である．また，$G + \text{⧿}_n$ のもう 1 つの右選択肢 $G + 0$ は仮定から明らかに 0 より大きい．したがって，右選択肢が必ず $\mathcal{L}$ または $\mathcal{N}$ に属するので，$G + \text{⧿}_n \in \mathcal{L} \cup \mathcal{P}$，すなわち $G + \text{⧿}_n \geq 0$ であり，$G \geq \text{⧾}_n$ を得る． □

また，本節で紹介してきた定理と似たような主張の定理として，他に定理 6.3.16 がありますが，その証明では第 6 章で定義される終局値を用いるので，この定理は第 6 章に回します．

5.8 節の問題の解答

問題図の局面を直和で表すと，図 5.12 のようになります．

$$1 + * + * + 1 - \frac{1}{2} - 1 + \text{⧿}_1 + \uparrow - \frac{1}{2} + 0 = \uparrow + \text{⧿}_1 > 0$$

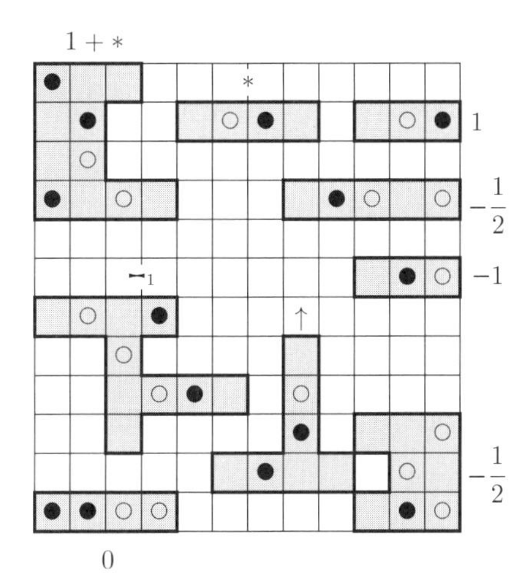

図 5.12 直和で表した結果

よって，局面の帰結類は $\mathcal{L}$ だとわかり，どちらのプレイヤーが先手であっても左に必勝戦略があります．

左が先手のときにどう着手すればよいかを確認しておきましょう．数避定理より，1，$* + * = 0$，$-\dfrac{1}{2}$ に着手する手は考えなくてよいです．また，$\uparrow$ を 0 にすると，総和が $⧿_1$ になって負けてしまいます．よって，$⧿_1$ を $\{1 \mid 0\}$ に変える手によって，（すべての場合を読まなくても！）左が勝てることがわかります．

5.10　コラム 7：局面の値が常に 2 進有理数になるルールセット

ルールによっては，局面の値が常に 2 進有理数になることがあります．代表的な例として，**青赤ハッケンブッシュ**（BLUE-RED HACKENBUSH）というルールセットが知られています．

実は，局面の値が 2 進有理数になるための必要十分条件や，局面の値が整数になるための十分条件がわかっています [CHNS21]．

定義 5.10.1　局面 G の左選択肢 G^{L} と右選択肢 G^{R} について，$(G^{\mathrm{R}})^{\mathrm{L}} \geq G^{\mathrm{L}}$ を満たすような G^{R} の左選択肢 $(G^{\mathrm{R}})^{\mathrm{L}}$ か，$(G^{\mathrm{L}})^{\mathrm{R}} \leq G^{\mathrm{R}}$ を満たすような G^{L} の右選択肢 $(G^{\mathrm{L}})^{\mathrm{R}}$ が存在するとき，$(G^{\mathrm{L}}, G^{\mathrm{R}})$ は F1 プロパティを満たしているという．

定理 5.10.2　あるルールセットの任意の局面 G の任意の左選択肢と右選択肢のペア $(G^{\mathrm{L}}, G^{\mathrm{R}})$ が F1 プロパティを満たしていることは，そのルールセットの任意の局面の値が 2 進有理数になるための必要十分条件である．

定義 5.10.3　局面 G の左選択肢 G^{L} と右選択肢 G^{R} について，$(G^{\mathrm{R}})^{\mathrm{L}} \geq (G^{\mathrm{L}})^{\mathrm{R}}$ を満たすような G^{R} の左選択肢 $(G^{\mathrm{R}})^{\mathrm{L}}$ と G^{L} の右選択肢 $(G^{\mathrm{L}})^{\mathrm{R}}$ が存在するとき，$(G^{\mathrm{L}}, G^{\mathrm{R}})$ は F2 プロパティを満たしているという．

定理 5.10.4　あるルールセットの任意の局面 G の任意の左選択肢と右選択肢のペア $(G^{\mathrm{L}}, G^{\mathrm{R}})$ が F2 プロパティを満たしているならば，そのルールセットの任意の局面の値は整数になる．

F1 プロパティと F2 プロパティには次のような関係があります．

補題 5.10.5　あるルールセットの任意の局面 G の左選択肢と右選択肢のすべてのペア $(G^{\mathrm{L}}, G^{\mathrm{R}})$ が F1 プロパティか F2 プロパティを満たしているとする．このとき，任意の局面 G の左選択肢と右選択肢のどのペア $(G^{\mathrm{L}}, G^{\mathrm{R}})$ も F1 プロパティを満たす．

任意の左選択肢と右選択肢のペア $(G^{\mathrm{L}}, G^{\mathrm{R}})$ が必ず F1 プロパティを満たすことを証明するよりも，必ず F1 プロパティか F2 プロパティを満たすことを証明するほうがたやすい場合もあります．この補題より，定理 5.10.2 は次のように言い換えられるので，任意の $(G^{\mathrm{L}}, G^{\mathrm{R}})$ が F1 プロパティまたは F2 プロパティを満たすことを証明することによって，そのルールセットの任意の局面の値が必ず 2 進有理数になることを示せます．

系 5.10.6 あるルールセットの任意の局面 G の任意の左選択肢と右選択肢のペア $(G^{\mathrm{L}}, G^{\mathrm{R}})$ が F1 プロパティか F2 プロパティを満たしているならば，そのルールセットの任意の局面の値は 2 進有理数になる．

5.11 コラム 8：全象ルールの話

本章では様々な局面の値が存在することを示してきました．しかし，このような名前の付けられた値以外にも，非常に多くの局面の値を考えることができます．そこで出てくるのが，**どんな値に対しても，その値を持つ局面が登場するような，自然なルールセットは存在するか？**という問いです．実はこの問いは肯定的に解かれていて，一般化コナネがそのような性質を持つことが知られています [CS19].

このように任意の値を持つ局面が登場するルールセットのことを，**全象**（*universal*）**ルール**または**全象ゲーム**と呼びます．これまでに一般化コナネのほか，**タイル返し**（TURNING TILES），GO ON LATTICE，**扉の向こうへ**（BEYOND THE DOOR）というルールセットが全象ルールであることが示されています [Sue22, Sue23].

あるルールが全象であることを示す方法としては，構成的に任意の値を持つ局面が登場することを示す方法があります．また，すでに全象であることが証明されているルールセットを利用して，そのルールセットで登場する任意の局面と同じ値を持つ局面が別のルールセットでも登場することを示し，そちらのルールセットも全象であると示す帰着手法も知られています．

他に，**ドミノ倒し**（TOPPLING DOMINOES）が全象ではないかという未解決問題があります [15]．ドミノ倒しでは非常に複雑な値が登場し，よく知られた多くの値を構成可能であることも知られていますが，全象であるかどうかはわかっていません．

また，特にあるルールセットにおける局面がどれくらい多くの $*k$ を値として持つかということに注目して，$*2^n$ までの任意の $*k$ $(k \le 2^n)$ を持つ局面が登場する

[15] ドミノ倒しのルールは本章の演習問題 6 を参照してください．

ときに，そのルールセットが**ニム次元**（*nim-dimension*）n を持つというような言い方をします．

全象ルールは明らかにニム次元 ∞ です．また，ニムやドミノ倒しもニム次元は ∞ となります．一方で Subtraction set の大きさが有限の制限ニムは有限のニム次元を持ちます．また**ドミナリング**（DOMINEERING），**クロバー**（CLOBBER），**アマゾン**（AMAZONS）というルールセットのニム次元はそれぞれ $1, 1, 2$ ではないかと予想されており，未解決問題となっています[16]．

◆演習問題◆

1. ★★　次の局面の値を求めてください．

$$\text{(i)}\ \{\,|\,-5,-3,-1\}\quad \text{(ii)}\ \left\{\frac{3}{2}\,\middle|\,\frac{7}{4}\right\}\quad \text{(iii)}\ \left\{\frac{1}{2}\,\middle|\,2\right\}\quad \text{(iv)}\ \left\{\frac{1}{8}\,\middle|\,\frac{5}{8}\right\}$$

2. ★★★　打ち消し可能な選択肢と劣位な選択肢の短絡を利用して，2 日目までに生まれたすべての局面の標準形を求めてください．

3. ★★★★　任意の n に対して $\uparrow^{n+1} \ll \uparrow^{n}$ を示してください．また，任意の $n, x > 0$ に対して $+_x \ll \uparrow^{n}$ を示してください．

4. ★★★★　$k > 0$ のとき，$\{0 \mid *k\} = \uparrow + *(k \oplus 1)$ を示してください．

5. ★★★★　G を $(n+1)$ 日目までに生まれた局面とします．G が $\pm n$ と比較不能であるための必要十分条件は何ですか？

6. **ドミノ倒し**（TOPPLING DOMINOES）では，黒と白のドミノが左右に横 1 列に並んでいます．黒番（白番）のプレイヤーは黒（白）のドミノを 1 つ選び，そのドミノとその左側にあるすべてのドミノか，そのドミノとその右側にあるすべてのドミノを取り除きます．最後のドミノを取り去ったプレイヤーの勝ちです[17]．

黒のドミノを B，白のドミノを W として，局面を文字列で表します．プレイヤー左を黒番，右を白番とします．ドミノが 1 つもない局面は終了局面なので 0 となります．ほかの例として，局面 BWW の値は

---

16) これらの未解決問題については [Now19] をご参照ください．この文献にはほかにも様々な組合せゲーム理論の未解決問題が紹介されていますので，意欲のある方はぜひ挑戦してみてください！

17) 灰色のドミノを導入し，灰色のドミノは黒番も白番も選ぶことができる，とする場合もあります．

$$
\begin{aligned}
\mathrm{BWW} &= \{0, \mathrm{WW} \mid \mathrm{W}, \mathrm{B}, 0, \mathrm{BW}\} \\
&= \{0, -2 \mid -1, 1, 0, *\} \\
&= \{0 \mid -1\}
\end{aligned}
$$

となります.

(a) ★★★ $D_0 = \mathrm{B}$ とします. また, 任意の $n > 0$ について D_n を D_{n-1} の右側に WB をつけた局面とします. すなわち, D_n は $(n+1)$ 個の黒いドミノと n 個の白いドミノが交互に並ぶ局面です. $D_n = \dfrac{1}{2^n}$ を示してください.

(b) ★★★★ ドミノ倒しのニム次元が ∞ であることを証明してください.

第6章

超現実数とゲームの終局値

本章では**超現実数**（*surreal number*）と呼ばれる数学的概念について紹介します．この概念は，（不幸にしてCOVID-19によって2020年4月に亡くなった）天才数学者Conwayが創始したもので，通常の実数をすべて含み，さらに無限大や無限小という数をも含むような奇妙な数体系です．超現実数は，数学的には体と呼ばれる代数構造をもちます．すなわち，超現実数同士の加減乗除の演算が自由にできます．さらにもう一つの特徴として，どの2つの超現実数も大小比較が可能であり，すべての超現実数を1列に並べることができます．

第1章冒頭で述べた組合せゲームの局面が持つ特徴のうち，条件(G4)，すなわち有限分岐性を外す形でゲームの局面の定義を拡張して得られるものを，超限ゲームの局面といいます．超現実数は，それに別の特徴を加えた超限ゲームの局面の一種として定義されます．おそらく，組合せゲーム理論の創始者のひとりでもあるConwayが，ゲームの研究をしている中から浮かび上がってきたものであろうと想像されます．

残念ながら，超現実数は実際にプレイして楽しむ「ゲーム」としては，魅力に乏しい面があります．しかし，ゲームの勝敗が最終的には超現実数の大小関係に帰着されるということはよく起こりますので，組合せゲームの研究においては，超現実数の定義や性質について，ある程度の知識を基礎として身につけておくことは必要でしょう．

6.1　超限ゲームの基本的な性質

超限実数は超限ゲームの局面の一種ですから，まず超限ゲームが持つ基本的な性質について説明します．なお，いくつかの超限ゲームの必勝判定についてはコラム6.6で扱います．

本章を読む上で注意していただきたいのは，第1章で述べた条件のうち (G4) の有限分岐性を仮定しないということです．すなわち，1つの局面において可能な着手が無限個の場合があり得ます．このように第1章の条件 (G3) の有限停止性を満たすけれども (G4) を満たすとは限らない場合，それを強調する意味でそのようなゲームを**超限ゲーム**（*transfinite game*）と呼びます．

さて，一般の超限ゲームの局面は次のように再帰的に定義されます．

定義 6.1.1 L, R を超限ゲームの局面の集合とするとき，$G \cong \{L \mid R\}$ は超限ゲームの局面である．

G の左選択肢の集合が L であり，右選択肢の集合が R です．

これが定義 4.1.1 の拡張になっていることは明らかでしょう．条件 (G4) を外すことでショートな非不偏ゲームの局面と異なってくるのは，L も R も無限集合かもしれないということです．何か適当な L の要素を1つ取りたいときそれを記号 G^{L} で，また R の要素を1つ取りたいとき記号 G^{R} で代表して表記することにします．超限ゲームの局面全体のクラス[1]を $\widetilde{\mathbb{T}}$ で表しますが，これはショートな非不偏ゲームの局面全体の集合 $\widetilde{\mathbb{G}}$ を含みます．

条件 (G4) を満たすとは限らない場合，後続局面数が無限に存在する可能性があるため，後続局面数に関する帰納法では証明がうまくいかない場合があります．そこで本章では，**整礎帰納法**（well-founded induction）に基づく証明や定義がしばしば行われることをあらかじめ注意しておきましょう．整礎帰納法とは，ある関係の**整礎性**（well-foundedness）を利用した原理です．

定義 6.1.2 集合 X 上の関係 $>$ が**整礎順序**（well-founded order）であるとは，次の2つの条件を満たすことをいう．

(1) 〈推移性〉任意の $x, y, z \in X$ に対して $x > y$ かつ $y > z$ ならば $x > z$ である．

(2) 〈整礎性〉$x_0 > x_1 > x_2 > \cdots$ となるような無限列 $x_0, x_1, x_2, \ldots \in X$

[1] 本書では公理的集合論の意味で「集合 (set)」ではなく「真のクラス（proper class)」になる可能性がある対象を「クラス」と書くことにします．基本的には「クラス」という言葉は「集合」と同じように扱えるので，公理的集合論に詳しくない場合はそのように読み替えてもらって構いません．ただし，「真のクラス」になることがあるため，本書で「クラス」と言われている対象はほかのクラスや集合の要素になることができない場合があるという点に注意が必要です．

は存在しない.

整礎帰納法は，集合 X 上の整礎順序 $>$ を利用して，次のような形で用いられます.

定理 6.1.3（整礎帰納法の原理 1） p を集合 X の要素に関するある性質とするとき，次の条件が満たされればすべての $x \in X$ に対して $p(x)$ が成立する.

> $x > y$ なるすべての $y \in X$ に対して $p(y)$ が成立すれば $x \in X$ に対しても $p(x)$ が成立する.

証明 $p(x)$ が成立しないような $x \in X$ が存在したとする．このとき，上の条件より，$x > y$ を満たすある y に対しても $p(y)$ が成立しない．すると，再び上の条件より，$y > z$ を満たすある z に対しても $p(z)$ が成立しない．こうして，$x > y > z > \cdots$ となる $x, y, z, \ldots \in X$ が次々に見つかるが，これは整礎性に反する. □

この原理によれば，すべての $x \in X$ で $p(x)$ が成立することを証明したい場合，$x > y$ であるすべての y で $p(y)$ が成立するという仮定の下で $p(x)$ が成立することを証明してもよいことになります．また，次のような形で使われることもあります.

定理 6.1.4（整礎帰納法の原理 2） p を集合 X の要素に関するある性質とするとき，$p(x)$ が成立するような $x \in X$ が存在するなら，そのような x で $>$ の観点から極小のもの，すなわち $x > y$ なるどの $y \in X$ も $p(y)$ が成立しないようなものが存在する.

証明 $p(x)$ が成立する $x \in X$ が存在したとする．もし，x が $>$ の観点から極小でなければ，$x > y$ なる $y \in X$ で $p(y)$ が成立するものが存在しなければならない．同様に y も極小でなければ，$y > z$ なる z で $p(z)$ が成立する $z \in X$ が存在する．こうして，$x > y > z > \cdots$ となる $x, y, z, \ldots \in X$ が次々に見つかるが，これは整礎性に反する. □

通常の数学的帰納法は，非負整数間の大小関係 $>$ に基づく整礎帰納法と考えることができます．さらに公理的集合論などで用いられる超限帰納法も順序数間の大小関係 $>$ に基づく整礎帰納法です.

ゲームの場合，局面 G と H の関係 $G > H$ を H が G の**狭義後続局面**（*strict follower*）であること，すなわち一手以上の着手によって $G \to \cdots \to H$ と遷移し得ることと定義することで [2]，第1章でゲームに課された (G3) の条件により，関係 $>$ が局面間の整礎順序になります．それを利用した整礎帰納法を本章では用います．

定理 6.1.5（超限ゲームの構造に関する帰納法の原理 1） p を超限ゲームの局面のある性質とする．次が満たされればすべての超限ゲームの局面が p という性質を持つ．

超限ゲームの局面 x のすべての狭義後続局面 y に対して $p(y)$ が成立すれば，局面 x に対しても $p(x)$ が成立する．

定理 6.1.6（超限ゲームの構造に関する帰納法の原理 2） S を超限ゲームの局面の任意のクラスとする．S が空集合でなければ，超限ゲームの局面 $G \in S$ でその狭義後続局面全体の集合を $\overline{G}$ とすると $\overline{G} \cap S = \emptyset$ となるようなものが存在する．

組合せゲーム理論の基本定理を超限ゲームにまで拡張しておきましょう．

定理 6.1.7（組合せゲーム理論の基本定理（超限ゲーム版）） 超限ゲームの任意の局面において，2人のプレイヤーのちょうど片一方が必勝戦略を持つ．

証明 超限ゲームの局面でどちらのプレイヤーも必勝戦略を持たない局面のクラスを S として，S が空であることを背理法によって示す．局面 G が S に属すると仮定すると，G とその狭義後続局面の集合 $\overline{G}$ について，帰納法の原理 2 より，$\overline{G} \cap S = \emptyset$ となる局面 G が存在する．すなわち，$G \in S$ であってその狭義後続局面はどれも左右どちらかに必勝戦略があるものが存在する．そのような局面 G での先手を左とするとき，G の一手先の局面は左右どちらかが必勝戦略を持つ．その中に左必勝のものが1つでもあれば，左はその手を選んで勝つことができるので G では左が必勝戦略を持つ．逆に G の一手先の局面に左必勝のものが1つもなければ，左は着手不能で既に負けているか，どの手を

---

[2] 自分自身を含むか含まないかが通常の後続局面と狭義後続局面の違いです．通常の後続局面の場合は自分自身を含んでいたことに注意してください．

選んでも右必勝である．よって，G では右が必勝戦略を持つ．G での先手が右であっても，対称的に左右のどちらかが G での必勝戦略を持つことが示せるので，局面 G が S に属するとしたことに矛盾する． □

超限ゲームの局面の大小関係 $\leq$，等価性 $=$，和 $+$ や差 $-$ についても第4章のショートな非不偏ゲームの場合と同様に定義します．演算 $+$ と順序 $\leq$ のもとで，超限ゲームの局面の全体のクラス $\widetilde{\mathbb{T}}$ を同値関係 $=$ によって分類した $\widetilde{\mathbb{T}}/=$ は，0（の同値類）を単位元，$-x$（の同値類）を x（の同値類）の逆元とする順序可換群になり，加減算，移項などが自由にできる数学的構造をなします．第4章で証明した，$\leq$，$=$，$+$，$-$ にかかわる性質はこの拡張した定義のもとでもそのまま成り立ちます．例えば，次のようになります．（証明は同様であるため省略します．）

補題 6.1.8 任意の超限ゲームの局面 G と H について次が成り立つ．

$$G \leq H \iff \text{任意の } G \text{ の左選択肢 } G^{\mathrm{L}} \text{ に対して } G^{\mathrm{L}} \lhd\!\!| \; H \text{ かつ 任意の } H \text{ の右選択肢 } H^{\mathrm{R}} \text{ に対して } G \lhd\!\!| \; H^{\mathrm{R}}.$$

$$G \;|\!\!\rhd H \iff \text{ある } G \text{ の左選択肢 } G^{\mathrm{L}} \text{ に対して } G^{\mathrm{L}} \geq H \text{ または ある } H \text{ の右選択肢 } H^{\mathrm{R}} \text{ に対して } G \geq H^{\mathrm{R}}.$$

補題 6.1.9 任意の超限ゲームの局面 G について $G \leq G$ が成り立つ．よって補題 6.1.8 より，任意の右選択肢 G^{R} について $G^{\mathrm{R}} \;|\!\!\rhd G$ が成り立つ．同様に，G の任意の左選択肢 G^{L} について $G^{\mathrm{L}} \lhd\!\!| \; G$ が成り立つ．

定理 6.1.10 任意の超限ゲームの局面 G, H, J に対し，次が成り立つ．

(1) 〈推移律〉$G \geq H,\ H \geq J \Longrightarrow G \geq J$.
(2) 〈推移律 ′〉$G \;|\!\!\rhd H,\ H \geq J \Longrightarrow G \;|\!\!\rhd J$.
(3) 〈推移律 ″〉$G \geq H,\ H \;|\!\!\rhd J \Longrightarrow G \;|\!\!\rhd J$.
(4) 〈可換律〉$G + H = H + G$.
(5) 〈結合律〉$(G + H) + J = G + (H + J)$.
(6) 〈単位元〉$G + 0 = G$.
(7) 〈逆元〉$G - G = 0$.
(8) 〈適合性 1〉$G \geq H \iff G + J \geq H + J$.

(9) 〈適合性 2〉 $G \geq H \Longleftrightarrow -H \geq -G$.

なお，第 5 章までのショートな非不偏ゲームに対して $G = H$ であれば，$G - H \in \mathcal{P}$ なので，第 6 章の超限ゲームに対しても $G = H$ になります．つまりある超限ゲームの局面 X があって，$o(G + X) \neq o(H + X)$ となるようなことはありません．

6.2 超現実数の定義と基本的な性質

さて，これだけの準備のもとに，超現実数は超限ゲームの局面の一種として，次のように再帰的に定義されます．

定義 6.2.1 L, R が超現実数の集合であり，どんな $x^{\mathrm{L}} \in L$ と $x^{\mathrm{R}} \in R$ についても $x^{\mathrm{L}} \lhd\!\!\mid x^{\mathrm{R}}$ のとき，$x \cong \{L \mid R\}$ は超現実数である．

超現実数の全体のクラスを $\widetilde{\mathbb{SN}}$ と記します．簡単のため，以下本章では超現実数のことを特に説明なく「数」と書くこととします．

例 6.2.2 前章で述べた整数や 2 進有理数はすべて数です．$\{1, 3, 5, \ldots \mid 2, 4, 6, \ldots\}$ は $3 \geq 2$ なので，上の定義を満たしません．$*$ や $\uparrow$ や転換ゲームも上の定義を満たしません [3]．

定理 6.2.3 任意の数 x について，$x^{\mathrm{L}} < x < x^{\mathrm{R}}$ が成り立つ．

証明　最初に任意の数 x について，$x^{\mathrm{L}} \leq x \leq x^{\mathrm{R}}$ が成り立つことを示す．

$x \leq x^{\mathrm{R}}$ を示すには，補題 6.1.8 より，どんな $(x^{\mathrm{R}})^{\mathrm{R}}$ とどんな x^{L} についても $x \lhd\!\!\mid (x^{\mathrm{R}})^{\mathrm{R}}$ かつ $x^{\mathrm{L}} \lhd\!\!\mid x^{\mathrm{R}}$ であることを示せばよい．前者は帰納法の仮定 $x^{\mathrm{R}} \leq (x^{\mathrm{R}})^{\mathrm{R}}$ と補題 6.1.9 より $x \lhd\!\!\mid x^{\mathrm{R}}$ であるから，定理 6.1.10 により得られる．後者は数の定義より明らかである．$x^{\mathrm{L}} \leq x$ も同様に示される．

さらに補題 6.1.9 より $x^{\mathrm{L}} \lhd\!\!\mid x \lhd\!\!\mid x^{\mathrm{R}}$ であるから，$x^{\mathrm{L}} < x < x^{\mathrm{R}}$ が成り立つ．

□

数が一般の局面と異なる大きな特徴の 1 つは，それらが大小関係 $\leq$ に関して

---

3) これらがある数と等しくなる可能性はいまの段階では排除できませんが，数に等しい局面とそうでない局面を分ける重要な性質については後述します．

全順序集合を作るということです．また数の全体のクラスは，それ自身で，加減算について閉じています．つまり，次の一連の定理が成り立ちます．

定理 6.2.4 x, y を任意の数とすると，$x < y$, $x = y$, $y < x$ のいずれか1つだけが成り立つ．

証明 $x \leq y$ または $x \mathrel{|\!\!\rhd} y$ が成り立つことに注意する．$x \leq y$ の場合，定義から $x < y$ または $x = y$ の一方だけが成立することは明らかだから，条件 $x \mathrel{|\!\!\rhd} y$ から条件 $y < x$ が得られることをいえばよい．条件 $x \mathrel{|\!\!\rhd} y$ より $y \leq x^{\mathrm{L}}$ なる x^{L} または $y^{\mathrm{R}} \leq x$ なる y^{R} が得られるが，前者ならば，定理 6.2.3 より $x^{\mathrm{L}} < x$ であり，後者ならば，定理 6.2.3 より $y < y^{\mathrm{R}}$ なので，どちらにしても，推移律により $y < x$ となる． □

定理 6.2.5 0 は数である．x が数なら $-x$ も数である．x と y が数なら $x + y$ も数である．

証明 0 が数であることは，定義から直ちに得られる．x が数なら $-x$ も数であることは，$-$ の定義と $\leq$ の性質から帰納法で容易に得られるので，x と y が数なら $x + y$ が数になることを示そう．

$$x + y \cong \{x^{\mathcal{L}} + y, x + y^{\mathcal{L}} \mid x^{\mathcal{R}} + y, x + y^{\mathcal{R}}\}$$

である（ここで $x^{\mathcal{L}}, x^{\mathcal{R}}, y^{\mathcal{L}}, y^{\mathcal{R}}$ は x と y の左と右の選択肢全体にわたる [4]）．まず，帰納法の仮定により，$x^{\mathcal{L}} + y$, $x + y^{\mathcal{L}}$, $x^{\mathcal{R}} + y$, $x + y^{\mathcal{R}}$ はすべて数である．また $x^{\mathcal{L}} + y \mathrel{\lhd\!\!|} x^{\mathcal{R}} + y$ と $x + y^{\mathcal{L}} \mathrel{\lhd\!\!|} x + y^{\mathcal{R}}$ は，x と y が数であることから得られ，$x^{\mathcal{L}} + y \mathrel{\lhd\!\!|} x + y^{\mathcal{R}}$ と $x + y^{\mathcal{L}} \mathrel{\lhd\!\!|} x^{\mathcal{R}} + y$ は，もしそうでなければ定理 6.2.3 に反することから得られる． □

以上までのことと，一般の超限ゲームの局面に関する $+, -, \leq$ の性質を合わせると，$\widetilde{\mathbb{SN}}/=$ は加法と大小関係に関して全順序クラスでかつ群をなすということがわかります [5]．つまり，$\widetilde{\mathbb{SN}}/=$ は $\widetilde{\mathbb{T}}/=$ の全順序部分群です [6]．以降は

---

[4] つまり，$x + y \cong \{L \mid R\}$ ($L = \{x^L + y \mid x^L \in x^{\mathcal{L}}\} \cup \{x + y^L \mid y^L \in y^{\mathcal{L}}\}$, $R = \{x^R + y \mid x^R \in x^{\mathcal{R}}\} \cup \{x + y^R \mid y^R \in y^{\mathcal{R}}\}$) ということです．

[5] また，乗法と除法についても考えることができます．そのことについては，6.4 節のコラム 9 で扱います．

[6] ただし，$\widetilde{\mathbb{T}}/=$ も $\widetilde{\mathbb{SN}}/=$ も公理的集合論の観点からは「集合」ではなく「真のクラス」なので，通常の意味での「部分群」とは意味が異なります．

$\widetilde{\mathbb{SN}}/=$ を単に $\mathbb{SN}$ と表記します.

本章のはじめに，数（超現実数）は「プレイして楽しむには魅力に乏しい」と述べましたが，それは数のもつ重要な特徴の 1 つからきています．具体的に述べると，x が数である場合には，定理 6.2.3 で述べたように，どんな $x^{\mathrm{L}}, x^{\mathrm{R}}$ に対しても $x^{\mathrm{L}} < x < x^{\mathrm{R}}$ が成り立つからです．これは直感的には数に等しい局面 x では左右のどちらが着手しても，着手者にとって局面が好ましくない方向に変化するということ意味し，このことから第 5 章と同様に数避定理が導かれます．よって直和ゲームにおいては，先手側によってよい着手が存在する場合には，数以外の成分から探せば十分ということになります.

定理 6.2.6（**数避定理**（number avoidance theorem））G を数とは等しくない局面とし，x を数とする.

(1) $G + x \mathrel{|\!\!>} 0$ なら，G^{L} が存在して $G^{\mathrm{L}} + x \geq 0$ である.

(2) $G + x \mathrel{<\!\!|} 0$ なら，G^{R} が存在して $G^{\mathrm{R}} + x \leq 0$ である.

証明　定理 5.7.11 の証明と同様である.　□

定義 6.2.7　I を数のクラスとする．$a, b \in I$ とするとき，$a \leq c \leq b$ なる任意の数 c がまた I の要素となるなら，I は数の**区間**であるという．I を数の区間とするとき，超限ゲームの構造に関する帰納法の原理 2（定理 6.1.6）より $x \in I$ であり，どんな x^{L} も x^{R} も I に属さないような数 x が存在する．それを区間 I の**最簡数**と呼ぶ.

補題 6.2.8　I が空でない数の区間ならば，I の最簡数はただ 1 つに定まる.

証明　補題 5.7.2 の証明の前半部と同様である.　□

定義 6.2.9　L と R を超限ゲームの局面の集合とするとき，どの $\ell \in L, r \in R$ に対しても $\ell \mathrel{<\!\!|} x \mathrel{<\!\!|} r$ なる数の全体のクラスを L と R の間の**ギャップ**という.

補題 6.2.10 L と R の間のギャップ I は，数の区間となる．

証明 補題 5.7.5 の証明と同様である． □

L と R の間のギャップが空でないか空であるかが，一般の（超限）ゲームの局面 $G = \{L \mid R\}$ がある数と等しくなるかどうかの分かれ目です．

定理 6.2.11（最簡数定理） L, R を超限ゲームの局面の集合とする．L と R の間のギャップ I が空でないなら $G \cong \{L \mid R\}$ は I の最簡数に等しい．I が空なら，G はいかなる数とも等しくならない．

証明 定理 5.7.6 の証明と同様である． □

6.3 ゲームの終局値

ゲームをプレイしていくと，どこかで一方のプレイヤーが着手不能になり，そのときの手番のプレイヤーの負けとなります．その典型は局面が $0 \cong \{|\}$ になった場合ですが，実は，もっと早く，局面が数（超現実数）になったときにゲームの決着がついていると考えることができます．その値が正なら左の勝ち，負なら右の勝ちと決めても双方が最善を尽くした場合の勝敗は変わりません．

定義 6.3.1 局面 G に対して $x \lhd\!| \, G$ なる数 x 全体のクラスを G の**左断片** (left section) といい，$\mathrm{LC}(G)$ と記す．対称的に $G \lhd\!| \, x$ なる数 x 全体のクラスを G の**右断片**（right section）といい，$\mathrm{RC}(G)$ と記す．定義より G の右断片と左断片の両方に属する数 x が存在すれば $x \lhd\!| \, G \lhd\!| \, x$ だから，$x \parallel G$ となり，x と G は比較不能である．そのような数のクラス $\mathrm{LC}(G) \cap \mathrm{RC}(G)$ を G の**比較不能区間**（confusion interval）という．

補題 6.3.2 任意の局面 G と H について次が成り立つ．

(a) $G \leq H$ ならば $\mathrm{LC}(G) \subset \mathrm{LC}(H)$ かつ $\mathrm{RC}(G) \supset \mathrm{RC}(H)$ である．したがって，$G = H$ ならば $\mathrm{LC}(G) = \mathrm{LC}(H)$ かつ $\mathrm{RC}(G) = \mathrm{RC}(H)$ である．

(b) $a \in \mathrm{LC}(G) \iff -a \in \mathrm{RC}(-G)$ かつ $a \in \mathrm{RC}(G) \iff -a \in \mathrm{LC}(-G)$.

証明　定理 6.1.10 と左断片と右断片の定義から明らかである．□

補題 6.3.3　局面 G が数に等しくなければ，どんな数も $\mathrm{LC}(G)$ か $\mathrm{RC}(G)$ のどちらかに属する．G が数 x に等しい場合，$\mathrm{LC}(G)$ は x より小さい数，$\mathrm{RC}(G)$ は x より大きい数の全体からなり，$\mathrm{LC}(G) \cup \mathrm{RC}(G)$ に属さない数は x だけである．

証明　x を数とする．$x \notin \mathrm{LC}(G) \cup \mathrm{RC}(G)$ ならば $x \leq G \leq x$ だから $x = G$ となり，G は数 x に等しい．□

定義 6.3.4　x を数とするとき，x 未満の数全体のクラス $\{y \in \mathbb{SN} \mid y < x\}$ を $(..\ x)$ と記し，x 以下の数全体のクラス $\{y \in \mathbb{SN} \mid y \leq x\}$ を $(..\ x]$ と記す．同様に，$\{y \in \mathbb{SN} \mid x < y\}$ を $(x\ ..)$ と記し，$\{y \in \mathbb{SN} \mid x \leq y\}$ を $[x\ ..)$ と記す．局面 G に対し，数 x が存在して $\mathrm{LC}(G)$ が $(..\ x)$ または $(..\ x]$ の形をしていれば，x を G の**左終局値** (left stop) と呼び，$\mathrm{Ls}(G)$ と記す．また，数 y が存在して $\mathrm{RC}(G)$ が $(y\ ..)$ または $[y\ ..)$ の形をしていれば，y を G の**右終局値** (right stop) と呼び，$\mathrm{Rs}(G)$ と記す．

なぜ終局値と呼ぶのかについては，この節の後半で明らかになります．

補題 6.3.5　任意の局面 G と任意の数 x について，$\mathrm{Ls}(G)$ と $\mathrm{Rs}(G)$ が存在するならば，次が成り立つ．

$$\mathrm{Ls}(x+G) = x + \mathrm{Ls}(G), \quad \mathrm{Rs}(x+G) = x + \mathrm{Rs}(G),$$
$$\mathrm{Ls}(-G) = -\mathrm{Rs}(G), \quad \mathrm{Rs}(-G) = -\mathrm{Ls}(G).$$

証明　$y \in \mathrm{LC}(G) = (..\ \mathrm{Ls}(G))$ とすると，$y < G$ である．定理 6.1.10 により適合性から $y + x < x + G$ であるので $y + x \in \mathrm{LC}(x+G)$ である．よって $\mathrm{LC}(x+G) = (..\ (x + \mathrm{Ls}(G)))$ となり，Ls の定義より $\mathrm{Ls}(x+G) = x + \mathrm{Ls}(G)$ が成り立つ．$\mathrm{LC}(G) = (..\ \mathrm{Ls}(G)]$ のときも同様である．

それ以外の式についても，定理 6.1.10 と定義から明らかである．□

例 6.3.6　数 x に対しては

$$\mathrm{LC}(x) = (..\ x), \quad \mathrm{RC}(x) = (x\ ..), \quad \mathrm{Ls}(x) = \mathrm{Rs}(x) = x$$

です．また，転換ゲーム $G = \{x \mid y\}$ $(x \geq y)$ に対しては

$$\mathrm{LC}(G) = (..\ x], \quad \mathrm{RC}(G) = [y\ ..), \quad \mathrm{Ls}(G) = x, \quad \mathrm{Rs}(G) = y$$

となります．（転換ゲームについての証明は演習問題で取り上げます．）

補題 6.3.7 任意の局面 G に対し，$\mathrm{Ls}(G)$ と $\mathrm{Rs}(G)$ が存在するならば，$\mathrm{Ls}(G) \geq \mathrm{Rs}(G)$ が成り立つ．

証明 G が数 x に等しければ，上の例で見たように $\mathrm{Ls}(G) = \mathrm{Rs}(G) = x$ である．G がどの数とも等しくないとしよう．$\mathrm{Ls}(G) \not\geq \mathrm{Rs}(G)$ とすると，$\mathrm{Ls}(G) < \mathrm{Rs}(G)$ だから，$\mathrm{Ls}(G) < x < \mathrm{Rs}(G)$ となる数 x が存在する（例えば $x \cong \{\mathrm{Ls}(G) \mid \mathrm{Rs}(G)\}$）．定義より $x \notin \mathrm{LC}(G)$ かつ $x \notin \mathrm{RC}(G)$ だから，$x \geq G$ かつ $x \leq G$ となり，$G = x$ である．これは，G が数と等しくないとしたことに矛盾する． □

左終局値や右終局値は，局面を数と比較したときにどちらが大きいかを計る大まかな目安になります．具体的には次の補題が成り立ちます．

補題 6.3.8 G を局面とし，x を数とする．$\mathrm{Ls}(G)$ と $\mathrm{Rs}(G)$ が存在するならば，次が成り立つ．

(1) $\mathrm{Ls}(G) < x$ ならば $G < x$ である．$\mathrm{Rs}(G) > x$ ならば $G > x$ である．
(2) $\mathrm{Ls}(G) = x$ のとき，$\mathrm{LC}(G) = (..\ x)$ ならば $G \leq x$ であり，$\mathrm{LC}(G) = (..\ x]$ ならば $G \mathrel{\|\!\!\triangleright} x$ である．$\mathrm{Rs}(G) = x$ のとき，$\mathrm{RC}(G) = (x\ ..)$ ならば $G \geq x$ であり，$\mathrm{RC}(G) = [x\ ..)$ ならば $G \mathrel{\triangleleft\!\!\|} x$ である．
(3) $\mathrm{Ls}(G) > x$ のとき，$G \mathrel{\|\!\!\triangleright} x$ である．$\mathrm{Rs}(G) < x$ のとき，$G \mathrel{\triangleleft\!\!\|} x$ である．よって，$\mathrm{Rs}(G) < x < \mathrm{Ls}(G)$ のとき，$G \parallel x$ である．

証明 (1) $\mathrm{Rs}(G) \leq \mathrm{Ls}(G) < x$ だから，Rs の定義より $G \mathrel{\triangleleft\!\!\|} x$ であり，Ls の定義より $G \leq x$ である．よって $G < x$ となる．後半も同様に示せる．

(2), (3) 定義より明らか． □

$\mathrm{LC}(G), \mathrm{RC}(G), \mathrm{Ls}(G), \mathrm{Rs}(G)$ の直観的イメージを図示すると，図 6.1 のようになります．$\mathrm{Ls}(G)$ と $\mathrm{Rs}(G)$ は，数直線上の点になりますが，$\mathrm{Ls}(G)$ の方が $\mathrm{Rs}(G)$ より右にあります（すなわち，$\mathrm{Rs}(G)$ より大きいです）．また，$\mathrm{Ls}(G)$

の左側の数が LC(G) を構成し，Rs(G) の右側の数が RC(G) を構成します．Rs(G) と Ls(G) の間が G の比較不能区間になり，G は 1 点だけを占めるのではなく，Rs(G) と Ls(G) の間にぼんやりと広がっているイメージになります．したがって $x < \mathrm{Rs}(G)$ なる数 x については $x < G$ が成り立ち，$\mathrm{Ls}(G) < x$ なる数 x については $G < x$ が成り立ちます．また $\mathrm{Rs}(G) < x < \mathrm{Ls}(G)$ となる数については $G \mid\mid x$ となります．

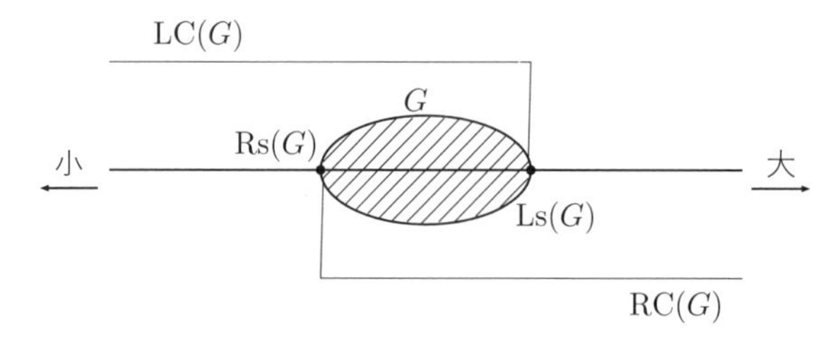

図 6.1　LC, RC, Ls, Rs のイメージ図

定理 6.3.9　$G \cong \{L \mid R\}$ を任意の局面とすると，G が数に等しくないとき，次が成り立つ．

$$\mathrm{LC}(G) = \mathbb{SN} \setminus \bigcap \{\mathrm{RC}(G^{\mathrm{L}}) \mid G^{\mathrm{L}} \in L\},$$
$$\mathrm{RC}(G) = \mathbb{SN} \setminus \bigcap \{\mathrm{LC}(G^{\mathrm{R}}) \mid G^{\mathrm{R}} \in R\}.$$

なお，G が数 x に等しい場合，$\mathrm{LC}(G) = (..\, x)$，$\mathrm{RC}(G) = (x\, ..)$ である．

証明　G が数と等しくないとき，定理 6.2.11 から，L も R も空にはならないことに注意する [7]．$x \in \mathbb{SN}$ とする．

$$\begin{aligned} x \notin \bigcap \{\mathrm{RC}(G^{\mathrm{L}}) \mid G^{\mathrm{L}} \in L\} &\iff x \notin \mathrm{RC}(G^{\mathrm{L}}) \text{ なる } G^{\mathrm{L}} \in L \text{ が存在する} \\ &\iff x \leq G^{\mathrm{L}} \text{ なる } G^{\mathrm{L}} \in L \text{ が存在する} \\ &\implies x \lhd\!\mid G \cong \{L \mid R\} \\ &\iff x \in \mathrm{LC}(G) \end{aligned}$$

[7] ちなみに，L と R が両方空の場合は $G = \{\mid\} = 0$ となり，R のみが空 $G = \{L \mid\}$ は 6.4 節のコラム 9 に登場する順序数となり，L のみが空の場合は順序数に負の符号がついた数になります．

である．逆に $x \in \mathrm{LC}(G)$ のとき，$x \lhd\!| \ G$ すなわち $G - x \ |\!\rhd 0$ となる．よって数避定理（定理 6.2.6）により，$G^{\mathrm{L}} \in L$ が存在して $G^{\mathrm{L}} - x \geq 0$ となるから，$x \leq G^{\mathrm{L}}$ すなわち $x \notin \mathrm{RC}(G^{\mathrm{L}})$ である．右断片 $\mathrm{RC}(G)$ についても同様に示される． □

以上から次の系が示されます．これにより，ショートな非不偏ゲームの局面の右終局値と左終局値の計算が可能です．

系 6.3.10 ショートな非不偏ゲームの局面 $G = \{L \mid R\}$ は左終局値 $\mathrm{Ls}(G)$ と右終局値 $\mathrm{Rs}(G)$ をともに持つ．G が数に等しくない場合，次が成り立つ．

$$\mathrm{Ls}(G) = \max(\{\mathrm{Rs}(G^{\mathrm{L}}) \mid G^{\mathrm{L}} \in L\}),$$
$$\mathrm{Rs}(G) = \min(\{\mathrm{Ls}(G^{\mathrm{R}}) \mid G^{\mathrm{R}} \in R\}).$$

また，G が数 x に等しい場合，$\mathrm{Ls}(G) = \mathrm{Rs}(G) = x$ である．

この系から，左終局値は直感的には，左から着手してお互い最善に着手を進めたときに到達する数になります．$\mathrm{LC}(G) = (..\ x]$ の場合，$G - x \ |\!\rhd 0$ なので，左から打ち始めて勝つことができるから，その数 $\mathrm{Ls}(G) = x$ に到達した時点で手番が右になっている（つまりその時点で左が後手である）ことを意味し，$\mathrm{LC}(G) = (..\ x)$ は手番が左になっている（つまりその時点で左が先手である）ことを意味します．右終局値についても同様です．

例 6.3.11 実際に計算してみましょう．例えば，

$$\mathrm{Ls}(\{5 \mid 2, 4\}) = 5, \qquad \mathrm{Rs}(\{5 \mid 2, 4\}) = 2,$$
$$\mathrm{Ls}(\{6 \mid \{5 \mid 2, 4\}\}) = 6, \quad \mathrm{Rs}(\{6 \mid \{5 \mid 2, 4\}\}) = 5$$

です．よって，補題 6.3.8 によれば，$G \cong \{6 \mid \{5 \mid 2, 4\}\}$ は，5 未満の数より大きく，6 を超える数よりは小さいことがわかります．また，5 と 6 の間の数とは比較不能です．

ここで注意しておきたいことがあります．系 6.3.10 を用いて再帰的に $\mathrm{Ls}(G)$ と $\mathrm{Rs}(G)$ を計算する場合は，途中の計算結果で $\max(\{\mathrm{Rs}(G^{\mathrm{L}})\}) < \min(\{\mathrm{Ls}(G^{\mathrm{R}})\})$ となっていないかどうか，常に注意を払う必要があります．そうなっている場合，補題 6.3.8 の (3) より，L と R の間のギャップは空では

ないので，G はその最簡数 y に等しく，$\mathrm{Ls}(G) = \mathrm{Rs}(G) = y$ です．

例えば，上の系の規則をそのまま適用すれば，同様に

$$\mathrm{Ls}(\{4 \mid \{5 \mid 2, 4\}\}) = 4, \quad \mathrm{Rs}(\{4 \mid \{5 \mid 2, 4\}\}) = 5$$

になるかと思われますが，実は $\mathrm{Ls}(G) < \mathrm{Rs}(G)$ ですから，これは，$G \cong \{4 \mid \{5 \mid 2, 4\}\}$ が数に等しいことを意味します．実際 $G = 5$ なので，$\mathrm{Ls}(G) = \mathrm{Rs}(G) = 5$ です．

例 6.3.12 局面 $0, *, \uparrow, \downarrow$ は，どんな正の数よりも小さくどんな負の数よりも大きいので，終局値は左右いずれも 0 になりますが，正確には，左右の断片は，

$$\begin{aligned}
&\mathrm{LC}(0) = (..\ 0), && \mathrm{RC}(0) = (0\ ..), \\
&\mathrm{LC}(*) = \mathbb{SN} \setminus \mathrm{RC}(0) = (..\ 0], && \mathrm{RC}(*) = \mathbb{SN} \setminus \mathrm{LC}(0) = [0\ ..), \\
&\mathrm{LC}(\uparrow) = \mathbb{SN} \setminus \mathrm{RC}(0) = (..\ 0], && \mathrm{RC}(\uparrow) = \mathbb{SN} \setminus \mathrm{LC}(*) = (0\ ..), \\
&\mathrm{LC}(\downarrow) = \mathbb{SN} \setminus \mathrm{RC}(*) = (..\ 0), && \mathrm{RC}(\downarrow) = \mathbb{SN} \setminus \mathrm{LC}(0) = [0\ ..)
\end{aligned}$$

であり，これは $0 = 0$, $0 \parallel *$, $0 < \uparrow$, $0 > \downarrow$ であることを反映しています．また，確かに左断片が $(..\ 0]$ となっているときには，左から打ち始めて 0 になったときの先手は右であり，左断片が $(..\ 0)$ となっているときには，左から打ち始めて 0 になったときの手番は左であるということが確認できます．右断片も同様です．

系 6.3.13 任意のショートな非不偏ゲームの局面 G の左右の終局値 $\mathrm{Ls}(G), \mathrm{Rs}(G)$ は，ともに 2 進有理数である．また，ショートな非不偏ゲームの局面 G が数に等しい場合，G の値は 2 進有理数である．

<u>証明</u> 後続局面数に関する帰納法で示す．$G = \{L \mid R\}$ をショートな非不偏ゲームの局面とする．帰納法の仮定より，$\max(\{\mathrm{Rs}(G^{\mathrm{L}}) \mid G^{\mathrm{L}} \in L\})$ も $\min(\{\mathrm{Ls}(G^{\mathrm{R}}) \mid G^{\mathrm{R}} \in R\})$ も 2 進有理数である．よって G が数でなければ，系 6.3.10 より，$\mathrm{Ls}(G)$ も $\mathrm{Rs}(G)$ も 2 進有理数である．また，G が数 x に等しければ，任意の $G^{\mathrm{L}} \in L$ と任意の $G^{\mathrm{R}} \in R$ に対して，$G^{\mathrm{L}} \lhd\!\mid x \lhd\!\mid G^{\mathrm{R}}$ だから，定義より $x \in \mathrm{RC}(G^{\mathrm{L}})$ かつ $x \in \mathrm{LC}(G^{\mathrm{R}})$ であり，よって $\mathrm{Rs}(G^{\mathrm{L}}) \le x \le \mathrm{Ls}(G^{\mathrm{R}})$

である．ゆえに，

$$\max(\{\mathrm{Rs}(G^{\mathrm{L}}) \mid G^{\mathrm{L}} \in L\}) \leq x \leq \min(\{\mathrm{Ls}(G^{\mathrm{R}}) \mid G^{\mathrm{R}} \in R\})$$

だが，$\max(\{\mathrm{Rs}(G^{\mathrm{L}}) \mid G^{\mathrm{L}} \in L\})$ と $\min(\{\mathrm{Ls}(G^{\mathrm{R}}) \mid G^{\mathrm{R}} \in R\})$ が等しければ x もそれらに等しい．等しくない場合は，L と R の間にギャップが存在し，x はその最簡数となるが，2 つの 2 進有理数にはさまれた区間の最簡数だから，x も 2 進有理数になる． □

補題 6.3.14 任意のショートな非不偏ゲームの局面 G と H について，次が成り立つ．

$$\begin{aligned}\mathrm{Rs}(G) + \mathrm{Rs}(H) \leq \mathrm{Rs}(G+H) &\leq \mathrm{Rs}(G) + \mathrm{Ls}(H) \\ &\leq \mathrm{Ls}(G+H) \leq \mathrm{Ls}(G) + \mathrm{Ls}(H)\end{aligned}$$

証明 後続局面数に関する帰納法で示す．数 x に対しては，$\mathrm{Ls}(x) = \mathrm{Rs}(x) = x$ だから，G か H が数の場合，補題 6.3.5 より，上の不等式は明らかである．$G + H$ が数 x に等しい場合は，$\mathrm{Ls}(G+H) = \mathrm{Rs}(G+H) = x$ かつ $x - H = G$ だから，$\mathrm{Rs}(G) = x + \mathrm{Rs}(-H) = x - \mathrm{Ls}(H) \leq x - \mathrm{Rs}(H)$ より，$\mathrm{Rs}(G) + \mathrm{Rs}(H) \leq x = \mathrm{Rs}(G+H) = \mathrm{Rs}(G) + \mathrm{Ls}(H)$ である．同様に $\mathrm{Ls}(H) = x + \mathrm{Ls}(-G) = x - \mathrm{Rs}(G) \geq x - \mathrm{Ls}(G)$ より，$\mathrm{Ls}(G) + \mathrm{Ls}(H) \geq x = \mathrm{Ls}(G+H) = \mathrm{Rs}(G) + \mathrm{Ls}(H)$ である．

G，H，$G + H$ のいずれも数でないとしよう．$G + H$ への右の着手により，局面は $G^{\mathrm{R}} + H$ または $G + H^{\mathrm{R}}$ になるが，帰納法の仮定により，$\mathrm{Ls}(G^{\mathrm{R}}) + \mathrm{Rs}(H) \leq \mathrm{Ls}(G^{\mathrm{R}} + H)$ かつ $\mathrm{Rs}(G) + \mathrm{Ls}(H^{\mathrm{R}}) \leq \mathrm{Ls}(G + H^{\mathrm{R}})$ である．よって，

$$\begin{aligned}\mathrm{Rs}(G) + \mathrm{Rs}(H) &= \min(\{\mathrm{Ls}(G^{\mathrm{R}}) + \mathrm{Rs}(H), \mathrm{Rs}(G) + \mathrm{Ls}(H^{\mathrm{R}})\}) \\ &\leq \min(\{\mathrm{Ls}(G^{\mathrm{R}} + H), \mathrm{Ls}(G + H^{\mathrm{R}})\}) \\ &= \min(\{\mathrm{Ls}((G+H)^{\mathrm{R}})\}) = \mathrm{Rs}(G+H)\end{aligned}$$

である．また，

$$\mathrm{Rs}(G+H) = \min(\{\mathrm{Ls}((G+H)^{\mathrm{R}})\}) \leq \min(\{\mathrm{Ls}(G^{\mathrm{R}} + H)\})$$

$$\leq \min(\{\mathrm{Ls}(G^{\mathrm{R}}) + \mathrm{Ls}(H)\}) = \mathrm{Rs}(G) + \mathrm{Ls}(H)$$

である．残り 2 つの不等号も同様に示される． □

補題 6.3.15　任意のショートな非不偏ゲームの局面 G が無限小であるとき，かつそのときに限り，

$$\mathrm{Ls}(G) = \mathrm{Rs}(G) = 0$$

が成り立つ．

証明　補題 6.3.8 の (1) より，$\mathrm{Ls}(G) = \mathrm{Rs}(G) = 0$ ならば任意の 2 進有理数 $x > 0$ に対して

$$-x < G < x$$

が成り立つので，G は無限小である．

一方，$\mathrm{Ls}(G) < 0$ であれば，ある正の 2 進有理数 x に対して $\mathrm{Ls}(G) < -x$ であるから，補題 6.3.8 の (1) より，$G < -x$ であり，G は無限小ではない．また，$\mathrm{Ls}(G) > 0$ であれば，$\mathrm{Ls}(G) > x$ がある正の 2 進有理数について成り立ち，このとき補題 6.3.8 の (3) より，$G \mathrel{|\!\!\rhd} x$ である．よって G は無限小ではない．$\mathrm{Rs}(G)$ についても同様の内容を示せばよい． □

終局値を用いると，第 5 章で後回しにした次の定理を証明することができます．

定理 6.3.16　G を $(n+1)$ 日目までに生まれた無限小の局面とする．このとき，

$$G \leq n \cdot \uparrow \text{ または } G \leq n \cdot \uparrow + *$$

が成り立つ．

証明　補題 6.3.15 より，G が無限小であるなら，$\mathrm{Rs}(G) = 0$ であることに注意する．

G が $(n+1)$ 日目までに生まれた局面であり，$\mathrm{Rs}(G) \geq 0$ ならば，$G \geq n \cdot \downarrow$ または $G \geq n \cdot \downarrow + *$ が成り立つことを示す．

2 日目までに生まれた無限小の局面については，すべて調べることですぐに主張が成り立つとわかる．そのため，G は 3 日目以降に生まれた局面であると仮定する．このとき，$n \geq 2$ である．

もし G が数に等しい無限小であれば，$G = 0 = \mathrm{Rs}(G)$ であり，主張は自明である．

G は数ではないと仮定する．また，G は標準形になっていると仮定してもよい．このとき，系 6.3.10 より，G^{L} で $\mathrm{Rs}(G^{\mathrm{L}}) = \mathrm{Ls}(G)$ を満たすものがある．ここで $\mathrm{Ls}(G) \geq \mathrm{Rs}(G) \geq 0$ であるから，帰納法より，$G^{\mathrm{L}} \geq (n-1)\cdot\downarrow$ または $G^{\mathrm{L}} \geq (n-1)\cdot\downarrow + *$ が成り立つ．

まず，$G^{\mathrm{L}} \geq (n-1)\cdot\downarrow + *$ であると仮定する．このとき $G \geq n\cdot\downarrow$ となることを示す．G と $n\cdot\downarrow$ の差である $G + n\cdot\uparrow$ について，右選択肢 $G + (n-1)\cdot\uparrow + *$ または $G^{\mathrm{R}} + n\cdot\uparrow$ を持つ．

$G+(n-1)\cdot\uparrow+*$ から左は $G^{\mathrm{L}}+(n-1)\cdot\uparrow+*$ にすることができ，これは 0 以上である．なので $G^{\mathrm{R}} + n\cdot\uparrow$ について考える．ここで $\mathrm{Ls}(G^{\mathrm{R}}) \geq \mathrm{Rs}(G) \geq 0$ である．もし G^{R} がある数に等しければ，$G^{\mathrm{R}} \geq 0$ である．それ以外の場合は，ある $(G^{\mathrm{R}})^{\mathrm{L}}$ があって $\mathrm{Rs}((G^{\mathrm{R}})^{\mathrm{L}}) = \mathrm{Ls}(G^{\mathrm{R}})$ である．帰納法より，$(G^{\mathrm{R}})^{\mathrm{L}} \geq (n-2)\cdot\downarrow$ または $(G^{\mathrm{R}})^{\mathrm{L}} \geq (n-2)\cdot\downarrow + *$ であるが，いずれにせよ $(G^{\mathrm{R}})^{\mathrm{L}} \geq n\cdot\downarrow$ が成り立つ．したがって，左は $G^{\mathrm{R}} + n\cdot\uparrow$ を $(G^{\mathrm{R}})^{\mathrm{L}} + n\cdot\uparrow$ にして勝つことができる．よって $G \geq n\cdot\downarrow$ である．

次に，$G^{\mathrm{L}} \geq (n-1)\cdot\downarrow$ を仮定する．このとき $G \geq n\cdot\downarrow + *$ となることを示す．G と $n\cdot\downarrow + *$ の差である $G + n\cdot\uparrow + *$ について，右は選択肢 $G + (n-1)\cdot\uparrow$ または $G + n\cdot\uparrow$ または $G^{\mathrm{R}} + n\cdot\uparrow + *$ を持つ．このうち $G + n\cdot\uparrow$ は劣位な選択肢なので考えなくてよい．

$G+(n-1)\cdot\uparrow$ から左は $G^{\mathrm{L}}+(n-1)\cdot\uparrow$ にすることができ，これは 0 以上である．なので $G^{\mathrm{R}} + n\cdot\uparrow + *$ について考える．ここで $\mathrm{Ls}(G^{\mathrm{R}}) \geq \mathrm{Rs}(G) \geq 0$ である．もし G^{R} がある数に等しければ，$G^{\mathrm{R}} \geq 0$ である．それ以外の場合は，ある $(G^{\mathrm{R}})^{\mathrm{L}}$ があって $\mathrm{Rs}((G^{\mathrm{R}})^{\mathrm{L}}) = \mathrm{Ls}(G^{\mathrm{R}})$ である．帰納法より，$(G^{\mathrm{R}})^{\mathrm{L}} \geq (n-2)\cdot\downarrow$ または $(G^{\mathrm{R}})^{\mathrm{L}} \geq (n-2)\cdot\downarrow + *$ であるが，いずれにせよ $(G^{\mathrm{R}})^{\mathrm{L}} \geq n\cdot\downarrow + *$ が成り立つ．したがって，左は $G^{\mathrm{R}} + n\cdot\uparrow + *$ を $(G^{\mathrm{R}})^{\mathrm{L}} + n\cdot\uparrow + *$ にして勝つことができる．よって $G \geq n\cdot\downarrow + *$ である．

したがって，$G \geq n\cdot\downarrow$ または $G \geq n\cdot\downarrow + *$ であり，同様に考えて $G \leq n\cdot\uparrow$ または $G \leq n\cdot\uparrow + *$ である．　□

次に，強い形の数避定理を述べておきましょう．

定理 6.3.17（**強数避定理**（strong number avoidance theorem））　G を数とは等しくないショートな非不偏ゲームの局面とし，x を数とすると，任意の x^{L} に対して G^{L} が存在して，$G^{\mathrm{L}}+x>G+x^{\mathrm{L}}$ である．また，任意の x^{R} に対して G^{R} が存在して，$G^{\mathrm{R}}+x<G+x^{\mathrm{R}}$ である．

証明　$x-x^{\mathrm{L}}$ は正の数だから，系 6.3.10 より $\mathrm{Ls}(G)-\mathrm{Rs}(G^{\mathrm{L}})=0<x-x^{\mathrm{L}}$ となるような G の左選択肢 G^{L} が存在する．

$$\mathrm{Rs}(G^{\mathrm{L}}-G)\geq \mathrm{Rs}(G^{\mathrm{L}})-\mathrm{Ls}(G)>-x+x^{\mathrm{L}}$$

だから $G^{\mathrm{L}}-G>-x+x^{\mathrm{L}}$，したがって $G^{\mathrm{L}}+x>G+x^{\mathrm{L}}$ である．

後半も $\mathrm{Ls}(G^{\mathrm{R}})-\mathrm{Rs}(G)=0<x^{\mathrm{R}}-x$ となるような G の右選択肢 G^{R} を選んで，同様に示される．　□

系 6.3.18（**数移動定理**（number translation theorem））　G を数とは等しくないショートな非不偏ゲームの局面とし，x を数とすると次が成り立つ．

$$G+x=\{G^{\mathcal{L}}+x \mid G^{\mathcal{R}}+x\}.$$

証明　強数避定理（定理 6.3.17）より，$G+x$ の左選択肢 $G+x^{\mathrm{L}}$ には，G の左選択肢 G^{L} が存在して $G+x^{\mathrm{L}}\leq G^{\mathrm{L}}+x$ である．右選択肢についても同様である．　□

また，終局値を利用して，どんなショートな非不偏ゲームの局面 G に対しても，G の平均値と呼ばれる実数 $\mu(G)$ が定義されます．正の整数 n に対して，$n\cdot G$ の値がだいたい $\mu(G)$ の n 倍に等しくなることを示しましょう．

定理 6.3.19　G を任意のショートな非不偏ゲームの局面とする．任意の正の整数 n に対して，次を満たすような実数 $\mu(G)$ と正の実数 T が存在する．このとき $\mu(G)$ を G の**平均値**（mean value）と呼ぶ．

$$-T<n\cdot(G-\mu(G))<T.$$

証明　ある正の整数 m が存在して $m\cdot G$ が数 x に等しい場合は，$\mu(G)=\dfrac{x}{m}$ とすれば明らかだから，$n\cdot G$ はどれも数でないとする．G はショートな非不

偏ゲームの局面だから，系 6.3.10 により左選択肢 G^{L} が存在して

$$\begin{aligned}\mathrm{Rs}(n\cdot G) \le \mathrm{Ls}(n\cdot G) &= \mathrm{Rs}((n-1)\cdot G + G^{\mathrm{L}})\\ &= \mathrm{Rs}(n\cdot G + G^{\mathrm{L}} - G) \le \mathrm{Rs}(n\cdot G) + \mathrm{Ls}(G^{\mathrm{L}} - G)\end{aligned}$$

である．よって，$0 \le \mathrm{Ls}(n\cdot G) - \mathrm{Rs}(n\cdot G) \le \mathrm{Ls}(G^{\mathrm{L}} - G)$ だから，$\mathrm{Ls}(n\cdot G) - \mathrm{Rs}(n\cdot G)$ は n に無関係に有界であり，

$$\lim_{n\to\infty}\left(\frac{\mathrm{Ls}(n\cdot G)}{n} - \frac{\mathrm{Rs}(n\cdot G)}{n}\right) = 0$$

が成り立つ．

また，任意の正の整数 k と ℓ に対して $\mathrm{Ls}(k\cdot G) + \mathrm{Ls}(\ell\cdot G) \ge \mathrm{Ls}((k+\ell)\cdot G)$ だから，数列 $\{\mathrm{Ls}(n\cdot G)\}$ は劣加法性を持ち，よって

$$\lim_{n\to\infty}\frac{\mathrm{Ls}(n\cdot G)}{n} = \inf\left\{\frac{\mathrm{Ls}(n\cdot G)}{n}\right\}$$

となることが知られている[8]．対称的に数列 $\{\mathrm{Rs}(n\cdot G)\}$ は優加法性を持ち，

$$\lim_{n\to\infty}\frac{\mathrm{Rs}(n\cdot G)}{n} = \sup\left\{\frac{\mathrm{Rs}(n\cdot G)}{n}\right\}$$

である．

以上より，$\dfrac{\mathrm{Ls}(n\cdot G)}{n}$ と $\dfrac{\mathrm{Rs}(n\cdot G)}{n}$ はそれぞれ左右から同じ値に収束する．その値を

$$\mu(G) = \inf\left\{\frac{\mathrm{Ls}(n\cdot G)}{n}\right\} = \sup\left\{\frac{\mathrm{Rs}(n\cdot G)}{n}\right\}$$

とすると，任意の n について，$\mathrm{Rs}(n\cdot G) \le n\cdot\mu(G) \le \mathrm{Ls}(n\cdot G)$ であり，$\mathrm{Ls}(n\cdot G) - \mathrm{Rs}(n\cdot G)$ は有界だから，十分大きな T をとれば，n にかかわらず，$-T < \mathrm{Rs}(n\cdot G) - n\cdot\mu(G)$ かつ $\mathrm{Ls}(n\cdot G) - n\cdot\mu(G) < T$ となり，$-T < n\cdot(G - \mu(G)) < T$ が成り立つ． □

定理 6.3.20 任意のショートな非不偏ゲームの局面 G と H について $\mu(G+H) = \mu(G) + \mu(H)$ である．

---

[8] フェケテの補題などと呼ばれています．

証明

$$\begin{aligned}\mathrm{Rs}(n\cdot G)+\mathrm{Rs}(n\cdot H) &\le \mathrm{Rs}(n\cdot(G+H)) \le n\cdot\mu(G+H)\\ &\le \mathrm{Ls}(n\cdot(G+H)) \le \mathrm{Ls}(n\cdot G)+\mathrm{Ls}(n\cdot H)\end{aligned}$$

だから，全体を n で割ると

$$\frac{\mathrm{Rs}(n\cdot G)+\mathrm{Rs}(n\cdot H)}{n} \le \mu(G+H) \le \frac{\mathrm{Ls}(n\cdot G)+\mathrm{Ls}(n\cdot H)}{n}$$

であるが，n を大きくして極限をとると，この両側はどちらも $\mu(G)+\mu(H)$ に収束する． □

例 6.3.21　$\uparrow$ の平均値については，定理 5.5.3 より $0 < n\cdot(\uparrow - 0) < 1$ が成り立つので，$\mu(\uparrow) = 0$ です．

例 6.3.22　$\pm a$ の平均値については，$\pm a \pm a = 0$ であることに注意すると，$n\cdot(\pm a) = \pm a$ または $n\cdot(\pm a) = 0$ のいずれかが成り立ちます．

T を a より大きい適当な数，例えば $T = a+1$ とすると，$T \pm a = a+1 \pm a \in \mathcal{L}$ であり，$T > \pm a$ が成り立ちます．同様に $-T < \pm a$ が成り立つので，$-T < n\cdot(\pm a - 0) < T$ より $\pm a$ の平均値は 0 となります．

例 6.3.23　$\{3 \mid 1\}$ のような値については，$\{3 \mid 1\} = 2 \pm 1$ なので $\mu(\{3 \mid 1\}) = \mu(2 \pm 1) = \mu(2) + \mu(\pm 1) = 2$ となります．

より複雑な値については，**温度理論**（*temperature theory*）というものを用いて計算できることが知られており，本書では 6.5 節のコラム 10 で簡単に述べます．

6.4　コラム 9：超現実数の構造

数（超現実数）には全順序になるという特徴がありましたが，もう 1 つの大きな特徴は，2 つの数の積と商が定義できることです．まず，積は次のように定義されます．

定義 6.4.1　数 x と y の**積** $x \times y$（通常，単に xy と表記する）を次のように再帰的に定義する：

$$xy \cong \{x^{\mathcal{L}}y + xy^{\mathcal{L}} - x^{\mathcal{L}}y^{\mathcal{L}},\ x^{\mathcal{R}}y + xy^{\mathcal{R}} - x^{\mathcal{R}}y^{\mathcal{R}} \\ \mid x^{\mathcal{L}}y + xy^{\mathcal{R}} - x^{\mathcal{L}}y^{\mathcal{R}},\ x^{\mathcal{R}}y + xy^{\mathcal{L}} - x^{\mathcal{R}}y^{\mathcal{L}}\}.$$

ここで，この定義式において，対 $(x^{\mathcal{L}}, y^{\mathcal{L}}), (x^{\mathcal{L}}, y^{\mathcal{R}}), (x^{\mathcal{R}}, y^{\mathcal{L}}), (x^{\mathcal{R}}, y^{\mathcal{R}})$ は x と y の左選択肢や右選択肢の全体にわたることに注意されたい．

例 6.4.2　$x = 2, y = \dfrac{1}{2}$ として，xy を計算してみましょう．ただし，$x^{\mathcal{R}}$ は空なので，$x^{\mathcal{R}}y + xy^{\mathcal{R}} - x^{\mathcal{R}}y^{\mathcal{R}}$ や $x^{\mathcal{R}}y + xy^{\mathcal{L}} - x^{\mathcal{R}}y^{\mathcal{L}}$ は存在しないことに注意しましょう．

$$\begin{aligned} xy &= 2 \times \frac{1}{2} = \{1 \mid\} \times \{0 \mid 1\} \\ &= \left\{1 \times \frac{1}{2} + 2 \times 0 - 1 \times 0 \mid 1 \times \frac{1}{2} + 2 \times 1 - 1 \times 1\right\}. \end{aligned}$$

ここで，

$$\begin{aligned} &0 \times 0 = \{\mid\} = 0, \quad 0 \times 1 = 1 \times 0 = \{\mid\} = 0, \quad 2 \times 0 = \{\mid\} = 0, \\ &1 \times 1 = \{0 \times 1 + 1 \times 0 - 0 \times 0 \mid\} = \{0 \mid\} = 1, \\ &2 \times 1 = \{1 \times 1 + 2 \times 0 - 1 \times 0 \mid\} = \{1 \mid\} = 2, \\ &0 \times \frac{1}{2} = \{\mid\} = 0, \\ &1 \times \frac{1}{2} = \left\{0 \times \frac{1}{2} + 1 \times 0 - 0 \times 0 \,\middle|\, 0 \times \frac{1}{2} + 1 \times 1 - 0 \times 1\right\} \\ &\qquad = \{0 \mid 1\} = \frac{1}{2} \end{aligned}$$

なので，

$$\begin{aligned} xy &= \left\{1 \times \frac{1}{2} + 2 \times 0 - 1 \times 0 \,\middle|\, 1 \times \frac{1}{2} + 2 \times 1 - 1 \times 1\right\} \\ &= \left\{\frac{1}{2} \,\middle|\, \frac{3}{2}\right\} = 1 \end{aligned}$$

であるということがわかります．

この例でみたように，ここで定義した積の結果は，実数上で行う積の結果といつでも一致することが知られています．実は，商クラス SN は演算 $+$ と $\times$ に関し，0 を零元，1 を単位元とする全順序整域となります．すなわち，次が成り立ちます．

定理 6.4.3　x と y が数ならば xy も数である．また，x, y, z を数とすると次が成り立つ．

$$x0 = 0, \quad x1 = x, \quad xy = yx,$$
$$(-x)y = x(-y) = -(xy),$$
$$(x+y)z = xz + yz, \quad (xy)z = x(yz),$$
$$x = x' \text{かつ } y = y' \Longrightarrow xy = x'y'.$$

また，$0 < x, 0 < y$ ならば $0 < xy$ であり，$xy = 0$ ならば $x = 0$ または $y = 0$ である[9]．

実は $\mathbb{SN}$ は抽象代数でいうところの体になります．つまり，任意の数 x について，$x \neq 0$ ならば，x の逆数 $x^{-1} \in \mathbb{SN}$（すなわち $xx^{-1} = 1$ になるような数 x^{-1}）が存在します．

x^{-1} の構成はいささか面倒ですが，要点を述べましょう．$0 < x$ の場合のみ定義すれば十分です．なぜなら，$x < 0$ の場合は，$x^{-1} \cong -((-x)^{-1})$ とすればよいからです．$0 < x$ の場合，その定義から $x = \{0, L \mid R\}$ なる正の数の集合（空集合の場合もある）L と R が存在します．すべての $\ell \in L$, $r \in R$ が（再帰的に）逆数を持つから，それを用いて，正の数の集合 $L_1, L_2, \ldots$ と $R_1, R_2, \ldots$ を次のように再帰的に構成します．まず，$L_0 = \{0\}$, $R_0 = \emptyset$ とおきます．また，

$$\begin{aligned} L_{i+1} = L_i &\cup \{(1 + (r - x)y)r^{-1} \mid y \in L_i,\ r \in R\} \\ &\cup \{(1 + (\ell - x)y)\ell^{-1} \mid y \in R_i,\ \ell \in L\}, \\ R_{i+1} = R_i &\cup \{(1 + (\ell - x)y)\ell^{-1} \mid y \in L_i,\ \ell \in L\} \\ &\cup \{(1 + (r - x)y)r^{-1} \mid y \in R_i,\ r \in R\} \end{aligned}$$

とおきます．こうしておいて，x^{-1} を $x^{-1} \cong \{\bigcup_{i=1}^{\infty} L_i \mid \bigcup_{i=1}^{\infty} R_i\}$ と定義すると，次が成り立ちます．

定理 6.4.4　x を正の数とすると，x^{-1} も正の数であり，$xx^{-1} = 1$ である．

以上により，$\mathbb{SN}$ は全順序体を形成することが示され，x を y で割った結果 $\dfrac{x}{y}$ は xy^{-1} と書けることになります．

例えば $\dfrac{1}{3}$ を上の定義通りに計算してみると，$3 \cong \{2 \mid\}$ であることから，

9) 一般の局面 G に対して同様に積を定義したくなりますが，その場合，$G = G'$ であっても $G \times H \neq G' \times H$ となる場合があってうまくいきません．具体的には $G = \{1 \mid\}$, $G' = \{0, 1 \mid\}$, $H = \{0 \mid 0\}$ とするとそのような例が観察できます．

$$\frac{1}{3} = 3^{-1} \cong \left\{0, \frac{1}{4}, \frac{5}{16}, \frac{21}{64}, \cdots \;\middle|\; \frac{1}{2}, \frac{3}{8}, \frac{11}{32}, \frac{43}{128}, \cdots\right\}$$

となります．気になる人は計算してみてください．$3 \times \frac{1}{3} = 1$ となることも計算で確認できます．

ここまで，$\mathbb{SN}$ が，体と呼ばれる数学的構造を形成し，その中で加減乗除の演算が自由にできることを見てきました．さらに，実は $\mathbb{SN}$ は実閉体を作ります．すなわち，$\mathbb{SN}$ を係数に持つ奇数次の 1 変数代数方程式は $\mathbb{SN}$ 内に根を持つことが知られています．よって，$\mathbb{SN}$ は実数全体の集合と非常に似たものになります．

整数を含めた 2 進有理数は，ショートな非不偏ゲームの局面として定義でき，有限の表現を持つことは 5.3 節で述べた通りです．逆に，ゲームの局面として有限の表現を持つ数は，系 6.3.13 で述べた通り，2 進有理数しかありません．例えば $\frac{1}{3}$ や $\sqrt{2}$ のような数は，ゲームの局面として表記すると，必ず無限個の後続局面を持ちます．$\frac{1}{3}$ は上で見た通りですが，例えば，$\sqrt{2}$ は次のようになります．

$$\sqrt{2} = \left\{1, \frac{5}{4}, \frac{11}{8}, \frac{45}{32}, \frac{181}{128}, \cdots \;\middle|\; \frac{3}{2}, \frac{23}{16}, \frac{91}{64}, \cdots\right\}.$$

さて，数 x が**実数**であることは次の 2 つの条件で規定されます．

(1) ある整数 n が存在して $-n < x < n$.

(2) $x = \left\{x-1, x-\frac{1}{2}, \ldots, x-\frac{1}{2^n}, \cdots \;\middle|\; x+1, x+\frac{1}{2}, \ldots, x+\frac{1}{2^n}, \cdots\right\}$.

このように規定された実数全体の集合を $\mathbb{R}$ と記します．

すると，まず 2 進有理数は実数であることが示され，続いてすべての有理数が実数であることが示されます．さらに，実数自身が加減乗除について閉じていることが示されます．そして，有理数の稠密性やデデキントの切断，アルキメデス性などのさまざまな性質も示すことができます．

また，そのような性質をもつ集合 $\mathbb{R}$ が同型を除いて 1 つしかないことは実数論ではよく知られています．これより，$\mathbb{SN}$ がすべての実数を含んでいることが帰結されます．

実数を一般の数（超現実数）から分ける顕著な性質は，上のアルキメデス性です．逆に，一般の数にはアルキメデス性を持たないものが存在します．例えば，$\omega \cong \{1, 2, 3, \cdots \mid\}$ は一番簡単な正の無限大であり，どんな整数 n よりも大きいから，決して $\omega < n \cdot 1$ とはなりません．

また，$x \cong \{0 \mid 1, \frac{1}{2}, \frac{1}{3}, \ldots\}$ は一番簡単な形の正の無限小であり，この x はどんなに大きな整数 n を持ってきても $1 < n \cdot x$ とはなりません．実は $\omega x = 1$ なので，上の x は ω^{-1} や $\frac{1}{\omega}$ と表記されます．

数には通常の意味では無限大に分類されるものが，いくらでも存在します．その典型として，まず，$\mathbb{SN}$ にはカントールの「順序数」がすべて含まれていることを述べておきましょう．

定義 6.4.5　L を数の集合とするとき，$\{L\,|\}$ という形のゲームの局面を**順序数**と呼ぶ（順序数は自動的に数になる）．順序数（ordinal number）全体のクラスを **On** と記す．

すると次の定理が成立します．

定理 6.4.6　任意の空でない順序数のクラスには最小の要素が存在する．任意の順序数の集合 L に対して，その要素のどれよりも大きい順序数が存在する．実際，順序数 $\{L\,|\}$ は L のどの要素よりも大きい．また，順序数 α より小さい順序数の全体を L とすると $\alpha = \{L\,|\}$ である．

上の定理の集合 L が最大の順序数 α を含んでいる場合，$\{L\,|\}$ は後続順序数（successor ordinal）$\alpha + 1$ になり，集合 L が最大の順序数 α を持たない場合，$\{L\,|\}$ は極限順序数（limit ordinal）になります．これらのことがカントールの順序数論を特徴づけるものであり，$\mathbb{SN}$ がすべての順序数を含んでいることが帰結されます．

超現実数のこれ以上に詳しいことについて述べると，ゲームの話からはどんどん逸れていってしまいますのでこれくらいにして，興味を持たれた読者は，Conway の "*On Numbers and Games*" [ONG] をご参照いただければと思います．

6.5　コラム 10：ゲームの温度

転換ゲーム $\pm x\ (x > 0)$ のような局面は，どちらのプレイヤーにとっても先に着手したい局面です．ここで，一手の着手ごとに相手に t 手分の着手権を与えなければならないというペナルティが課された場合の局面について考えてみましょう．

定義 6.5.1　ショートな局面 G と数 $t \geq 0$ に対して，G を t だけ**冷却**した局面 G_t を次のように定義する．

$$G_t = \{G_t^{\mathcal{L}} - t \mid G_t^{\mathcal{R}} + t\}.$$

ただし，$G_t^{\mathcal{L}}, G_t^{\mathcal{R}}$ はそれぞれ G の左選択肢と右選択肢を t だけ冷却した局面全体にわたる．また，もし $t' < t$ を満たすある t' について，$G_{t'}$ がある数 x に無限小の値を足したものであれば，$G_t = x$ とする．

定義より，G が数のときは $G_t = G$ になります．また，$(G+H)_t = G_t + H_t$ が成り立つことも知られています．

例 6.5.2　$G = \{3 \mid 1\}$ を冷却することを考えましょう．$t < 1$ のとき，$G_t = \{3-t \mid 1+t\}$ となります．$t = 1$ のとき，$G_t = \{3-1 \mid 1+1\} = \{2 \mid 2\} = 2+*$ となります．この値が，数 2 に無限小の値を加えたものになっているので，$t > 1$ のときは $G_t = 2$ となります．

例 6.5.3　$G = \{\{3 \mid 1\} \mid -2, \pm 4\}$ についてはどうでしょうか？実際に計算してみると，$t \leq 1$ のとき，$G_t = \{(\{3 \mid 1\})_t - t \mid -2+t, (\pm 4)_t + t\} = \{\{3-2t \mid 1\} \mid -2+t, \{4 \mid -4+2t\}\}$ となり，$1 < t \leq 2$ のとき，$G_t = \{2-t \mid -2+t, \{4 \mid -4+2t\}\}$ となり，$2 < t$ のとき，$G_t = 0$ となることがわかります．

このような，局面の冷却と値の関係を示すために，**温度測定図**（*thermograph*）を用いることができます．温度測定図は，縦軸に冷却温度，横軸に局面の値を取り，点 $(\mathrm{Ls}(G_t), t)$ および $(\mathrm{Rs}(G_t), t)$ をグラフ上にプロットしたものです．局面 $\pm 8, \{3 \mid 1\}$, および $\{\{3 \mid 1\} \mid -2, \pm 4\}$ の温度測定図を図 6.2 に示します．

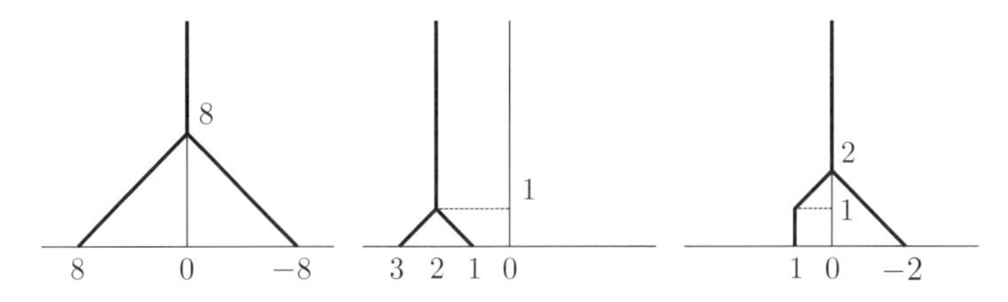

図 6.2　左から $\pm 8, \{3 \mid 1\}, \{\{3 \mid 1\} \mid -2, \pm 4\}$ の温度測定図

これらの図をみると，一定の温度以上冷却をすれば，左終局値と右終局値が一致する，すなわち数になっていることが分かります．このとき得られる値を G の**支柱値**（*mast value*）といい，$M(G)$ と書きます．次の事実が成り立ちます．

定理 6.5.4　ショートな局面 G の支柱値 $M(G)$ は一意に定まる．すなわち，ある 2 進有理数 T があって $t > T$ を満たす任意の 2 進有理数 t に対して $G_t = M(G)$ となる数 $M(G)$ が存在する．また，$M(G) = \mu(G)$ を満たす．

$t > T$ なる任意の t について $G_t = M(G)$ となるような T のうち，最小のものを G の**温度**（*temperature*）と呼びます．

例 6.5.5　$G = \pm 8$ のとき，G の温度は 8，支柱値は 0 です．$G = \{3 \mid 1\}$ のとき，G の温度は 1，支柱値は 2 です．$G = \{\{3 \mid 1\} \mid -2, \pm 4\}$ のとき，G の温度は 2，支柱値は 0 です．

局面の温度はほかにも局面を解析するために重要な性質を持ちますが，残念なことに，直和されている局面の温度の情報から全体の局面の必勝戦略保持者や必勝戦略を求めることは，一般にはできるとは限りません．詳しくは，[CGT] を参照してください.

6.6 コラム 11：不偏超限ゲームとグランディ数

このコラムでは, 具体的な超限ゲーム, 特に不偏超限ゲームである超限ニムと超限佐藤・ウェルターゲームについて紹介します [Abu20]. 超限ゲームでは, ある局面での可能な着手は有限個とは限らないが, ゲームは有限の着手で終わるのでした. 超限ニムでは石の個数が, 超限佐藤・ウェルターゲームではマス目の数が順序数へと拡張されます [10].

まず, 不偏超限ゲームの基本的な性質について述べます. ニム和や最小除外数やグランディ数は, 非負整数全体の集合 $\mathbb{N}_0$ 上から順序数全体のクラス $\mathbf{On}$ 上へと自然に定義を拡張できます.

定義 6.6.1　$\alpha, \beta \in \mathbf{On}$ とする. このとき,

$$\alpha \oplus \beta = \mathrm{mex}(\{\alpha' \oplus \beta,\ \alpha \oplus \beta' \mid 0 \leq \alpha' < \alpha,\ 0 \leq \beta' < \beta\})$$

と定義する.

また, 順序数の一般論から, 次がいえます.

定理 6.6.2　任意の $\alpha \in \mathbf{On}$ $(\alpha > 0)$ は次のように書ける.

$$\alpha = \omega^{\gamma_k} \cdot m_k + \cdots + \omega^{\gamma_1} \cdot m_1 + \omega^{\gamma_0} \cdot m_0.$$

ただし, ω は最小の順序数であり, k は非負整数, $m_0, m_1, \ldots, m_k \in \mathbb{N}_0 \setminus \{0\}$ であり, かつ $\alpha \geq \gamma_k > \cdots > \gamma_1 > \gamma_0 \geq 0$ である.

これを順序数の**カントール標準形**といい, これは超限ニムと超限佐藤・ウェルターゲームの必勝戦略の解析を行うのに重要な役割を果たします.

ここで, $\alpha_1, \alpha_2, \ldots, \alpha_n$ を順序数とします. 各 α_i $(i = 1, \ldots, n)$ は有限個の共通べき指数 $\gamma_0, \gamma_1, \ldots, \gamma_k$ を用いて次のように表せます.

$$\alpha_i = \omega^{\gamma_k} \cdot m_{ik} + \cdots + \omega^{\gamma_1} \cdot m_{i1} + \omega^{\gamma_0} \cdot m_{i0}\ (\text{ただし, } m_{ik} \in \mathbb{N}_0).$$

次に, $\mathbf{On}$ における最小除外数を定義し, 不偏超限ゲームにおけるグランディ数を定義します.

[10] 順序数については 6.4 節のコラム 9 を参照してください.

定義 6.6.3 T を $\mathbf{On}$ の真部分クラスとする．このとき，$\mathrm{mex}(T)$ を T に含まれない最小の順序数と定義する．すなわち，

$$\mathrm{mex}(T) = \min(\mathbf{On} \setminus T).$$

定義 6.6.4 不偏超限ゲームの局面全体のクラスから $\mathbf{On}$ への関数を次のように定義し，それを超限ゲームの局面 G のグランディ数と呼ぶ．

$$\mathcal{G}(G) = \mathrm{mex}\{\mathcal{G}(G') \mid G \to G'\}.$$

また，ショートな不偏ゲームのときと同様，次の定理が成り立ちます．

定理 6.6.5 G を不偏超限ゲームの局面とする．このとき，次が成り立つ．

$$\mathcal{G}(G) \neq 0 \iff G \text{ は } \mathcal{N} \text{ 局面},$$
$$\mathcal{G}(G) = 0 \iff G \text{ は } \mathcal{P} \text{ 局面}.$$

6.6.1 超限ニム

超限ニム（Transfinite Nim）は，通常のニムの山の石の個数を順序数に拡張したものです．ルールは通常のニムと基本的に同じであり，プレイヤーは自分のターンで石の個数である順序数 α をそれより小さい順序数 β $(< \alpha)$ に減らします．超限ニムの必勝判定を行うために，ニム和をカントール標準形を用いて次のように定義します．

定義 6.6.6 順序数 $\alpha_1, \alpha_2, \ldots, \alpha_n \in \mathbf{On}$ に対し，

$$\alpha_1 \oplus \alpha_2 \oplus \cdots \oplus \alpha_n = \sum_k \omega^{\gamma_k}(m_{1k} \oplus m_{2k} \oplus \cdots \oplus m_{nk})$$

と定義し，これを**ニム和**と呼ぶ [11]．

このとき，次の定理が成り立ちます [Abu20]．

定理 6.6.7 超限ニムの局面を $(\alpha_1, \alpha_2, \ldots, \alpha_n)$（ただし，$\alpha_i \in \mathbf{On}$）とおく．このとき，超限ニムのグランディ数は次のようになる．

$$\mathcal{G}(\alpha_1, \alpha_2, \ldots, \alpha_n) = \alpha_1 \oplus \alpha_2 \oplus \cdots \oplus \alpha_n.$$

---

11) この定義によるニム和の計算と定義 6.6.1 によるニム和の計算が等しくなることに注意してください．

例 6.6.8　超限ニムの局面 $(1,\ \omega\cdot 2+4,\ \omega^2\cdot 3+9,\ \omega^2\cdot 2+\omega\cdot 4+16,\ \omega^2+\omega\cdot 5+25)$ について，必勝判定を行いましょう．$\alpha_1 \oplus \alpha_2 \oplus \alpha_3 \oplus \alpha_4 \oplus \alpha_5$ を計算します．

$$\alpha_1 = \omega^{\gamma_2} \cdot m_{12} + \omega^{\gamma_1} \cdot m_{11} + m_{10} = \omega^2 \cdot 0 + \omega \cdot 0 + 1,$$
$$\alpha_2 = \omega^{\gamma_2} \cdot m_{22} + \omega^{\gamma_1} \cdot m_{21} + m_{20} = \omega^2 \cdot 0 + \omega \cdot 2 + 4,$$
$$\alpha_3 = \omega^{\gamma_2} \cdot m_{32} + \omega^{\gamma_1} \cdot m_{31} + m_{30} = \omega^2 \cdot 3 + \omega \cdot 0 + 9,$$
$$\alpha_4 = \omega^{\gamma_2} \cdot m_{42} + \omega^{\gamma_1} \cdot m_{41} + m_{40} = \omega^2 \cdot 2 + \omega \cdot 4 + 16,$$
$$\alpha_5 = \omega^{\gamma_2} \cdot m_{52} + \omega^{\gamma_1} \cdot m_{51} + m_{50} = \omega^2 \cdot 1 + \omega \cdot 5 + 25$$

ですから，

$$m_{12} \oplus m_{22} \oplus m_{32} \oplus m_{42} \oplus m_{52} = 0 \oplus 0 \oplus 3 \oplus 2 \oplus 1 = 0,$$
$$m_{11} \oplus m_{21} \oplus m_{31} \oplus m_{41} \oplus m_{51} = 0 \oplus 2 \oplus 0 \oplus 4 \oplus 5 = 3,$$
$$m_{10} \oplus m_{20} \oplus m_{30} \oplus m_{40} \oplus m_{50} = 1 \oplus 4 \oplus 9 \oplus 16 \oplus 25 = 5$$

となります．よって，$\alpha_1 \oplus \alpha_2 \oplus \alpha_3 \oplus \alpha_4 \oplus \alpha_5 = \omega\cdot 3+5$ と計算できます．したがって，この局面は $\mathcal{N}$ 局面です．

6.6.2　超限佐藤・ウェルターゲーム

超限佐藤・ウェルターゲーム（Transfinite Sato-Welter Game）は，通常の佐藤・ウェルターゲームのマス目の数を順序数に拡張したものです．ただし，コインは有限個です．許されている着手は通常のものと同じであり，1 枚のコインをコインが置かれていない左のマスに移動させることです（飛び越しも可能です）．

0	1	2	3	···	ω	$\omega+1$	$\omega+2$	···	ω^2	···
		○		···		○		···	○	···

まず，定理 3.7.1 の右辺を $[m_1|m_2|\cdots|m_n]$ と書き，（通常の）**ウェルター関数**（Welter function）と呼ぶことにします．これを拡張し，順序数に対するウェルター関数を次のように定義します．

定義 6.6.9　$\alpha_1, \alpha_2, \ldots, \alpha_n \in \mathbf{On}$ とする．各 α_i は $\alpha_i = \omega \cdot \lambda_i + m_i$ と書ける（ただし，$\lambda_i \in \mathbf{On}$ かつ $m_i \in \mathbb{N}_0$ である）．一般の順序数におけるウェルター関数を次のように定義する．これを**超限ウェルター関数**と呼ぶ．

$$[\alpha_1|\alpha_2|\cdots|\alpha_n] = \omega \cdot (\lambda_1 \oplus \lambda_2 \oplus \cdots \oplus \lambda_n) + \bigoplus_{\lambda \in \mathbf{On}} [S_\lambda].$$

ただし，$[S_\lambda]$ は通常のウェルター関数であり，$S_\lambda = \{m_n \mid \lambda_n = \lambda\}$ である．

このとき，次の定理が成り立ちます [Abu20].

定理 6.6.10 超限佐藤・ウェルターゲームの局面を $(\alpha_1, \alpha_2, \ldots, \alpha_n)$（ただし，$\alpha_i \in \mathbf{On}$）とする．このとき，超限佐藤・ウェルターゲームの局面のグランディ数は次のようになる．

$$\mathcal{G}(\alpha_1, \alpha_2, \ldots, \alpha_n) = [\alpha_1|\alpha_2|\cdots|\alpha_n].$$

ただし，$[\alpha_1|\alpha_2|\cdots|\alpha_n]$ は超限ウェルター関数である．

系 6.6.11 超限ウェルターゲームが $\mathcal{P}$ 局面であることと，次の 2 条件を満たすことは同値である．

$$\begin{cases} \omega \cdot (\lambda_1 \oplus \lambda_2 \oplus \cdots \oplus \lambda_n) = 0, \\ \displaystyle\bigoplus_{\lambda \in \mathbf{On}} [S_\lambda] = 0. \end{cases}$$

この系を用いて，超限ウェルターゲームの必勝判定を行うことができます．

例 6.6.12 超限ウェルターゲームの局面を $(1, \omega \cdot 2 + 4, \omega \cdot 2 + 9, \omega^2 + \omega \cdot 4 + 16, \omega^2 + \omega \cdot 5 + 25)$ とします．$[\alpha_1|\alpha_2|\alpha_3|\alpha_4|\alpha_5]$ を計算しましょう．

$$\begin{aligned}
\alpha_1 &= \omega^{\gamma_2} \cdot m_{12} + \omega^{\gamma_1} \cdot m_{11} + m_{10} = \omega^2 \cdot 0 + \omega \cdot 0 + 1, \\
\alpha_2 &= \omega^{\gamma_2} \cdot m_{22} + \omega^{\gamma_1} \cdot m_{21} + m_{20} = \omega^2 \cdot 0 + \omega \cdot 2 + 4, \\
\alpha_3 &= \omega^{\gamma_2} \cdot m_{32} + \omega^{\gamma_1} \cdot m_{31} + m_{30} = \omega^2 \cdot 0 + \omega \cdot 2 + 9, \\
\alpha_4 &= \omega^{\gamma_2} \cdot m_{42} + \omega^{\gamma_1} \cdot m_{41} + m_{40} = \omega^2 \cdot 1 + \omega \cdot 4 + 16, \\
\alpha_5 &= \omega^{\gamma_2} \cdot m_{52} + \omega^{\gamma_1} \cdot m_{51} + m_{50} = \omega^2 \cdot 1 + \omega \cdot 5 + 25
\end{aligned}$$

ですから，

$$\begin{aligned}
m_{12} \oplus m_{22} \oplus m_{32} \oplus m_{42} \oplus m_{52} &= 0 \oplus 0 \oplus 0 \oplus 1 \oplus 1 = 0, \\
m_{11} \oplus m_{21} \oplus m_{31} \oplus m_{41} \oplus m_{51} &= 0 \oplus 2 \oplus 2 \oplus 4 \oplus 5 = 1, \\
[m_{10}] \oplus [m_{20} \mid m_{30}] \oplus [m_{40}] \oplus \big[m_{50}\big] &= [1] \oplus [4 \mid 9] \oplus [16] \oplus [25] \\
&= 1 \oplus (4 \oplus 9 - 1) \oplus 16 \oplus 25 = 4
\end{aligned}$$

と計算できます．（α_2 と α_3 の ω^2 と ω の係数が等しくなっていることに注目してください．）したがって，超限ウェルター関数の定義により，

$$[\alpha_1|\alpha_2|\alpha_3|\alpha_4|\alpha_5] = \omega + 4$$

となります．以上より，この局面は $\mathcal{N}$ 局面であることがわかります．

◆演習問題◆

1. ★★ 次の局面と等しい数を求めてください．

(a) $\left\{1, \frac{1}{2}, \frac{1}{4}, \ldots, \frac{1}{2^n}, \ldots \;\middle|\; 3, \frac{5}{2}, \frac{9}{4}, \ldots, \frac{2^{n+1}+1}{2^n}, \ldots\right\}$.

(b) $\left\{1+*, \frac{1}{2}+*, \ldots, \frac{1}{2^n}+*, \ldots \;\middle|\; 1+*, 2+*2, \ldots, n+*n, \ldots\right\}$.

2. ★★ a を 3 以下の数とし，$G = \left\{\{3 \mid a\} \;\middle|\; \left\{\frac{3}{2} \mid 0\right\}\right\}$ とします．G が数にならない場合の a の範囲と，$\mathrm{Ls}(G)$ と $\mathrm{Rs}(G)$ を求めてください．また，G が数になる場合の a の範囲と G の値を求めてください．

3. ★★ 転換ゲーム $G = \{x \mid y\}$ $(x \geq y)$ に対し，

$$\mathrm{LC}(G) = (..\ x], \quad \mathrm{RC}(G) = [y\ ..), \quad \mathrm{Ls}(G) = x, \quad \mathrm{Rs}(G) = y$$

となることを証明してください．

4. ★★★ 6.6 節のコラム 11 の定理 6.6.7 を証明してください．

第 **7** 章

発展的な話題

この章では，さらに発展的な話題について扱います．なお，各節は独立しているため，興味のあるところから読み進めることができます．

7.1 節で扱う**ルーピーゲーム**は，同型反復のあるゲームです．同じ局面が再度現れることがあるので，場合によってはゲームが終わらず，いつまでも続いてしまいます．そのような局面は引き分け局面（$\mathcal{D}$ 局面）と呼ばれ，新たな帰結類となります．

7.2 節で扱う**逆形ゲーム**は，正規形の勝利条件を逆にしたもので，「最後に着手ができなくなったプレイヤーが勝ち」となるゲームです．逆形は正規形と比べて扱いにくいものですが，逆形不偏ゲームにおいては，逆形商と呼ばれる特殊な可換モノイドを用いた代数的な解析手法が知られています．

7.3 節で扱う**得点付きゲーム**は，ゲームの終了局面に対して得点が割り当てられるゲームです．通常はスコアが正なら左の勝ち，負なら右の勝ちとなります．終了局面にどちらの手番によって到達したかが局面の得点に影響する場合は，一般にはゲームの構造は非常に複雑になりますが，少し制約を加えることで，構造が扱いやすくなることが知られています．

実際のゲームには，囲碁のように同型反復が生じることのあるゲームが多いため，ルーピーゲームの理論を詳しく知ることは，ゲームの解析の道具を増やすことにつながるでしょう．

逆形ゲームと得点付きゲームについては，近年，**宇宙**を制限するという方法でいくつかのよい構造が発見されました．通常 2 つの局面が等しいというとき，任意の局面を両方に足して帰結類が異ならないことを意味しますが，宇宙を制限するという方法では，局面全体の特定の部分集合（宇宙と呼ぶ）の任意の局面を両方に足してその帰結類が異ならないとき，2 つの局面は等しい（**合同**である）とみなします．このように，制限した範囲（宇宙）で，“等しい関係” を新たに定義することで，その宇宙の中では構造が綺麗になることがあります．

7.1 ルーピーゲーム

ルーピーゲーム（*loopy game*）は，同型反復のあるゲームです．すなわち，ある局面 G から，一手以上の着手を経たあとで，再び G となるような可能性があるゲームです．本書では，正規形の場合，すなわち，着手不能になったプレイヤーが負けとなる場合のみを扱います．

あとで詳しく見ていきますが，ルーピーゲームではいずれのプレイヤーも，着手不能にはならないことがあるので注意が必要です．このとき，ゲームは**引き分け**（*Draw*）として扱われます．よって，不偏ルーピーゲームでは，$\mathcal{N}, \mathcal{P}$ のほかに，$\mathcal{D}$ という第三の帰結類が存在します．また，非不偏ルーピーゲームでは，4 種類だった帰結類が 9 種類になります．

本節では，ルーピーゲームの理論として，正規形不偏ルーピーゲームについて紹介し，正規形非不偏ルーピーゲームについては 7.4 節のコラム 12 で簡単に述べます．

7.1.1 不偏ルーピーゲーム

不偏ルーピーゲームについて考えてみましょう．ルーピーゲームでは同一の局面が二度現れることが許されるので，ゲームの局面を再帰的に定義することができません．不偏ルーピーゲームの局面全体の集合をグラフとみなして，各頂点を局面，有向辺を局面の遷移と対応付けるようにします．

定義 7.1.1　不偏ルーピーゲームの局面を $G = (V, x)$ と表す．V は有向グラフ，x は V のある頂点である．V が有限のグラフであるとき，すなわち，V の頂点と辺の数がいずれも有限であるとき，G は**有限**であるという．G の選択肢は，$G' = (V, x')$ であって有向辺 $x \to x'$ が存在するものである．

x から有向辺が出ていないとき，$G = (V, x)$ は**終了局面**であるという．

以降，本節では有限の局面のみを考えることとします．

2 山で行うニムの簡単な変種である **3 保持ニム**を考えましょう．このルールでは，通常のニムの着手に加えて，石の数の合計が 3 であるときは，片方の山から石を 1 つ取って，もう片方の山に移す操作が許されます．石の個数の合計

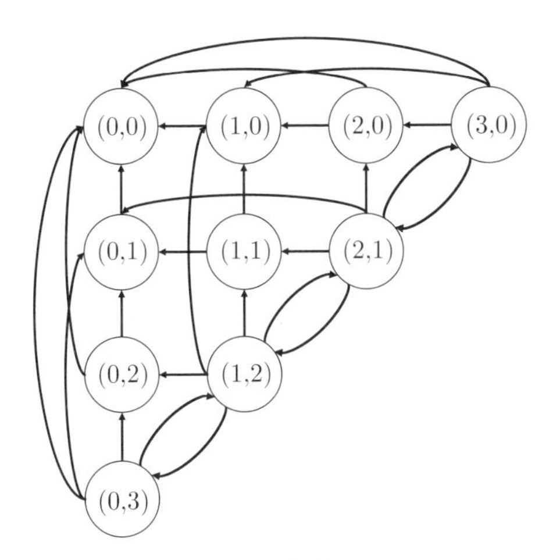

図 7.1 3 保持ニム

が 3 以下であるような 3 保持ニムをグラフで表すと，図 7.1 のようになります．

$(3,0)$ と $(2,1)$ や $(2,1)$ と $(1,2)$，あるいは $(1,2)$ と $(0,3)$ の間が行き来できるようになっており，サイズ 2 のサイクルになっています．したがって，お互いのプレイヤーが無限に手を打ち続ける状況，つまり引き分けに持ち込むことができます．このように，サイクルや自己ループが，ルーピーゲームでは認められています．

ただし，サイクルがあれば必ず引き分けになるとは限りません．実際，ここでは $(3,0), (2,1), (1,2), (0,3)$ のいずれからも $(0,0)$ または $(1,1)$ に遷移して勝つことができるので，わざわざ引き分けに持ち込む必要はありません．

次に，**3 保持** ***Wythoff*** **のニム**を考えてみましょう．このニムでは，通常の Wythoff のニムの着手に加えて，石の数の合計が 3 であるときに，片方の山から石を 1 つ取って，もう片方の山に移す操作が許されています．石の個数の合計が 3 以下であるような 3 保持 Wythoff のニムをグラフで表すと，図 7.2 のようになります．

石の個数の合計が 3 未満の場合は通常の Wythoff のニムと同じですから，$(1,0), (0,1), (1,1), (2,0), (0,2), (3,0), (0,3)$ はいずれも先手に必勝戦略があります．すると，$(2,1)$ および $(1,2)$ からは石を減らしたり，$(3,0)$ や $(0,3)$ にすると負けてしまいますから，3 保持 Wythoff のニムではお互い $(2,1)$ と $(1,2)$ の間を行き来して，引き分けに持ち込むことが最善になります．

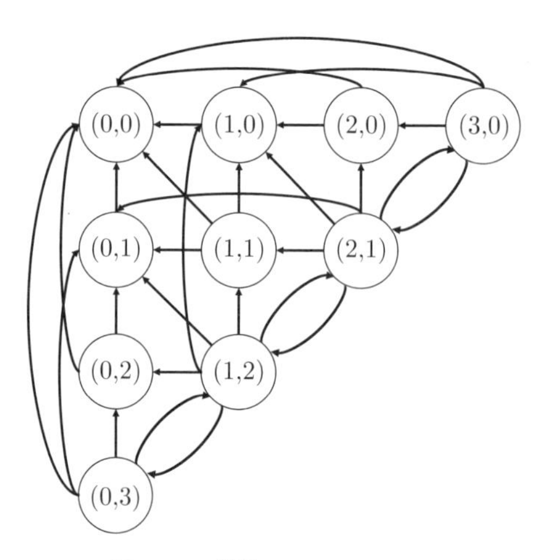

図 7.2　3 保持 Wythoff のニム

次に，ルーピーゲームの直和を定義します．

定義 7.1.2　$G = (V, x), H = (W, y)$ に対して，G と H の**直和** $G + H$ を $G + H = (V \times W, (x, y))$ とする．有向辺 $x \to x'$ が存在するとき，$(x, y) \to (x', y)$ が存在し，有向辺 $y \to y'$ が存在するとき，有向辺 $(x, y) \to (x, y')$ が存在することとする．また，それ以外には有向辺は存在しないとする．

続いて，$\mathcal{P}$ 局面をランク分けするという操作を行います．$\mathcal{P}$ 局面全体の集合を定義するために，$\mathcal{P}$ 局面を再帰的にランク分けします．具体的には，終了局面までに必要な最長の手数によって，$\mathcal{P}$ 局面を分類します．

定義 7.1.3　任意の非負整数 n について，集合 $\mathcal{P}_n$ を次のように定義する．

・$G \in \mathcal{P}_0 \iff G$ が終了局面である．
・$G \in \mathcal{P}_n \iff G$ の任意の選択肢 G' に対し，G' のある選択肢 G'' が存在して，$G'' \in \mathcal{P}_k \ (k < n)$ を満たす．

直観的に言うと，$\mathcal{P}_n$ に属する局面では，$2n$ 手以内に後手が勝つことができます．明らかに $\mathcal{P}_0 \subset \mathcal{P}_1 \subset \mathcal{P}_2 \subset \cdots$ が成り立ちます．

定義 7.1.4 任意の不偏ルーピーゲームの局面 G について，次のように定義する．

- G が $\mathcal{P}$ **局面**であるとは，ある n があって $G \in \mathcal{P}_n$ となることをいう．
- G が $\mathcal{N}$ **局面**であるとは，G のある選択肢 G' が $\mathcal{P}$ 局面であることをいう．
- G が $\mathcal{D}$ **局面**であるとは，G が $\mathcal{P}$ 局面でも $\mathcal{N}$ 局面でもないことをいう．

G が $\mathcal{P}$ 局面のとき，$G \in \mathcal{P}_n$ を満たす最小の n を G の**ランク**（*rank*）といい，$\mathrm{rank}(G)$ で表します．例えば，図 7.1 のグラフ V で表現される 3 保持ニムの局面 $G = (V, (0,0))$ のランクは 0 であり，$G' = (V, (1,1))$ のランクは 1 になります．

定理 7.1.5 任意の不偏ルーピーゲームの局面 G について，次が成り立つ．

(a) G の任意の選択肢が $\mathcal{N}$ 局面である $\Longleftrightarrow$ G は $\mathcal{P}$ 局面である．
(b) G のある選択肢が $\mathcal{P}$ 局面である $\Longleftrightarrow$ G は $\mathcal{N}$ 局面である．
(c) G に $\mathcal{P}$ 局面の選択肢が 1 つもなく，ある選択肢が $\mathcal{D}$ 局面である $\Longleftrightarrow$ G は $\mathcal{D}$ 局面である．

証明 (a) について：G の任意の選択肢 G' が $\mathcal{N}$ 局面であるとする．G' には，$G'' \in \mathcal{P}_k$ を満たす k と選択肢 G'' が存在する．G の選択肢 G' の数は有限なので，どの G' に対する k よりも大きい n を選ぶと，$G \in \mathcal{P}_n$ である．逆に，G が $\mathcal{P}$ 局面のときはある n があって $G \in \mathcal{P}_n$ である．このとき，定義よりすべての G の選択肢 G' は $\mathcal{N}$ 局面である．

(b) は定義から従う．

(c) について：G に $\mathcal{P}$ 局面の選択肢が 1 つもないとき，(b) より，G は $\mathcal{N}$ 局面ではない．G のある選択肢が $\mathcal{D}$ 局面であるとき，任意の選択肢が $\mathcal{N}$ 局面でないことから，(a) より，G は $\mathcal{P}$ 局面ではない．よって G に $\mathcal{P}$ 局面の選択肢が 1 つもなく，ある選択肢が $\mathcal{D}$ 局面であるならば，定義 7.1.4 より，G は $\mathcal{D}$ 局面である．逆に，G が $\mathcal{D}$ 局面であるならば，定義 7.1.4 より，G は $\mathcal{N}$ 局面でも $\mathcal{P}$ 局面でもない．よって，(a), (b) より，G に $\mathcal{P}$ 局面の選択肢が 1 つもなく，ある選択肢が $\mathcal{D}$ 局面である． □

ここから，局面 G が $\mathcal{P}$ 局面かつ $\mathcal{N}$ 局面になることは起こらないとわかります．また定義より明らかに，$\mathcal{D}$ 局面は $\mathcal{P}$ 局面でも $\mathcal{N}$ 局面でもありません．よって，任意の局面 G について，その帰結類 $\mathcal{P}$，$\mathcal{N}$，$\mathcal{D}$ が一意に定まることがわかります．これを通常の場合と同様に，$o(G)$ と表します．

さて，帰結類とゲームの結果がきちんと対応していることも確認しておきましょう．

定理 7.1.6　任意の不偏ルーピーゲームの局面 G について，次が成り立つ．

(a) G が $\mathcal{P}$ 局面であれば，後手のプレイヤーに必勝戦略がある．
(b) G が $\mathcal{N}$ 局面であれば，先手のプレイヤーに必勝戦略がある．
(c) G が $\mathcal{D}$ 局面であれば，お互いのプレイヤーが引き分けに持ち込むことができる．

証明　(a) について：G のランクに関する帰納法で証明する．$G \in \mathcal{P}_0$ のとき，G は終了局面なので後手のプレイヤーの勝ちである．$G \in \mathcal{P}_n$ ならば，定義から任意の G の選択肢 G' は $G'' \in \mathcal{P}_k$ $(k < n)$ なる選択肢 G'' を持つ．帰納法の仮定より G'' は後手のプレイヤーが必勝戦略を持つので，G においては後手のプレイヤーが必勝戦略を持つ．

(b) について：G はある選択肢 $G' \in \mathcal{P}$ を持つので，先手のプレイヤーは G を G' にして勝つことができる．

(c) について：「選択肢に $\mathcal{P}$ 局面があればそれを選び，なければ $\mathcal{D}$ 局面を選ぶ」という戦略を考える．お互いのプレイヤーが G からこの戦略をとり続けると，ずっと $\mathcal{D}$ 局面であり続けて引き分けになる．一方，この戦略を外れる場合，そのプレイヤーはある $\mathcal{N}$ 局面に遷移することになるが，その場合は相手に $\mathcal{N}$ 局面を渡すことになるので負けてしまう．よってお互いにとってこの戦略をとり続けることが最善となり，結果は引き分けになる．□

これまで見てきた正規形のゲームでは，$\mathcal{P}$ 局面であることと値が0に等しいことは同値である，という顕著な特徴がありました．実は，正規形の不偏ルーピーゲームについても，$\mathcal{P}$ 局面であることと値が0に等しいということは同値になります．

不偏ルーピーゲームの等価性はこれまでのゲームの等価性と同じように定義されます．

定義 7.1.7 不偏ルーピーゲームの局面 G と H について，任意の不偏ルーピーゲームの局面 X に対して $o(G+X)=o(H+X)$ となるとき，かつそのときに限り，G と H は**等価**であるといい，$G=H$ と書く．

定理 7.1.8 $o(G)=\mathcal{P}$ ならば，$G=0$ である．

証明 任意の局面 X に対し，$o(G+X)=o(X)$ となることを証明する．$\mathrm{rank}(G)$ に関する帰納法で示す．$\mathrm{rank}(G)=0$ のとき，$G\cong 0$ であり，$o(G+X)=o(X)$ である．

$\mathrm{rank}(G)$ より小さいランクを持つ任意の $\mathcal{P}$ 局面に対して定理が成立していると仮定する．

「$o(X)=\mathcal{P}\Longrightarrow o(G+X)=\mathcal{P}$」を最初に示す．

X の任意の選択肢 X' に対し，$o(G+X')=\mathcal{N}$ を示すために $\mathrm{rank}(X)$ の帰納法を用いる．X の任意の選択肢 X' に対し，ある選択肢 X'' が存在して $X''\in\mathcal{P}$ であり，$\mathrm{rank}(X'')<\mathrm{rank}(X)$ である．$\mathrm{rank}(X)$ の帰納法より，$o(G+X'')=\mathcal{P}$ である．よって $o(G+X')=\mathcal{N}$ である．

同様に，G の任意の選択肢 G' に対して，$o(G'+X)=\mathcal{N}$ を示す．$o(G)=\mathcal{P}$ なので G' にはある選択肢 G'' が存在して $o(G'')=\mathcal{P}$ であり，$\mathrm{rank}(G'')<\mathrm{rank}(G)$ である．よって $\mathrm{rank}(G)$ の帰納法から $o(G''+X)=\mathcal{P}$ であるから，$o(G'+X)=\mathcal{N}$ である．つまり，$(G+X)$ の任意の選択肢 $(G+X)'$ について $o((G+X)')=\mathcal{N}$ である．よって $G+X$ は $\mathcal{P}$ 局面である．

次に，「$o(G+X)=\mathcal{P}\Longrightarrow o(X)=\mathcal{P}$」が任意の X で成り立つことを示す．

$\mathrm{rank}(G+X)$ の帰納法で示す．X の各選択肢 X' について，$(G+X')$ の選択肢 $(G+X')'\in\mathcal{P}$ が存在して $\mathrm{rank}((G+X')')<\mathrm{rank}(G+X)$ である．ここで，$(G+X')'=G'+X'$（G' は G の選択肢）または $(G+X')'=G+X''$（X'' は X' の選択肢）である．

$o(G+X'')=\mathcal{P}$ ならば，$\mathrm{rank}(G+X)$ の帰納法より，$o(X'')=\mathcal{P}$ である．$o(G'+X')=\mathcal{P}$ ならば，G' の選択肢 G'' で $o(G'')=\mathcal{P}$ となるものをとる．このとき $o(G''+X')=\mathcal{N}$ となる．$\mathrm{rank}(G)$ の帰納法より，$o(X')=\mathcal{N}$ であり，ここから，X のすべての選択肢は $\mathcal{N}$ 局面であるとわかる．

よって，「$o(G+X)=\mathcal{P}\Longleftrightarrow o(X)=\mathcal{P}$」が任意の X について成り立つ．

$o(G+X)=\mathcal{N}$ とすると，X のある選択肢 X' が存在して $o(G+X')=\mathcal{P}$

となるか，G の選択肢 G' が存在して $o(G'+X)=\mathcal{P}$ である．前者の場合，$o(X')=\mathcal{P}$ であるから，$o(X)=\mathcal{N}$ になる．後者の場合は，G は $\mathcal{P}$ 局面であるので，G' にはある選択肢 G'' が存在して $o(G'')=\mathcal{P}$ である．このとき，$o(G'+X)=\mathcal{P}$ であるから $o(G''+X)=\mathcal{N}$ なので，帰納法の仮定により $o(X)=\mathcal{N}$ である．

また，$o(X)=\mathcal{N}$ であるとすると，X のある選択肢 X' があって $o(X')=\mathcal{P}$ である．このとき，$o(G+X')=\mathcal{P}$ が帰納法から成り立つから $o(G+X)=\mathcal{N}$ である．

以上より，「$o(G+X)=\mathcal{N} \Longleftrightarrow o(X)=\mathcal{N}$」が任意の X について成り立つ．

よって「$o(G+X)=\mathcal{D} \Longleftrightarrow o(X)=\mathcal{D}$」も成り立ち，$o(G+X)=o(X)$ となる． □

7.1.2 不偏ルーピーゲームの値

不偏ゲームではグランディ数を求めることで局面の直和を解析することができました．不偏ルーピーゲームでも，グランディ数を拡張することで，局面とその直和を解析することができます．

定義 7.1.9 任意の不偏ルーピーゲームの局面 G および整数 $n \geq 0$ に対して，$\mathcal{G}_n(G) \in \mathbb{N}_0 \cup \{\infty\}$ を次のように定義する．

$$\mathcal{G}_0(G) = \begin{cases} 0 & (G \text{ が終了局面のとき}), \\ \infty & (\text{それ以外}). \end{cases}$$

さらに，$n \geq 0$ に対して $m_n(G) = \mathrm{mex}(\{\mathcal{G}_n(G') \mid G' \text{は} G \text{の選択肢}\})$ として，

$$\mathcal{G}_{n+1}(G) = \begin{cases} m_n(G) & (G \text{ の任意の選択肢 } G' \text{ で } \mathcal{G}_n(G') > m_n(G) \text{ を} \\ & \text{満たすものについて，ある選択肢 } G'' \text{ が存在して} \\ & \mathcal{G}_n(G'') = m_n(G) \text{ のとき}), \\ \infty & (\text{それ以外}) \end{cases}$$

と定める．ただし，任意の有限集合 $T \subset \mathbb{N}_0 \cup \{\infty\}$ に対して $\mathrm{mex}(T) = \min((\mathbb{N}_0 \cup \{\infty\}) \setminus T)$ とする．

次の局面で実際に $\mathcal{G}_n(G)$ の値を計算してみましょう．

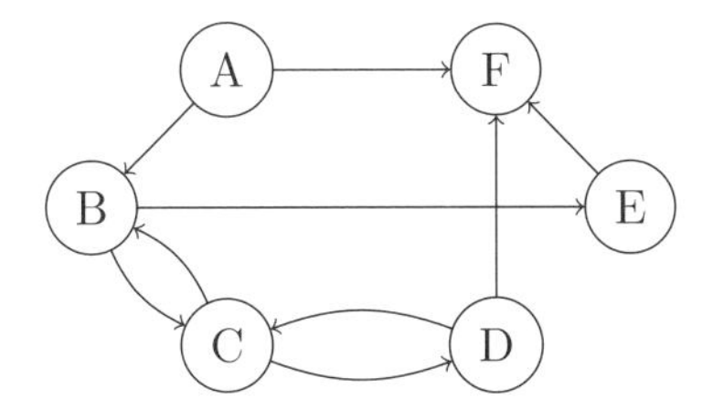

最初のステップ（ステップ 0）で，終了局面は F だけなので，各局面における $\mathcal{G}_0$ の値は次のようになります．

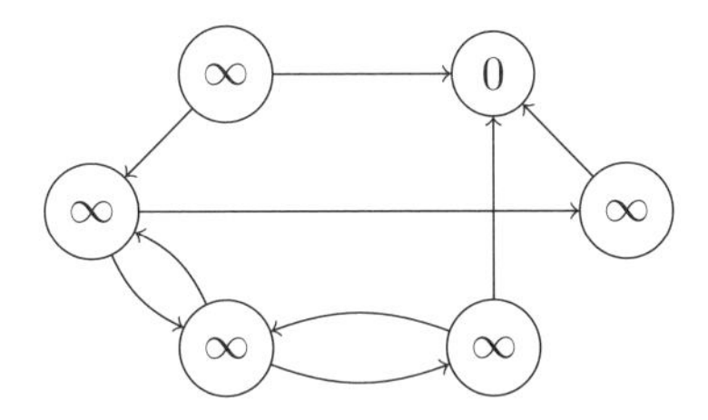

次のステップ（ステップ 1）で，F のみを選択肢に持つ E について考えてみると，$m_0(\mathrm{E}) = 1$ となります．ここで，E の選択肢 G' であって，$\mathcal{G}_0(G') > 1$ となるようなものは存在しないので，定義から $\mathcal{G}_1(\mathrm{E}) = m_0(\mathrm{E}) = 1$ と定まります．定義より，それ以外の局面の $\mathcal{G}_1$ の値については，$\mathcal{G}_0$ の値と変わりません．よって，各局面における $\mathcal{G}_1$ の値は次のようになります．

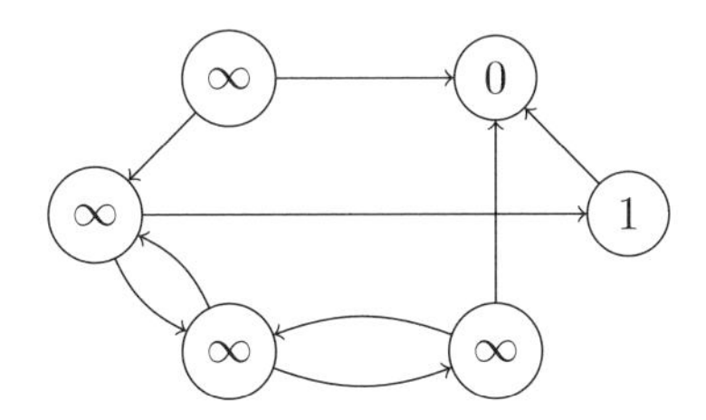

さらに次のステップ（ステップ 2）で，$\mathcal{G}_2(\mathrm{A})$ を計算してみます．A の選択肢は F と B であり，F と B がとる $\mathcal{G}_1$ の値の mex は $\mathrm{mex}(\{0, \infty\}) = 1$ なので，$m_1(\mathrm{A}) = 1$ となります．ここで，A の選択肢 B は $\mathcal{G}_1(\mathrm{B}) = \infty > 1\ (= m_1(\mathrm{A}))$ となり，B の選択肢 E は $\mathcal{G}_1(\mathrm{E}) = 1\ (= m_1(\mathrm{A}))$ を満たします．したがって，$\mathcal{G}_2(\mathrm{A}) = 1$ となります．これ以外の局面の $\mathcal{G}_2$ の値については，$\mathcal{G}_1$ の値と変わりません．よって各局面の $\mathcal{G}_2$ の値は次の通りです．

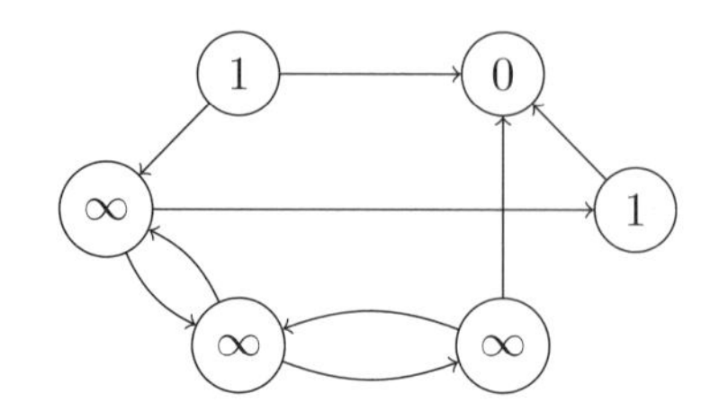

これ以降のステップでは値は変わらないため，任意の $n \geq 2$ について，$\mathcal{G}_n(\mathrm{F}) = 0$, $\mathcal{G}_n(\mathrm{A}) = \mathcal{G}_n(\mathrm{E}) = 1$, $\mathcal{G}_n(\mathrm{B}) = \mathcal{G}_n(\mathrm{C}) = \mathcal{G}_n(\mathrm{D}) = \infty$ となります．なお，どのような有限の不偏ルーピーゲームについても，十分大きなステップを踏めば，それ以上ステップを増やしても各局面の $\mathcal{G}_n$ の値が変わらなくなることを p.181 で示します．

例に戻ると，値が 0 の F は $\mathcal{P}$ 局面，値が 1 の A, E は $\mathcal{N}$ 局面となっており，通常の不偏ゲームのグランディ数と一致しています．一方，値が ∞ の局面について考察してみると，D は $\mathcal{N}$ 局面ですが B, C は $\mathcal{D}$ 局面となるので，値が ∞ であるという情報だけでは帰結類を特定するのには不十分であることがわかります．そこで，以下で帰結類を特定する方法を見ていきます．

命題 7.1.10　任意の不偏ルーピーゲームの局面 G と非負整数 n に対して，$\mathcal{G}_n(G) = 0$ は $G \in \mathcal{P}_n$ と同値である．

証明　$n = 0$ のときは明らかである．よって $n > 0$ を仮定する．もし $\mathcal{G}_n(G) = 0$ であれば，すべての選択肢 G' について $\mathcal{G}_{n-1}(G') > 0$ となることが必要である．したがって，すべての G' について，ある選択肢 G'' が存在して $\mathcal{G}_{n-1}(G'') = 0$ であり，帰納法の仮定から $G'' \in \mathcal{P}_{n-1}$ である．逆についても同様に示される． □

命題 7.1.11　任意の不偏ルーピーゲームの局面 G と非負整数 n に対して，$\mathcal{G}_n(G) = m < \infty$ であれば，$\mathcal{G}_{n+1}(G) = m$ である．

証明　任意の $a\ (< m)$ について，ある選択肢 G' が存在して $\mathcal{G}_{n-1}(G') = a$ である．n に関する帰納法から, $\mathcal{G}_n(G') = a$ を同様に仮定できる．次に $\mathcal{G}_n(G') \geq m$ となるような G' について考える．n に関する帰納法から，$\mathcal{G}_{n-1}(G')$ は $\mathcal{G}_n(G')$ か ∞ のいずれかと等しいと仮定できる．ここで，$\mathcal{G}_n(G) = m$ であるから，$\mathcal{G}_{n-1}(G') \neq m$ である．ゆえに $\mathcal{G}_{n-1}(G') > m$ となり，よって $\mathcal{G}_n(G) = m$

から G' にはある選択肢 G'' が存在して $\mathcal{G}_{n-1}(G'') = m$ である．したがって，$\mathcal{G}_n(G') \neq m$，すなわち，$\mathcal{G}_n(G') > m$ となる．また，n に関する帰納法と $\mathcal{G}_{n-1}(G'') = m$ より，$\mathcal{G}_n(G'') = m$ が成り立つ．よって，$\mathcal{G}_{n+1}(G) = m$ である． □

命題 7.1.11 から，局面 G に対して，2 つの可能性があることがわかります．

・$\mathcal{G}_n(G) = \infty$ が任意の n について成り立つ．

または，

・ある一意に定まる値 m と $n_0 \geq 0$ が存在して，

$$\mathcal{G}_n(G) = \begin{cases} \infty & (n < n_0 \text{ のとき}), \\ m & (n \geq n_0 \text{ のとき}) \end{cases}$$

となる．

このことから，十分大きな n をとると，すべての局面 G について $\mathcal{G}_{n+1}(G) = \mathcal{G}_n(G)$ となり，これ以上 n を大きくしても $\mathcal{G}_n(G)$ の値が変わらないことがわかります．

定義 7.1.12 ある十分大きい n について $\mathcal{G}_n(G) = m$ が成り立つとき，$\mathcal{G}(G) = m$ と書く．それ以外のときは，$\mathcal{G}(G) = \infty(\mathcal{A})$ と書く．ここで，$\mathcal{A} = \{\mathcal{G}(G') \in \mathbb{N}_0 \mid G' \text{は} G \text{のある選択肢}\}$ である．この $\mathcal{G}(G)$ を G の**ルーピーグランディ数**と呼ぶ．

先ほどの例でいえば，$\mathcal{G}(\mathrm{F}) = 0$，$\mathcal{G}(\mathrm{A}) = \mathcal{G}(\mathrm{E}) = 1$，$\mathcal{G}(\mathrm{B}) = \infty(\{1\})$，$\mathcal{G}(\mathrm{C}) = \infty(\emptyset)$，$\mathcal{G}(\mathrm{D}) = \infty(\{0\})$ となります．

G のランクは，$\mathcal{G}_n(G)$ が有限になるような最小の n です．またそのような n が存在しないときは，ランクは ∞ になります．（$\mathcal{P}$ 局面については定義 7.1.4 のあとで定義したランクと一致していますが，この定義により $\mathcal{P}$ 局面以外にもランクを拡張することができます．）

次の定理により，$\mathcal{G}(G)$ が帰結類を決定づけることがわかります．

定理 7.1.13 任意の不偏ルーピーゲームの局面 G に対して，次が成り立つ．

(a) $\mathcal{G}(G) = 0$ となることは，G が $\mathcal{P}$ 局面であることと同値である．

(b) $\mathcal{G}(G) = m\ (m > 0)$ のときは，G は $\mathcal{N}$ 局面である．
(c) $\mathcal{G}(G) = \infty(\mathcal{A})$ であって $0 \in \mathcal{A}$ のとき，G は $\mathcal{N}$ 局面である．
(d) $\mathcal{G}(G) = \infty(\mathcal{A})$ であって $0 \notin \mathcal{A}$ のとき，G は $\mathcal{D}$ 局面である．

証明　(a) は命題 7.1.10 の言い換えである．(b), (c) については，ある選択肢 G' が $\mathcal{G}(G') = 0$ を満たす．よって (a) および定理 7.1.5 から，$\mathcal{N}$ 局面であるとわかる．(d) については，G はまず $\mathcal{P}$ 局面にはならない．なぜなら，(a) で完全に同値な条件を導いたからである．また，G の選択肢はどれも $\mathcal{P}$ 局面ではないので，G は $\mathcal{N}$ 局面でもない．よって G は $\mathcal{D}$ 局面となる．□

さらに通常の不偏ゲームのときと同じく，$\mathcal{G}(G+H)$ を $\mathcal{G}(G)$ と $\mathcal{G}(H)$ から計算する方法も存在します．その方法について，見ていきましょう．

定理 7.1.14　$\mathcal{G}(G) = m$ のとき，$G = *m$ である．

証明　G が終了局面のときは，$m = 0$ となり，明らかに主張は成り立つ．それ以外のときは，$n = \mathrm{rank}(G)$ とおく．$G + *m \in \mathcal{P}_{m+n}$ となることを $m + n$ に関する帰納法で示す．定理 7.1.8 から，これを示すだけで十分である．いま，

$$m = \mathrm{mex}(\{\mathcal{G}_{n-1}(G') \mid G' \text{は} G \text{の選択肢}\})$$

が成り立つ．したがって，$G+*m$ から $G+*a\ (a < m)$ への着手には $G'+*a$（ただし $\mathcal{G}_{n-1}(G') = a$）とする応手が存在する．帰納法により，$G' + *a \in \mathcal{P}_{a+n-1}$ がわかる．

次に $G' + *m$ への着手を考える．$n' = \mathrm{rank}(G')$ とする．$n' < n$ かつ $\mathcal{G}(G') = a\ (< m)$ であれば，$G' + *m$ には $G' + *a$ にする応手がある．帰納法の仮定より，これは $\mathcal{P}_{a+n'}$ に属する．もし $n' \geq n$ または $\mathcal{G}(G') > m$ であれば，G' はある選択肢 G'' を持ち，$\mathcal{G}(G'') = m$ かつ $\mathcal{G}_{n-1}(G'') = m$ である．よって $G' + *m$ は $G'' + *m$ と応手することができ，帰納法の仮定により $\mathcal{P}_{m+n-1}$ に属する．

以上から，$G + *m \in \mathcal{P}_{m+n}$ である．□

補題 7.1.15　もし $\mathrm{rank}(G) = \infty$ であれば，任意の H に対して $\mathrm{rank}(G+H) = \infty$ となる．

証明 背理法で示す．主張が偽であると仮定する．このとき，G と H の組であって $\mathrm{rank}(G + H)$ が最小になるものが存在するので，それをとる．$n = \mathrm{rank}(G + H)$ とする．また $m = \mathcal{G}(G + H)$ とする．

もし $\mathrm{rank}(H)$ が有限であれば，ある $a \in \mathbb{N}_0$ が存在して，$H = *a$ であり，$G = *m + *a$ となるので，$\mathrm{rank}(G) = \infty$ であることと矛盾するから，$\mathrm{rank}(H) = \infty$ である．

ここで G のランクは ∞ なので，ある選択肢 G' があってそのランクも ∞ である．よって n の最小性より $\mathrm{rank}(G' + H) \geq n$ である．ここから $G' + H$ はある選択肢 X を持ち，$\mathcal{G}(X) = m$ かつ $\mathrm{rank}(X) < n$ であるが，X は $G'' + H$ の形か $G' + H'$ の形でなければならない．すなわち，少なくとも 1 つのランクが ∞ となる直和成分（H または G'）を持つ．これは n の最小性に反する． □

定理 7.1.16 任意の不偏ルーピーゲームの局面 G, H に対して，

$$\mathcal{G}(G + H) = \mathcal{G}(G) \oplus \mathcal{G}(H)$$

である．ここで $a \oplus b$ は $a, b \in \mathbb{N}_0$ のときは通常のニム和と定め，$\infty(\mathcal{A}) \oplus b = \infty(\mathcal{A} \oplus b)$, $\infty(\mathcal{A}) \oplus \infty(\mathcal{B}) = \infty(\emptyset)$ と定める．ただし $\mathcal{A} \oplus b = \{a \oplus b \mid a \in \mathcal{A}\}$ とする．

証明 まず $\mathcal{G}(G) = a$ かつ $\mathcal{G}(H) = b$ の場合について考える．このとき定理 7.1.14 から $G = *a$ かつ $H = *b$ である．よって $G + H = *(a \oplus b)$ となる．

次に $\mathrm{rank}(G) = \infty$ だが $\mathrm{rank}(H)$ は有限の場合について考える．このとき補題 7.1.15 から $\mathrm{rank}(G + H) = \infty$ となる．さらに，$G + H$ の選択肢 $G' + H$ の $\mathcal{G}(G')$ が有限であれば，$\mathcal{G}(G' + H) = \mathcal{G}(G') \oplus b$ となり，補題 7.1.15 から，$G + H$ の他の選択肢はすべてランクが ∞ となる．これにより $\mathcal{G}(G + H) = \infty(\mathcal{A} \oplus b)$ となる．

最後に，$\mathrm{rank}(G) = \mathrm{rank}(H) = \infty$ のときは，補題 7.1.15 から $G + H$ およびすべての選択肢のランクは ∞ となる．よって $\mathcal{G}(G + H) = \infty(\emptyset)$ となる．

□

3 保持ニムのルーピーグランディ数を表 7.1 に示します．3 保持 Wythoff のニムについては演習問題に回しておきます．

実は次の定理が成り立ちます．

表 7.1　3 保持ニムのルーピーグランディ数

$x\backslash y$	0	1	2	3	4	5
0	0	1	2	$\infty(\{0,1,2\})$	$\infty(\{0,1,2\})$	$\infty(\{0,1,2\})$
1	1	0	$\infty(\{0,1,2\})$	2	$\infty(\{0,1,2\})$	$\infty(\{0,1,2\})$
2	2	$\infty(\{0,1,2\})$	0	1	$\infty(\{0,1,2\})$	$\infty(\{0,1,2\})$
3	$\infty(\{0,1,2\})$	2	1	0	$\infty(\{0,1,2\})$	$\infty(\{0,1,2\})$
4	$\infty(\{0,1,2\})$	$\infty(\{0,1,2\})$	$\infty(\{0,1,2\})$	$\infty(\{0,1,2\})$	0	1
5	$\infty(\{0,1,2\})$	$\infty(\{0,1,2\})$	$\infty(\{0,1,2\})$	$\infty(\{0,1,2\})$	1	0

定理 7.1.17　3 保持ニムの局面 (x,y) のルーピーグランディ数は，

$$\begin{cases} x \oplus y & (x \oplus y \leq 2 \text{ のとき}), \\ \infty(\{0,1,2\}) & (x \oplus y \geq 3 \text{ のとき}) \end{cases}$$

となる．

証明　$x+y \leq 3$ の範囲は，順番に確認すればよい．$x+y>3$ のとき，一手で必ず石の総数が減った局面に遷移するので，x と y が小さい範囲だけ実際に計算して確認しておき，あとは石の総数に関する帰納法で証明する．

$\max(\{x,y\}) \leq 3$ の場合について個別に計算して確認し，$\max(\{x,y\}) > 3$ の場合について考える．

$x \oplus y$ が 2 以下であれば，通常のニムの結果から，任意の $k < x \oplus y$ について $x' \oplus y' = k$ となる局面 (x',y') に遷移することができ，一方で $x' \oplus y' = x \oplus y$ となる局面 (x',y') に遷移することはできない．また，それ以外の遷移先はルーピーグランディ数が $\infty(\{0,1,2\})$ であるが，$x \oplus y \in \{0,1,2\}$ なので，局面 (x,y) のルーピーグランディ数は ∞ になることはなく，$x \oplus y$ となる．

一方，$x=0$ または $y=0$ で $x+y \geq 4$ のとき，$k \leq 2$ について $x' \oplus y' = k$ となる局面 (x',y') に遷移することができ，ルーピーグランディ数が $\infty(\{0,1,2\})$ となるような局面 $(0,3)$ または $(3,0)$ にも遷移できるから，ルーピーグランディ数は明らかに $\infty(\{0,1,2\})$ となる．また，それ以外で $x \oplus y > 2$ のときは，通常のニムの結果から，任意の $k \leq 2$ について $x' \oplus y' = k$ となる局面 (x',y') に遷移することができ，一方で，ルーピーグランディ数が $\infty(\{0,1,2\})$ となるような局面として $(x,0)$ または $(0,y)$ が必ず遷移先に含まれるから，ルーピーグランディ数は 3 以上の整数にはならず，$\infty(\{0,1,2\})$ となる．　□

7.2 逆形ゲーム

この節では**逆形ゲーム**（*misère game*）を扱います．最後に着手ができなくなったプレイヤーが勝ちとなるゲームを逆形ゲームというのでした．逆形ゲームは正規形ゲームと戦略が真逆になるかというと，実はそうではありません．

逆形ゲームは正規形ゲームに比べ，戦略が複雑になります．しかし，この逆形ゲームの戦略を正規形ゲームに適用すると「必ず負けることができる」のが面白いところです．例えば小さな子供とちょっとしたゲームをして，絶対に勝たせてあげたいときなどには，逆形ゲームの理論が役立つかもしれません．

なお，本節では逆形不偏ゲームの紹介にとどめ，逆形非不偏ゲームについては 7.6 節のコラム 14 で簡単に述べます．また，第 5 章までに登場した記法をそのまま用います．

7.2.1 逆形不偏ゲーム

まず，逆形不偏ゲームの帰結類をみていきましょう．逆形不偏ゲームの局面 G から一手で遷移可能な局面 G' のことを，局面 G の**選択肢**といい，G' が G の選択肢であるとき，$G \to G'$ と書きます．また，正規形とのときと同様に先手が必勝戦略を持つ局面を $\mathcal{N}$ **局面**，後手が必勝戦略を持つ局面を $\mathcal{P}$ **局面**といいます．

以降，$o^{-}(G)$ で逆形不偏ゲームの局面 G の帰結類を表すことにします．$o^{-}(G) = \mathcal{P}$ のとき，$G \in \mathcal{P}$ です．

正規形についての命題 2.2.3 は，逆形にすると次のようになります [IGS].

命題 7.2.1 ある不偏ゲームの局面全体の集合を $\mathcal{I}$ とし，$\mathcal{T} \subset \mathcal{I}$ をその不偏ゲームの逆形における終了局面全体の集合とする．$\mathcal{I}$ を 2 つの集合 $\mathcal{I} = N \cup P$ $(N \cap P = \emptyset)$ に分割し，次の 3 条件が満たされるならば，P はその不偏ゲームの逆形における $\mathcal{P}$ 局面の全体の集合，N は $\mathcal{N}$ 局面の全体の集合と一致する．

1. $\mathcal{T} \subset N$.
2. $G \in N \backslash \mathcal{T}$ ならば，$G' \in P$ となるような，局面 G から一手で遷移できる局面 G' が存在する．
3. $G \in P$ ならば，$G' \in P$ となるような，局面 G から一手で遷移できる

局面 G' は存在しない.

証明　命題 2.2.3 と同様の議論によって示せる. □

つまり，逆形不偏ゲームの局面 G に対し，次が成り立ちます.

- G のすべての選択肢 G' が $\mathcal{N}$ 局面である $\Longleftrightarrow$ G は $\mathcal{P}$ 局面である.
- $G \cong 0$ であるか，または G の選択肢 G' の中に $\mathcal{P}$ 局面が存在する $\Longleftrightarrow$ G は $\mathcal{N}$ 局面である.

逆形の局面 G が $\mathcal{N}$ 局面であるための条件は，正規形ゲームのときと比較すると，$G \cong 0$ という条件が付け加わっていることがわかります．この違いは何に影響を与えるのでしょうか？

まずは逆形のニムの必勝法を解析することで，正規形不偏ゲームと逆形不偏ゲームの違いをみていきましょう.

逆形ニム（*Misère* NIM）は通常の正規形ニムにおいて，ゲームの終了条件を「最後に着手できなくなったプレイヤーの勝ちである」に変更したルールセットです.

逆形ニムについて，次の定理が成り立ちます.

定理 7.2.2　$(a_1, a_2, \ldots, a_k)$ を逆形ニムの局面とする．ただし，各 a_i は山の石の個数である．この局面が $\mathcal{P}$ 局面であることの必要十分条件は，次を満たすことである.

(1) すべての a_i が $0, 1$ であるとき，$a_1 \oplus a_2 \oplus \cdots \oplus a_k = 1$.
(2) ある a_i が 2 以上であるとき，$a_1 \oplus a_2 \oplus \cdots \oplus a_k = 0$.

証明　任意の逆形ニムの局面 G について，以下を石の総数に関する帰納法によって証明する.

(a) G が石の数が 2 以上の山をもたないとき，つまり $* \cong \{0 \mid 0\}$ として $G \cong n \cdot *$ のとき，G が $\mathcal{P}$ 局面であることの必要十分条件は，n が奇数であることである.
(b) G が石の数が 2 以上の山を少なくとも 1 つ持つとき，逆形の帰結類と正規形の帰結類は等しい.

(a) について：G から可能な着手は 1 つの山を取り除くことであるが，着手後の局面の山の個数の偶奇はもとの局面と異なる．よって帰納法により，G が $\mathcal{P}$ 局面であることの必要十分条件は n が奇数であることである．

(b) について：まず G が石の数が 2 以上の山を 1 つだけ持っているとする．つまり $m \geq 2, n \geq 0$ に対し，$G \cong *m + (n \cdot *)$ とする．

いま，$*m$ は $*$ と 0 のどちらにも遷移可能であるから，G は $(n+1) \cdot *$ と $n \cdot *$ の選択肢を持つが，(a) より，そのどちらかは $\mathcal{P}$ 局面である．よって，G は $\mathcal{N}$ 局面となる．G の正規形の帰結類が $o(G) = \mathcal{N}$ であったことを思い出すと，G の逆形の帰結類と正規形の帰結類が等しいことがわかる．

次に，G が石の数が 2 以上の山を 2 つ以上持っているとする．このときすべての G の選択肢には，石の数が 2 以上の山が少なくとも 1 つある．帰納法の仮定により，任意の G の選択肢は逆形の帰結類と正規形の帰結類が等しい．よって，G についても逆形の帰結類と正規形の帰結類が等しいことがわかる． □

この定理から逆形ニムの必勝戦略がわかります．

- 着手後にすべての山の石の数が 1 か 0 にならない局面のときは，正規形のニムと同じ戦略をとる．つまり，ニム和が 0 になるように着手する．
- 着手後にすべての山の石の数が 1 か 0 になる局面のときは，サイズ 1 の山の個数が奇数になるように着手する．

正規形のニムと比べて多少複雑な戦略になっていることがみてとれます．

逆形ニムで正規形のグランディ数の理論は使えるのでしょうか？ 正規形と同じようにグランディ数を定義することを考えてみましょう．逆形不偏ゲームにおける局面 G のグランディ数を $\mathcal{G}^-(G)$ と書くことにします．

正規形の場合と同様，終了局面 T のグランディ数 $\mathcal{G}^-(T)$ を 0 と定義すると，グランディ数が 0 の局面は $\mathcal{P}$ 局面ではなく，$\mathcal{N}$ 局面となります．しかし，石の数が 2 の山が 2 つある逆形ニムの直和局面 $(2, 2)$ について考えると，もし先手が $(0, 2)$ と着手したら後手は $(0, 1)$ と着手して勝つことができ，先手が $(1, 2)$ と着手したら後手は $(1, 0)$ と着手して勝つことができるので，$(2, 2)$ は $\mathcal{P}$ 局面です．よって，

$$\mathcal{G}^-(2, 2) \neq 0 = \mathcal{G}^-(2) \oplus \mathcal{G}^-(2)$$

なので，直和ゲームのグランディ数がそれぞれの局面のグランディ数のニム和であるという性質が崩れます．

次に，終了局面 T のグランディ数 $\mathcal{G}^-(T)$ を 1 と定義してうまくいくかを考えてみましょう．$\mathcal{P}$ 局面のときのグランディ数は 0，$\mathcal{N}$ 局面のときのグランディ数は正整数とします．2 つの終了局面をそれぞれ T_1, T_2 とおくと，直和した局面 $T_1 + T_2$ も終了局面となりますが，それぞれのグランディ数を計算すると，

$$\mathcal{G}^-(T_1 + T_2) = 1, \quad \mathcal{G}^-(T_1) \oplus \mathcal{G}^-(T_2) = 1 \oplus 1 = 0$$

なので，

$$\mathcal{G}^-(T_1 + T_2) \neq \mathcal{G}^-(T_1) \oplus \mathcal{G}^-(T_2)$$

となります．よって，この場合でも直和ゲームのグランディ数がそれぞれの局面のグランディ数のニム和であるという性質が崩れます．

これらの観察から，どうやら逆形ゲームにおいては，グランディ数をどのように定義しても，グランディ数が持つ 2 つの性質（値から帰結類が定まることと，直和ゲームのグランディ数がそれぞれの局面のグランディ数のニム和になること）を満たすことが難しいようだとわかります．

そのため，正規形のグランディ数のように直和ゲームにも適用できる道具が必要になります．それが次節で扱う逆形商です．

7.2.2 逆形商

一般の逆形不偏ゲームの解析については，これまでは山崎洋平氏による研究 [KGR, Yam80] やコンウェイらによる ‘Genus Theory’ などの手法 [WW, ONG, CGT] がありましたが，分割ニムなどの比較的広い範囲に適用できる逆形商を用いるのが最近の主流となっています．しかし，逆形商の理論は難解であるため，本書では逆形商に関する詳細な議論は行わず，逆形商を用いて逆形不偏ゲームの必勝判定ができるようになることを目標にします．

まず，逆形商を導入するために，局面の集合における関係 $\equiv$ を定義します．

定義 7.2.3　あるゲームの局面の集合を $\mathcal{A}$ とし，$G, H \in \mathcal{A}$ とする．すべての $X \in \mathcal{A}$ について，$o^-(G + X) = o^-(H + X)$ のとき，$G \equiv H \pmod{\mathcal{A}}$（または，$G \equiv_{\mathcal{A}} H$）と書き，$G$ と H は $\mathcal{A}$ を法として**合同**であるという．

この関係 $\equiv$ は明らかに同値関係となります．これは，局面の等価の定義を緩めたものになっています．

正規形において，局面 G と H が等価であるとは，すべての局面 X に対して $o(G+X) = o(H+X)$ が成り立つことでした．逆形においても局面 G と H が等しいことを，（非不偏ゲームも含めた）すべての局面 X に対して $o^-(G+X) = o^-(H+X)$ となることとして定義すると，それは $o^-(G-H) = \mathcal{P}$ と同値になりません．（なぜでしょうか？演習問題で考えてみましょう．）

また，ほとんどの逆形の局面で $G = H$ が成り立たないことがわかります．つまり，逆形ではすべての局面 X との和を考えると都合が悪いのです．そのため，ある局面の集合 $\mathcal{A}$ の中だけで，和を考えます．例えば，$\mathcal{A}$ をケイレスの局面全体の集合とすると，すべてのケイレスの局面 X に対して $o^-(G+X) = o^-(H+X)$ となるような局面に対し，$G \equiv H \pmod{\mathcal{A}}$ であるとします．

しかし，局面の集合 $\mathcal{A}$ は何でもいいわけではなく，満たしていてほしい性質があります．それを次のように定義します．

定義 7.2.4 局面の集合 $\mathcal{A}$ について，次の 2 つが成り立つとき，集合 $\mathcal{A}$ は**閉じている**（*closed*）という．

- $G, H \in \mathcal{A}$ とするとき，$G + H \in \mathcal{A}$ となる．
- $G \in \mathcal{A}$ であり，G' を G の後続局面とするとき，$G' \in \mathcal{A}$ となる．

例 7.2.5

- 不偏ゲーム全体の集合 $\mathcal{I}$ は閉じています．
- $\mathcal{A}$ を $*$ と $*2$ の和で表せるニムの局面全体の集合，すなわち，$\mathcal{A} = \{m \cdot * + n \cdot *2 \mid m, n \in \mathbb{N}_0\}$ とすると，$\mathcal{A}$ は閉じています．
- $\mathcal{A}$ を 3 山ニムの局面全体の集合とすると，$\mathcal{A}$ は閉じていません．なぜなら，3 山ニムの局面の和は，6 山ニムの局面となるからです [1]．

また，次の性質が成り立ちます．

1) 一般化すると，$\mathcal{A}$ を奇数個の山からなるニムの局面全体の集合とすると，$\mathcal{A}$ は閉じていません．なぜなら，奇数個の山からなるニムの局面の和は，偶数個の山からなるニムの局面となるからです．

定理 7.2.6　局面の集合 $\mathcal{A}$ が閉じているとする．$G, H \in \mathcal{A}$ に対し，$G \equiv H \pmod{\mathcal{A}}$ かつ $J \in \mathcal{A}$ ならば，$G + J \equiv H + J \pmod{\mathcal{A}}$ である．

証明　任意の $X \in \mathcal{A}$ について，$J + X \in \mathcal{A}$ が得られるので，

$$o^-((G+J)+X) = o^-(G+(J+X)) = o^-(H+(J+X)) = o^-((H+J)+X)$$

となる．よって，$G + J \equiv H + J \pmod{\mathcal{A}}$ である．□

ここで，閉じている集合 $\mathcal{A}$ が与えられたとして，$\mathcal{A}$ を法としたときの同値類全体の集合，すなわち商集合 $\mathcal{A}/{\equiv_\mathcal{A}}$ の完全代表系について考えてみましょう．

定義 7.2.7　A を集合とし，A の部分集合 B について，次の 2 条件が成立するとき，B を A の $\sim$ に関する**完全代表系** (*complete system of representatives*) という．

- $x, y \in B$ かつ $x \neq y$ ならば，$x \not\sim y$ となる．
- 任意の x $(\in A)$ について，ある y $(\in B)$ が存在して，$x \sim y$ となる．

$\mathcal{A}/\equiv_\mathcal{A}$ の各要素，すなわち各同値類それぞれから，1 つずつ要素をとってきて $\mathcal{A}$ の部分集合 $\mathcal{B}$ を作ると，$\mathcal{B}$ は $\mathcal{A}$ の $\equiv_\mathcal{A}$ に関する完全代表系になります．

具体的に $\mathcal{A} = \{m \cdot * + n \cdot *2 \mid m, n \in \mathbb{N}_0\}$ として，完全代表系 $\mathcal{B}$ を 1 つ構成してみましょう．

まず，0 と $*$ の帰結類は異なり，$\mathcal{A}$ を法として合同でないため，$\mathcal{B}$ に入ります．

次に $*2$ を考えます．これは $\mathcal{N}$ 局面なので，0 と合同かと思いきや，合同ではありません．なぜなら，$o^-(0 + *) = \mathcal{P}$ ですが，$o^-(*2 + *) = \mathcal{N}$ だからです．そのため，$*2$ も $\mathcal{B}$ に入ります．

$* + *2$ はどうでしょうか．これは $\mathcal{N}$ 局面です．すでに $\mathcal{N}$ 局面のゲームが 2 つ $\mathcal{B}$ にあるので，どれかと合同になるかというと，合同にはなりません．$o^-(0 + *) = \mathcal{P}$，$o^-(* + *2 + *) = \mathcal{N}$ となるため，0 と合同ではありませんし，$o^-(*2 + *2) = \mathcal{P}$，$o^-(* + *2 + *2) = \mathcal{N}$ となるため，$*2$ とも合同ではありません．よって，$* + *2$ も $\mathcal{B}$ に入ります．

いま，$\mathcal{B}$ には 4 つの要素がありますが，これですべてかというとそうではありません．$*2 + *2$ は $\mathcal{P}$ 局面ですが，$*$ とは合同ではありません．（演習問題で

確かめましょう.）よって，$*2+*2$ も $\mathcal{B}$ に入ります．また，$*+*2+*2$ は $\mathcal{N}$ 局面ですが，0 や $*2$ や $*+*2$ とは合同ではありません．（これも演習問題で確かめましょう.）これより，$*+*2+*2$ も $\mathcal{B}$ に入ります．実はこの 6 要素ですべてです [2)].

したがって，$\mathcal{B}=\{0,\ *,\ *2,\ *+*2,\ *2+*2,\ *+*2+*2\}$ となり，このうち，0, $*2$, $*+*2$, $*+*2+*2$ が $\mathcal{N}$ 局面，$*$, $*2+*2$ が $\mathcal{P}$ 局面となります．$\mathcal{A}=\{m\cdot *+n\cdot *2 \mid m,n\in\mathbb{N}_0\}$ に属する局面はこの 6 要素のどれかと合同になります．

また $\mathcal{A}/{\equiv_\mathcal{A}}$ の要素（すなわち，同値類）同士は，$\equiv_\mathcal{A}$ が直和演算 $+$ に関して合同関係となるため [3)]，$[G]+[H]=[G+H]$ のように足し算ができ，もし $[G]=[G']$ ならば，$[G+H]=[G'+H]$ となります．ここで，$[G]+[G]=0$ になるとは限らないことに注意します．$\mathcal{A}/{\equiv_\mathcal{A}}$ を $\mathcal{Q}$ とおくと，$\mathcal{Q}$ は（$+$ を演算として）可換モノイドの構造を持ちます [4)].

さらに，$\mathcal{Q}$ において，$\mathcal{P}$ 局面が何であるかを調べることによって，ゲームの構造をさらに明らかにすることができます．$\mathcal{A}=\{m\cdot *+n\cdot *2 \mid m,n\in\mathbb{N}_0\}$ の場合，$\mathcal{P}$ 局面は $*$ と $*2+*2$ でした．

$*$ と $*2$ からすべての要素を生成できることは明らかなので，$a_0=[*]$, $a_1=[*2]$ と書きます．また，$0=[0]$ とします．このとき，先ほど求めた完全代表系 $\mathcal{B}$ の要素をよく観察すると，$\mathcal{Q}$ において，$2a_0=0$，$3a_1=a_1$ となります．（ただし，$2a_1=0$ ではなく，引き算は必ずしもできるとは限りません.）よって，

$$\mathcal{Q}=\langle a_0,a_1 \mid 2a_0=0,\ 3a_1=a_1\rangle$$

と書けます．ここで $\langle|\rangle$ の左側が生成元，右側が基本関係式となります．これは，$\mathcal{Q}$ が a_0 と a_1 の倍数を足し合わせた式で構成されることを意味します．また，$2a_0$ を 0 に，$3a_1$ を a_1 に，それぞれ置き換えることで，式を簡略化することができます．このとき，$\mathcal{P}$ 局面全体の集合を P とおくと，$P=\{a_0,2a_1\}$ となります．

---

2) 6 要素となることは定理 7.2.12 よりわかります．

3) 合同関係については 5.2 節を参照してください．

4) すなわち，交換法則が成り立ち，結合法則が成り立ち，単位元を持ちます．可換群とは異なり，逆元を持つとは限らないことに注意が必要です．

例 7.2.8 $7a_0 + 10a_1$ を簡略化してみましょう．

$$\begin{aligned}7a_0 + 10a_1 &= 2a_0 + 2a_0 + 2a_0 + a_0 + 3a_1 + 3a_1 + 3a_1 + a_1 \\ &= 0 + 0 + 0 + a_0 + a_1 + a_1 + a_1 + a_1 \\ &= a_0 + 3a_1 + a_1 \\ &= a_0 + 2a_1\end{aligned}$$

とできます．

それでは，逆形商を定義しましょう [5]．

定義 7.2.9 $\mathcal{A}$ を局面の閉じている集合とする．$\mathcal{Q}$ を商集合 $\mathcal{A}/\equiv_{\mathcal{A}}$ とし，P $(\subset \mathcal{Q})$ を $\mathcal{P}$ 局面全体の集合の同値類とする．組 $(\mathcal{Q}, P)$ を $\mathcal{A}$ の**逆形商**（misère quotient）と呼び，$\mathcal{Q}(\mathcal{A})$ と書く．

一般に，$\mathcal{M}$ を任意の逆形ゲームの局面の集合とすると，$cl(\mathcal{M})$ を $\mathcal{M}$ の閉包，つまり $\mathcal{M}$ を含むような局面の最小の閉じている集合として定義できます．実際には，$cl(\mathcal{M})$ は $\mathcal{M}$ のすべての後続局面と，それらのすべての和を含みます．

$\mathcal{M}$ を（閉じているとは限らない）局面の集合とするとき，$\mathcal{Q}(cl(\mathcal{M}))$ を単に $\mathcal{Q}(\mathcal{M})$ と書きます．例えば，$\mathcal{A} = \{m \cdot * + n \cdot *2 \mid m, n \in \mathbb{N}_0\}$ の逆形商 $\mathcal{Q}(\mathcal{A})$ を考えると，$\mathcal{A}$ は $\{*2\}$ の閉包 $cl(\{*2\})$ なので，$\mathcal{Q}(\mathcal{A})$ は $\mathcal{Q}(\{*2\})$ または $\mathcal{Q}(*2)$ と書くことができます．

一般に逆形ゲームの逆形商は複雑になります．しかし，逆形ニムの逆形商は比較的シンプルなので，それをみていくことにしましょう．

[5] 本書では，簡単のため同値類の議論のみを用いて説明しています．文献 [CGT, IGS] では逆形商を次のように定めています：$\mathcal{A}$ を局面の閉じている集合，$(\mathcal{Q}, \cdot, 1)$ を可換モノイドとします．写像 $\Phi : \mathcal{A} \to \mathcal{Q}$ で，次の 2 条件を満たすものを考えます．(1)：任意の $G, H \in \mathcal{A}$ に対して，$\Phi(G + H) = \Phi(G) \cdot \Phi(H)$ が成り立つ．(2)：任意の $G, H \in \mathcal{A}$ に対して，$\Phi(G) = \Phi(H) \in \mathcal{Q}$ ならば，$G \equiv H \pmod{\mathcal{A}}$ が成り立つ．このような写像 $\Phi : \mathcal{A} \to \mathcal{Q}$ に対して，$\mathcal{Q}$ の部分集合 P を，$P = \Phi(\mathcal{A} \cap \mathcal{P}) = \{\Phi(G) \in \mathcal{Q} \mid G \in \mathcal{A}$ かつ G は $\mathcal{P}$ 局面$\}$ と定めます．以上のことから，可換モノイドとその部分集合からなる組 $(\mathcal{Q}, P)$ を得ます．このとき，$\mathcal{Q}$ を「なるべく小さく」とったときの組 $(\mathcal{Q}, P)$ を $\mathcal{Q}(\mathcal{A})$ と書き，$\mathcal{A}$ の逆形商と呼んでいます．この逆形商を考えることで，逆形ゲームの和の演算を $\mathcal{Q}(\mathcal{A})$ の要素の積の演算に対応させることができ，これにより帰結類を求めることができます．

定義 7.2.10 任意の正整数 n に対し，$\mathcal{T}_n = \mathcal{Q}(*2^{n-1})$ と定義する．また，$\mathcal{T}_0 = \mathcal{Q}(0)$ であるとする．

例 7.2.11 先ほど扱った $\mathcal{Q}(*2)$ は $\mathcal{T}_2$ です．

すべての n について $\mathcal{T}_n$ を書き下すのは難しくありませんが，もっと一般にすべてのニムの局面からなる逆形商を紹介しましょう．これを $\mathcal{T}_\infty$ と書きます．a_i は石の数が 2^i の山を表すとすると，次が成り立ちます．

定理 7.2.12 すべてのニムの局面からなる逆形商は

$$\mathcal{T}_\infty = (\langle a_0, a_1, a_2, \ldots \mid 2a_0 = 0,\ 3a_1 = a_1,\ 2a_1 = 2a_2 = \cdots \rangle,\ \{a_0, 2a_1\})$$

である．

証明 G を任意の局面とする．$2a_0 = 0$ を示すために $2a_0 + G$ と G を比較する．$G \cong na_0$ であれば $2a_0 + G \cong (2+n)a_0$ であり，$n+2$ と n の奇偶性は等しいから，定理 7.2.2 の (1) により，$2a_0 + G$ と G の帰結類は等しい．G が石の数が 2 以上の山を持つ場合，$2a_0 + G$ も石の数が 2 以上の山を持ち，G を構成する山の石の数のニム和と $2a_0 + G$ を構成する山の石の数のニム和は等しいから，定理 7.2.2 の (2) により，$2a_0 + G$ と G の帰結類は等しい．

$3a_1 = a_1$ や $2a_1 = 2a_i$ $(i > 1)$ についてもそれらに G を加えた局面で同じようにニム和を計算すると，その結果は等しいから，定理 7.2.2 の (2) により，同様に帰結類は等しくなる．

また，一般に m (> 2) 個の石を持つ山を (m) とすると，m を 2 進表記して $m = 2^{i_1} + \cdots + 2^{i_k}$ と書けるならば，$(m) = a_{i_1} + \cdots + a_{i_k}$ であることが同様に示されるので，$\mathcal{Q}$ の生成元は $a_0, a_1, a_2, \ldots$ があれば十分である．

$a_0, a_1, a_2, a_3, a_4, \ldots$ や $2a_1$ が互いに異なることは，それらと他の局面との直和をとると，ニム和が異なることからわかる． □

この定理より，$\mathcal{T}_2$ は $(\{0, a_0, a_1, a_0 + a_1, 2a_1, a_0 + 2a_1\},\ \{a_0, 2a_1\})$ であり，$Q = \langle a_0, a_1 \mid 2a_0 = 0, 3a_1 = a_1 \rangle$ とおくと，$Q = \{0, a_0, a_1, a_0 + a_1, 2a_1, a_0 + 2a_1\}$ であるから，Q は 6 要素からなり，そのうちの 2 要素である a_0 と $2a_1$ が $\mathcal{P}$ 局面です．

例 7.2.13　逆形商 $\mathcal{T}_\infty$ を用いて，逆形ニムの局面 $G = (3, 7, 9)$ の必勝判定を行ってみましょう．

このとき，$3, 7, 9$ のそれぞれの山に対応する値は $a_0 + a_1, a_0 + a_1 + a_2, a_0 + a_3$ となります．この和を計算してみると，

$$(a_0 + a_1) + (a_0 + a_1 + a_2) + (a_0 + a_3) = 3a_0 + 2a_1 + a_2 + a_3$$

となります．さらに関係式を用いて簡略化すると，

$$3a_0 + 2a_1 + a_2 + a_3 = a_0 + 2a_2 + a_2 + a_3 = a_0 + a_2 + a_3$$

を得ます．これは $\mathcal{P}$ 局面の集合 P に入っていませんから，この局面 G は $\mathcal{N}$ 局面です．ここで，必勝手の 1 つは，石の数が 9 の山を 4 にすることです．実際この着手によって，9 に対応する $a_0 + a_3$ が 4 に対応する a_2 に変わりますから，和を計算すると，

$$(a_0 + a_1) + (a_0 + a_1 + a_2) + a_2 = 2a_0 + 2a_1 + 2a_2$$

となります．この $2a_0 + 2a_1 + 2a_2$ を簡略化すると

$$2a_0 + 2a_1 + 2a_2 = 0 + 4a_1 = 2a_1$$

となり，$2a_1 \in P$ なので，これは $\mathcal{P}$ 局面となります．

また，7.5 節のコラム 13 では逆形ケイレスの逆形商について紹介しています．

このように，逆形不偏ゲームの局面に可換モノイドの要素（同値類）を対応させると，それがグランディ数のように振る舞うため，うまく必勝判定を行えるというのが逆形商の基本的な考え方になります．なお，本書で触れなかった逆形ニム以外の逆形商の構成や逆形商が持つ構造などについて興味のある読者は [CGT] や [IGS] を参照してください．

7.3　得点付きゲーム

終了局面に対して，**得点**（*score*）が与えられるゲームを考えます．そのよう

なゲームを**得点付きゲーム**（*scoring game*）といいます．通常，得点が正であれば左の勝ち，負であれば右の勝ちとなりますが，単に勝敗だけでなく，左はできるだけ得点を大きく，右はできるだけ得点を小さくしようとすると考えることができます．また，終了局面における手番が左であるか右であるかで，得点が異なる場合も許すこととします．つまり，左の手番でゲームが終了すれば場に 5 点，右の手番でゲームが終了すれば場に 1 点が与えられる，ということが起こり得ます[6)]．

本節ではショートな得点付きゲーム，つまり左右の選択肢の集合が有限集合になり，有限手数で終わるような得点付きゲームについて考えます．

7.3.1 得点付きゲームの定義

定義 7.3.1 得点付きゲームの局面は，次のように与えられる．ℓ と r を任意の実数とする．

- $\langle \emptyset^{\ell} \mid \emptyset^{r} \rangle$ は得点付きゲームの局面である．
- $G^{\mathcal{L}}, G^{\mathcal{R}}$ が得点付きゲームの局面の有限集合であるとき，$\langle G^{\mathcal{L}} \mid \emptyset^{r} \rangle$, $\langle \emptyset^{\ell} \mid G^{\mathcal{R}} \rangle, \langle G^{\mathcal{L}} \mid G^{\mathcal{R}} \rangle$ はいずれも得点付きゲームの局面である．

通常の非不偏ゲームと区別するために，得点付きゲームでは括弧の種類を変えています．$\langle \emptyset^{\ell} \mid \emptyset^{r} \rangle$ は終了局面であって，直前の手番が右（次の手番が左）であれば得点 ℓ が，直前の手番が左（次の手番が右）であれば得点 r が場に発生するような局面のことを意味します．$\langle G^{\mathcal{L}} \mid \emptyset^{r} \rangle$ は，左の手番であれば集合 $G^{\mathcal{L}}$ に属する局面に移行できますが，右の手番であればこれ以上着手可能な手がなく，さらに，右が他の直和局面にも手がないなら，この局面からは場に得点 r が発生するということを意味しています．

左は場に発生する点数ができるだけ大きくなることを，右は場に発生する点数ができるだけ小さくなることを目指してプレイすることにします．

得点の付け方として，終了局面で左に得点 n，右に得点 m が与えられるゲームもありますが，これは終了局面が $\langle \emptyset^{n-m} \mid \emptyset^{n-m} \rangle$ であるとみなせるので，定義 7.3.1 の記法で扱うことができます．

---

6) よく遊ばれるゲームでは得点が異ならない場合が多いのですが，ここではより一般的に考えてみます．

$\langle \emptyset^\ell \mid G^{\mathcal{R}} \rangle$ を**左原子的な**（*left-atomic*）**局面**，$\langle G^{\mathcal{L}} \mid \emptyset^r \rangle$ を**右原子的な**（*right-atomic*）**局面**と呼び，左原子的または右原子的な局面を**原子的な**（*atomic*）**局面**と呼び，左原子的かつ右原子的な局面，つまり $\langle \emptyset^\ell \mid \emptyset^r \rangle$ という形の局面を**純原子的な**（*purely-atomic*）**局面**と呼びます．

局面 $\langle \emptyset^s \mid \emptyset^s \rangle$ は，どちらのプレイヤーが最後の手番になっても得点 s が場に生じることが確定しているので，単に s と書くことがあります．あとで登場しますが，通常の非不偏ゲームの意味での値 s（例えば s が正整数の場合は，得点には影響しない着手を左のみが s 回できる局面）は $\hat{s}$ と書かれます．

また，$\emptyset^s$ のことを**原子**（*atom*），または s **原子**（*s-atom*）と呼びます．局面 G の中の原子とは，G の後続局面に含まれる原子のことです．

一般の得点付きゲームの局面全体の集合を $\widetilde{\mathbb{S}}$ で表します．i 日目までに生まれた得点付きゲームの局面全体の集合を $\widetilde{\mathbb{S}_i}$ で表します．任意の実数 ℓ, r に対して $\langle \emptyset^\ell \mid \emptyset^r \rangle$ が 0 日目に生まれたゲームであることから，得点付きゲームでは，$\widetilde{\mathbb{S}_0}$ すら要素が無限個存在することに注意しましょう．

得点付きゲームの局面の直和は次のように定義されます．

定義 7.3.2　任意の得点付きゲームの局面 G, H に対して，それらの**直和** $G+H$ を次のように定義する．

- $G = \langle \emptyset^{\ell_1} \mid \emptyset^{r_1} \rangle, H = \langle \emptyset^{\ell_2} \mid \emptyset^{r_2} \rangle$ のとき，$G + H = \langle \emptyset^{\ell_1+\ell_2} \mid \emptyset^{r_1+r_2} \rangle$．
- $G = \langle \emptyset^{\ell_1} \mid G^{\mathcal{R}} \rangle, H = \langle \emptyset^{\ell_2} \mid H^{\mathcal{R}} \rangle$ で，$G^{\mathcal{R}}$ と $H^{\mathcal{R}}$ の少なくとも一方は空でないとき，$G + H = \langle \emptyset^{\ell_1+\ell_2} \mid G^{\mathcal{R}} + H, G + H^{\mathcal{R}} \rangle$．
- $G = \langle G^{\mathcal{L}} \mid \emptyset^{r_1} \rangle, H = \langle H^{\mathcal{L}} \mid \emptyset^{r_2} \rangle$ で，$G^{\mathcal{L}}$ と $H^{\mathcal{L}}$ の少なくとも一方は空でないとき，$G + H = \langle G^{\mathcal{L}} + H, G + H^{\mathcal{L}} \mid \emptyset^{r_1+r_2} \rangle$．
- それ以外のとき，$G + H = \langle G^{\mathcal{L}} + H, G + H^{\mathcal{L}} \mid G^{\mathcal{R}} + H, G + H^{\mathcal{R}} \rangle$．

得点付きゲームでは，帰結類は，ゲームが終了した時点での得点に対応します．

定義 7.3.3　任意の得点付きゲームの局面 G に対して，

$$\mathrm{Ls}(G) = \begin{cases} \ell & (G = \langle \emptyset^\ell \mid G^{\mathcal{R}} \rangle \text{ のとき}) \\ \max(\{\mathrm{Rs}(G^{\mathrm{L}}) \mid G^{\mathrm{L}} \in G^{\mathcal{L}}\}) & (\text{それ以外}), \end{cases}$$

$$\mathrm{Rs}(G) = \begin{cases} r & (G = \langle G^{\mathcal{L}} \mid \emptyset^r \rangle \text{ のとき}) \\ \min(\{\mathrm{Ls}(G^{\mathrm{R}}) \mid G^{\mathrm{R}} \in G^{\mathcal{R}}\}) & (\text{それ以外}) \end{cases}$$

と定義する．G の帰結類は $\mathrm{Ls}(G)$ と $\mathrm{Rs}(G)$ の組 $(\mathrm{Ls}(G), \mathrm{Rs}(G))$ として表現される[7]．$\mathrm{Ls}(G)$ と $\mathrm{Rs}(G)$ を**左得点**（*left-score*），**右得点**（*right-score*）と呼ぶ．

7.3.2 保証された得点付きゲーム

一般の得点付きゲームの局面全体の集合は非常に広く，正規形の非不偏ゲームで見たような代数的なよい性質の多くが失われています．一方で，得点付きゲームの特別な部分集合に絞って議論を行うと，そのような性質が復活して扱いやすくなることがあります．

以下では特別な場合の例として，保証された得点付きゲームを紹介します．保証された得点付きゲームについては，[LNNS16, LNS18] で詳しく研究されています．また [LNS19] では，保証された得点付きゲームと，それ以外の枠組みの得点付きゲームについて，先行研究がまとめられています．

定義 7.3.4 得点付きゲームの局面 H が**保証された得点付きゲーム**（*guaranteed scoring game*）の局面であるとは，局面 H の中の原子的な後続局面 G が常に次の性質を満たすことである．

- $G = \langle \emptyset^{\ell} \mid \emptyset^{r} \rangle$ ならば $\ell \leq r$ となる．
- $G = \langle \emptyset^{\ell} \mid G^{\mathcal{R}} \rangle$ ならば G の中の任意の s 原子に対して $\ell \leq s$ となる．
- $G = \langle G^{\mathcal{L}} \mid \emptyset^{r} \rangle$ ならば G の中の任意の s 原子に対して $s \leq r$ となる．

言い換えれば，H の任意の原子的な後続局面 G に対して，$G^{\mathcal{L}}$ の中のすべての ℓ 原子と $G^{\mathcal{R}}$ の中のすべての r 原子が $\ell \leq r$ を満たしているということになります．保証された得点付きゲームの後続局面もまた，保証された得点付きゲームになります．このことから，通常の得点付きゲームと同様に，保証された得点付きゲームも再帰的に定義することができます．

$\widetilde{\mathbb{GS}}$ $(\subset \widetilde{\mathbb{S}})$ を保証された得点付きゲームの局面全体の集合とします．以下では保証された得点付きゲームに絞って理論を展開します．

通常の非不偏ゲームと同様に，保証された得点付きゲームの局面同士の大小関係や等価関係を考えます．

[7] つまり，得点付きゲームでは帰結類が無限個存在することになります．

定義 7.3.5　保証された得点付きゲームの局面 G, H について，$G \succcurlyeq H$ であるとは，任意の保証された得点付きゲームの局面 X に対して $\mathrm{Ls}(G+X) \geq \mathrm{Ls}(H+X)$ かつ $\mathrm{Rs}(G+X) \geq \mathrm{Rs}(H+X)$ となることである[8]．$G \succcurlyeq H$ かつ $H \succcurlyeq G$ のとき 2 つのゲームは**等価**であるといい，$G \sim H$ と書く．$G \not\succcurlyeq H$ かつ $G \not\preccurlyeq H$ のとき，2 つのゲームは**比較不能**であるといい，$G \mathrel{\wr\!\wr} H$ と書く．

$G \not\succcurlyeq H$ を $G \mathrel{\prec\!\wr\!\wr} H$ とも書き，$G \not\preccurlyeq H$ を $G \mathrel{\wr\!\wr\!\succ} H$ とも書きます．

$G \succcurlyeq H$ かつ $G \not\sim H$ のとき，$G \succ H$ と書き，$G \preccurlyeq H$ かつ $G \not\sim H$ のとき，$G \prec H$ と書きます．

補題 7.3.6　保証された得点付きゲームの局面 G, H について，$G \succcurlyeq H$ ならば，任意の保証された得点付きゲームの局面 J に対して $G+J \succcurlyeq H+J$ である．

証明　任意の保証された得点付きゲームの局面 X に対して，$\mathrm{Ls}(G+(J+X)) \geq \mathrm{Ls}(H+(J+X))$ かつ $\mathrm{Rs}(G+(J+X)) \geq \mathrm{Rs}(H+(J+X))$ が $G \succcurlyeq H$ から成り立つので，$G+J \succcurlyeq H+J$ である．□

系 7.3.7　保証された得点付きゲームの局面 G, H, J, W について，$G \succcurlyeq H$ かつ $J \succcurlyeq W$ ならば $G+J \succcurlyeq H+W$ である．

定理 7.3.8　$\sim$ は同値関係になる．

証明　$\sim$ の反射律，対称律，推移律はいずれも定義よりただちに従う．□

系 7.3.9　保証された得点付きゲームの局面 G, H, J, W について，$G \sim H$ かつ $J \sim W$ ならば $G+J \sim H+W$ である．

同値関係 $\sim$ により，$\mathbb{GS} = \widetilde{\mathbb{GS}}/\!\sim$ を定めることができるので，$\mathbb{GS}$ の要素を保証された得点付きゲームの**値**（*value*）といいます．

同値関係 $\sim$ は関係 $\succcurlyeq$ に関して合同関係になります．

---

[8] 任意の得点付きゲームの局面 X との直和を考えているわけではないことに注意しましょう．

定義 7.3.10 $\mathbb{GS}$ における関係 $\succcurlyeq$ を，任意の $G, H \in \widetilde{\mathbb{GS}}$ に対して，

$$[G]_\sim \succcurlyeq [H]_\sim \Longleftrightarrow G \succcurlyeq H$$

と定める．

定理 7.3.11 $\mathbb{GS}$ における関係 $\succcurlyeq$ は半順序である．

証明 $\succcurlyeq$ の反射律，反対称律，推移律は定義からただちに従う． □

また，$\mathbb{GS}$ における直和 $+$ も同様に定義することができ，同値関係 $\sim$ は $+$ に関して合同関係になります．よって，通常の非不偏ゲームと同様，値と局面は区別せずに取り扱います．このとき，$(\mathbb{GS}, +)$ は可換モノイドになります．単位元には $0 = \langle \emptyset^0 \mid \emptyset^0 \rangle$ の同値類 $[0]_\sim$ をとることができます．

7.3.3 正規形非不偏ゲームとの関係

次に，保証された得点付きゲームと正規形非不偏ゲームの関係をみていきましょう．

定義 7.3.12 得点付きゲームの局面 $\widehat{G}$ $(\in \widetilde{\mathbb{S}})$ を，正規形非不偏ゲームの局面 G $(\in \widetilde{\mathbb{G}})$ に対して，G の後続局面に登場するすべての空集合を $\emptyset^0$ に差し替えたものとする．

保証された得点付きゲームの定義より，明らかに $\widehat{G} \in \widetilde{\mathbb{GS}}$ となります．

例 7.3.13 $\widehat{G}$ の例は次のようになります．

$$\begin{aligned}
\widehat{0} &= \langle \emptyset^0 \mid \emptyset^0 \rangle, \\
\widehat{1} &= \langle \widehat{0} \mid \emptyset^0 \rangle = \langle \langle \emptyset^0 \mid \emptyset^0 \rangle \mid \emptyset^0 \rangle, \\
\widehat{*} &= \langle \widehat{0} \mid \widehat{0} \rangle = \langle \langle \emptyset^0 \mid \emptyset^0 \rangle \mid \langle \emptyset^0 \mid \emptyset^0 \rangle \rangle.
\end{aligned}$$

$\widehat{G}$ において，得点は常に 0 なので，この局面は単にお互いに手を進めることしかできず，得点を変えることはできません．したがって，$\widehat{G}$ しか場になければ結果は 0 点にしかなりませんが，ほかの得点付きゲームの局面との直和になっている可能性があります．そのような場合には，さながら得点付きゲームの局

面に正規形のゲームの局面が直和されたような局面になります．

通常の非不偏ゲームでは，$1 > 0$ が常に成り立ちます．一方，得点付きゲームにおいて $\widehat{1}$ が左にとって $\widehat{0}$ より常に都合のよい局面であるとは限りません．例えば，得点付きゲームの局面 $G = \langle \emptyset^3 \mid \emptyset^1 \rangle$ と直和した場合について考えると，$\mathrm{Ls}(G + \widehat{0}) = 3$ ですが $\mathrm{Ls}(G + \widehat{1}) = 1$ となります．

このように，得点付きゲームの局面 $\langle \emptyset^\ell \mid \emptyset^r \rangle$ において $\ell > r$ を満たすときはゲームの解析を複雑にします．

一方，保証された得点付きゲームにおいては，このような局面は登場しません．実は，正規形の非不偏ゲーム $G, H \in \widetilde{\mathbb{G}}$ の関係は，保証された得点付きゲームの中に限れば $\widehat{G}, \widehat{H}$ の関係と一致するということが知られています．これを，正規形の非不偏ゲームは保証された得点付きゲームの中に**順序保存埋め込み**（*order-embedding*）**される**といいます．このことを示します．

定理 7.3.14　正規形ゲーム G, H が $G \geq H$ となるとき，かつそのときに限り $\widehat{G} \succcurlyeq \widehat{H}$ となる．

証明　まず，$G \geq H$ とする．このとき，$\widehat{G} \succcurlyeq \widehat{H}$ を示す．すなわち，任意の保証された得点付きゲームの局面 X に対して，$\mathrm{Ls}(\widehat{G} + X) \geq \mathrm{Ls}(\widehat{H} + X)$ を示す．G, H, X の後続局面の総数に関する帰納法を用いる．

はじめに，$\widehat{H} + X$ に左選択肢が存在しない場合について考える．このとき，$X = \langle \emptyset^x \mid X^{\mathcal{R}} \rangle, H = \{\emptyset \mid H^{\mathcal{R}}\}$ である．すると，$\mathrm{Ls}(\widehat{H} + X) = x$ である．ここで，$\widehat{G} + X \cong \widehat{G} + \langle \emptyset^x \mid X^{\mathcal{R}} \rangle$ であるが，G で左が続けて着手できたとき，X は保証された得点付きゲームの局面であるので，X から得られる得点は x 以上である．もし G に左選択肢がないならば，ゲームは終了し，得点は x 点である．$\widehat{G}$ の得点は常に 0 なので，いずれの場合でも $\mathrm{Ls}(G + X) \geq x$ である．

次に，$\widehat{H} + X$ に左選択肢が存在する場合について考える．もし，$\mathrm{Ls}(\widehat{H} + X) = \mathrm{Rs}(\widehat{H} + X^{\mathrm{L}})$ となるような X の左選択肢 X^{L} が存在するとすると，帰納法の仮定から $\mathrm{Rs}(\widehat{H} + X^{\mathrm{L}}) \leq \mathrm{Rs}(\widehat{G} + X^{\mathrm{L}})$ である．よって左得点と右得点の定義から，$\mathrm{Rs}(\widehat{G} + X^{\mathrm{L}}) \leq \mathrm{Ls}(\widehat{G} + X)$ なので $\mathrm{Ls}(\widehat{H} + X) \leq \mathrm{Ls}(\widehat{G} + X)$ を得る．残っているのは，$\widehat{H}$ の左選択肢 $\widehat{H}^{\mathrm{L}}$ が $\mathrm{Ls}(\widehat{H} + X) = \mathrm{Rs}(\widehat{H}^{\mathrm{L}} + X)$ を満たす場合である．このとき，正規形のゲームとして $G \geq H$ だったので $G - H \geq 0$ である．よって $G - H^{\mathrm{L}}$ から左は勝つことができる応手が存在し，$G^{\mathrm{L}} - H^{\mathrm{L}} \geq 0$ か $G - (H^{\mathrm{L}})^{\mathrm{R}} \geq 0$ である．前者の場合，$G^{\mathrm{L}} \geq H^{\mathrm{L}}$ であり，帰納法から $\mathrm{Rs}(\widehat{G}^{\mathrm{L}} + X) \geq \mathrm{Rs}(\widehat{H}^{\mathrm{L}} + X)$

である．また，定義より $\mathrm{Rs}(\widehat{G}^{\mathrm{L}}+X) \leq \mathrm{Ls}(\widehat{G}+X)$ であるから，

$$\mathrm{Ls}(\widehat{H}+X) = \mathrm{Rs}(\widehat{H}^{\mathrm{L}}+X) \leq \mathrm{Rs}(\widehat{G}^{\mathrm{L}}+X) \leq \mathrm{Ls}(\widehat{G}+X)$$

を得る．後者の場合，帰納法より $\mathrm{Ls}(\widehat{G}+X) \geq \mathrm{Ls}((\widehat{H}^{\mathrm{L}})^{\mathrm{R}}+X)$ であり，左得点と右得点の定義から $\mathrm{Ls}((\widehat{H}^{\mathrm{L}})^{\mathrm{R}}+X) \geq \mathrm{Rs}(\widehat{H}^{\mathrm{L}}+X)$ を得る．そして，$\mathrm{Ls}(\widehat{H}+X) = \mathrm{Rs}(\widehat{H}^{\mathrm{L}}+X)$ を仮定しているので，$\mathrm{Ls}(\widehat{G}+X) \geq \mathrm{Ls}(\widehat{H}+X)$ を得る．

任意の保証された得点付きゲームの局面 X に対して, $\mathrm{Rs}(\widehat{G}+X) \geq \mathrm{Rs}(\widehat{H}+X)$ が成り立つことも同様に示せるから，$\mathrm{Ls}(\widehat{G}+X) \geq \mathrm{Ls}(\widehat{H}+X)$ および $\mathrm{Rs}(\widehat{G}+X) \geq \mathrm{Rs}(\widehat{H}+X)$ がともに成り立つので，$\widehat{G} \succcurlyeq \widehat{H}$ である．

同様にして，$G \leq H \Longrightarrow \widehat{G} \preccurlyeq \widehat{H}$ もわかる．

次に $G < H$ であれば $\widehat{G} \prec \widehat{H}$ となることを示す．$G < H$ であれば $\widehat{G} \preccurlyeq \widehat{H}$ はすでに示されているので，このときに $\widehat{G} \not\succcurlyeq \widehat{H}$ であることを示せばよい．$X = \widehat{(-H)} + \langle -1 \mid 1 \rangle$ について考える．$\widehat{H}+X = \widehat{H} + \widehat{(-H)} + \langle -1 \mid 1 \rangle$ である．また，$\langle -1 \mid 1 \rangle$ に着手する手はお互いにとって損であるが，正規形ゲーム $H - H$ は先手が負けることから，右が先手であれば，$\widehat{H} + \widehat{(-H)}$ の部分に着手し続けても，左が適切な応手をすれば右は最終的に $\langle -1 \mid 1 \rangle$ に着手することになり，$\mathrm{Rs}(\widehat{H}+X) = 1$ になる．一方，$G < H$ より，同様に考えると，今度は正規形のゲームの局面 $G - H$ で右が先手で勝てるので，$\mathrm{Rs}(\widehat{G}+X) = -1$ である．よって $\widehat{G} \not\succcurlyeq \widehat{H}$ を得る．

最後に, $G \parallel H$ のときに $\widehat{G} \wr\wr \widehat{H}$ について示す．上と同様に $X = \widehat{(-H)} + \langle -1 \mid 1 \rangle$ について考える．このとき，$-1 = \mathrm{Ls}(\widehat{H}+X) < \mathrm{Ls}(\widehat{G}+X) = 1$，$1 = \mathrm{Rs}(\widehat{H}+X) > \mathrm{Rs}(\widehat{G}+X) = -1$ である．ゆえに $\widehat{G} \wr\wr \widehat{H}$ を得る．

以上から $G \lhd\!\!| \; H \Longrightarrow \widehat{G} \prec\!\wr\wr \widehat{H}$ であり，対偶をとって $\widehat{G} \succcurlyeq \widehat{H} \Longrightarrow G \geq H$ である． □

このように，保証された得点付きゲームの枠組みの中に絞って考えれば，正規形のゲームがそのまま順序を保って埋め込めます．このほか，保証された得点付きゲームの中では正規形ゲームのときと同様に標準形の存在も保証されているなど，正規形ゲームが持っていた良い構造をいくつも保っていると知られています．また，逆局面については常に存在するわけではないものの，もし存在する場合は必ず正規形と同様に左右の役割を入れ替えた局面（7.3.5 節で紹介

する共役のこと）が逆局面となっていることも示されています．

7.3.4 得点駒あり一般化コナネ

得点駒あり一般化コナネとして，次のようなルールセットを考えてみましょう [9]．

得点駒あり一般化コナネでは，通常の一般化コナネと同じようにゲームが進みます．ただし，各駒には非負整数が書いてあり，その駒が取られた場合，相手にその数の分だけ得点が入ります．先に述べたように，このようなゲームにおいて最終的に黒が n 点，白が m 点を得ている場合は，終了局面を $\langle \emptyset^{n-m} \mid \emptyset^{n-m} \rangle$ とみなすことで，これまで論じてきた枠組みで考えられることに注意しましょう．

つまり，k と書かれている黒駒が取られたら場に $-k$ 点が，k と書かれている白駒が取られたら場に k 点が与えられるということになります．

さらに，ボーナスとして，片方のプレイヤーが駒を動かせなくなってゲームが終了したときに，もう片方のプレイヤーから見て，駒を任意の回数動かせば取れるような相手駒すべてについて，取ってしまってよい，とします．つまり，図 7.3 の局面で白の手番となりゲームが終了した際に，すでに取り合った駒の得点とは別に，黒は $3+1+5+0+4+2=15$ 点を得ることができます．プレイ中であれば，どちらかしか選べないような分岐（1 点の白駒を取るか，0 点

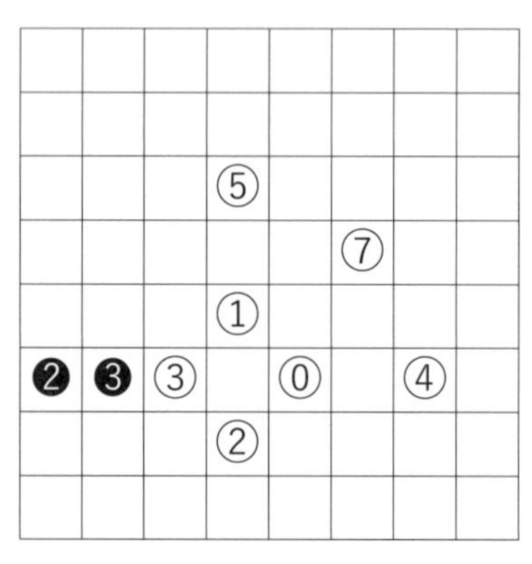

図 7.3　得点駒あり一般化コナネのボーナスが発生する局面

9) なお，得点のあるコナネとしては SCORING-KONANE や DISKONNECT [LNS18] が知られていますが，ここで紹介する得点駒あり一般化コナネは少しルールが異なります．

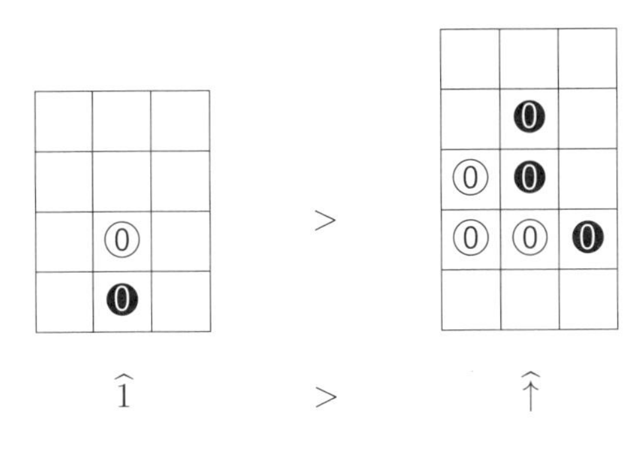

図 7.4　順序保存埋め込みの例

の白駒を取るか，2 点の白駒を取るか，など）であっても，**ボーナスのときはすべてを得ることができる**ことに注意しましょう．

このボーナスルールにより，得点駒あり一般化コナネは保証された得点付きゲームのルールセットになります．

さて，ここで駒に書かれている得点がすべて 0 となるような局面を考えます．すると，この局面はどう着手しても点数は変わらず，単にどちらが最後に着手するかという局面になるため，まさに，通常の一般化コナネの局面が得点駒あり一般化コナネの局面に埋め込まれた局面になります．

よって，定理 7.3.14 を用いることができ，例えば図 7.4 のような比較が可能だということがわかります．

このように，正規形ゲームの局面とみなせるような局面が自然に登場するようなルールセットにおいて，定理 7.3.14 は特に有用です．

7.3.5　ゲームの宇宙

ここまで，逆形の不偏ゲームや，保証された得点付きゲームでみてきたように，扱う局面の範囲を一部に絞ることで良い性質を見出す研究がいくつかあります．このような研究に用いられる用語を最後に紹介しておきます．

定義 7.3.15　保証された得点付きゲームの局面 $G \cong \langle G^{\mathcal{L}} \mid G^{\mathcal{R}} \rangle$ の**共役**（*conjugate*）$\overleftrightarrow{G}$ を，$\overleftrightarrow{G} \cong \langle \overleftrightarrow{G^{\mathcal{R}}} \mid \overleftrightarrow{G^{\mathcal{L}}} \rangle$ とおく．ただし，$\overleftrightarrow{G^{\mathcal{R}}}$ とは，$G^{\mathcal{R}} = \emptyset^{r}$ のときは $\overleftrightarrow{G^{\mathcal{R}}} = \emptyset^{-r}$，そうでないときは $G^{\mathcal{R}}$ の各要素の共役をとった集合とす

る．$\overleftrightarrow{G}^{\mathcal{L}}$ も同様である．

得点付きゲームに限らず，一般に G に対して左右のプレイヤーの立場を入れ替えた局面を G の共役といい，$\overleftrightarrow{G}$ と書きます．つまり，共役の定義は非不偏ゲームのときの逆局面の定義と同様です．ただし，一般には $G+\overleftrightarrow{G}$ が 0 と等価とは限りません．例えば，保証された得点付きゲームにおいて，$G \cong \langle \emptyset^{\ell} \mid \emptyset^{r} \rangle$ $(\ell \leq r)$ のとき，$\overleftrightarrow{G} \cong \langle \emptyset^{-r} \mid \emptyset^{-\ell} \rangle$ ですが，$G+\overleftrightarrow{G} \cong \langle \emptyset^{\ell-r} \mid \emptyset^{r-\ell} \rangle$ なので，この帰結類が $0 \cong \langle \emptyset^{0} \mid \emptyset^{0} \rangle$ と一致するのは $\ell = r$ の場合に限ります．

定義 7.3.16　$\mathcal{U}$ をある組合せゲームの集合とする．もし $\mathcal{U}$ が次の性質を満たすならば，$\mathcal{U}$ を**宇宙**（*universe*）と呼ぶ．

- 任意の $G, H \in \mathcal{U}$ に対して，$G+H \in \mathcal{U}$ となる．
- 任意の $G \in \mathcal{U}$ に対して，G の任意の後続局面は $\mathcal{U}$ に属する．
- 任意の $G \in \mathcal{U}$ に対して，$\overleftrightarrow{G} \in \mathcal{U}$ となる．

定義より，$\widetilde{\mathbb{G}}, \widetilde{\mathbb{S}}, \widetilde{\mathbb{GS}}, \widetilde{\mathbb{T}}$ は宇宙になります．

定義 7.3.17　$\mathcal{U}$ を宇宙であるとする．局面 $G, H \in \mathcal{U}$ について，次のように定義する．

$G \geq H \pmod{\mathcal{U}}$ とは，任意の $X \in \mathcal{U}$ に対して，$o(G+X) \geq o(H+X)$ となることである．$G \geq H \pmod{\mathcal{U}}$ かつ $G \leq H \pmod{\mathcal{U}}$ のとき，$G \equiv H \pmod{\mathcal{U}}$ という．$G \not\geq H \pmod{\mathcal{U}}$ かつ $G \not\leq H \pmod{\mathcal{U}}$ であるとき，$G \,||\, H \pmod{\mathcal{U}}$ であるという．

例えば，2 つの保証された得点付きゲームの局面 G, H の関係 $G \succcurlyeq H$ は，$G \geq H \pmod{\widetilde{\mathbb{GS}}}$ と書くこともできます．

このように，宇宙を絞った研究として，ほかに逆形の非不偏ゲームに関する研究も知られています．詳しくは 7.6 節のコラム 14 を参照してください．

7.4　コラム 12：非不偏ルーピーゲーム

このコラムでは非不偏ルーピーゲームについて，枠組みと簡単な値の紹介をします．不偏ルーピーゲームのときと同様に，有限の非不偏ルーピーゲームについて考えます．

非不偏ルーピーゲームの帰結類は 9 種類あり，表 7.2 の通りになります．また，その大小関係は図 7.5 の通りです．通常の $\mathcal{L}$, $\mathcal{N}$, $\mathcal{P}$, $\mathcal{R}$ および不偏ルーピーゲームのところで見た $\mathcal{D}$ のほかに，新たに 4 つの帰結類 $\hat{\mathcal{P}}$, $\hat{\mathcal{N}}$, $\check{\mathcal{P}}$, $\check{\mathcal{N}}$ が登場します．例えば，$\hat{\mathcal{P}}$ 局面は，より左にとってありがたい $\mathcal{P}$ 局面で，左は後手で勝てますが，先手でも引き分けに持ち込むことができます．ほかの 3 つの帰結類も同様に $\mathcal{P}$ 局面と $\mathcal{N}$ 局面からより片方のプレイヤーに嬉しく（悪くとも引き分けに持ち込めるように）なったものです．

表 7.2　非不偏ルーピーゲームの帰結類

		左が先に着手		
		左が勝つ	引き分け	右が勝つ
右が先に着手	左が勝つ	$\mathcal{L}$	$\hat{\mathcal{P}}$	$\mathcal{P}$
	引き分け	$\hat{\mathcal{N}}$	$\mathcal{D}$	$\check{\mathcal{P}}$
	右が勝つ	$\mathcal{N}$	$\check{\mathcal{N}}$	$\mathcal{R}$

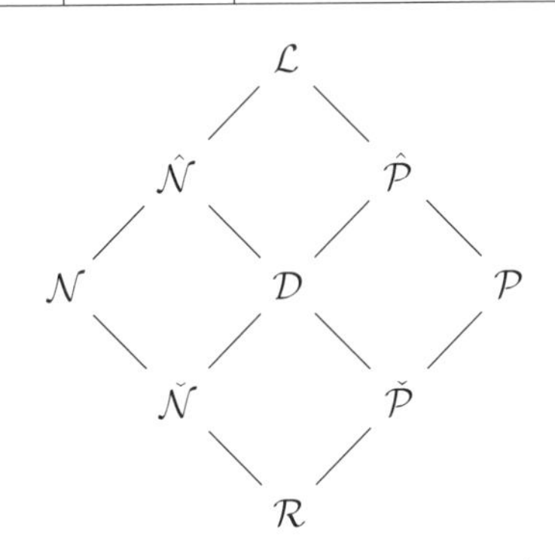

図 7.5　非不偏ルーピーゲームの帰結類の大小関係

これらの 9 つの帰結類を利用して，ルーピーでない場合と同様にゲームの等価性を定義できます．

定義 7.4.1　G, H, X を非不偏ルーピーゲームの局面とする．このとき，

$$G = H \iff \text{任意の } X \text{ に対して } o(G+X) = o(H+X) \text{ となる},$$
$$G \geq H \iff \text{任意の } X \text{ に対して } o(G+X) \geq o(H+X) \text{ となる}$$

とする．

定義 7.4.2　非不偏ルーピーゲームの局面 G の局面の値とは，同値類 $[G]_=$ のことである．

非不偏ルーピーゲームにおいて最も単純な 4 つの値を例 7.4.3 に示します．

例 7.4.3

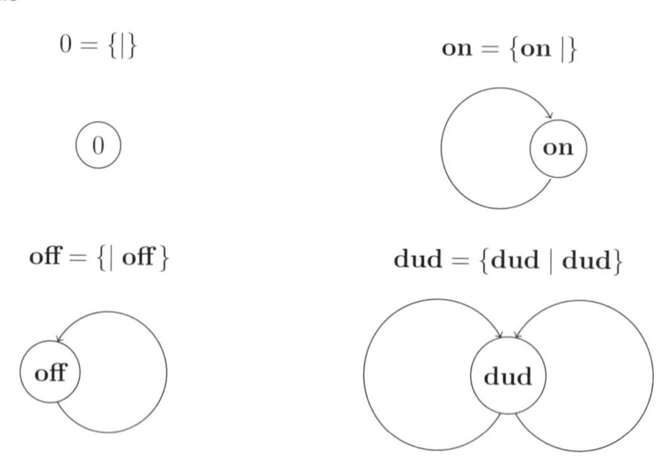

on は左のみずっと状況を変えずに着手をし続けることができる局面です．したがって任意の局面 G に対して $\mathbf{on} + G$ は先手後手にかかわらず左は負けません．また，任意の局面 G に対して，$\mathbf{on} \geq G$ が成り立ちます．なぜなら，任意の局面 X に対して，$G + X$ で左が勝つか引き分けることができるとき，$\mathbf{on} + X$ でも左は勝つか引き分けることができるからです．$G + X$ における必勝戦略を使い，その中で G に着手しなければならないときには **on** に着手することで，$\mathbf{on} + X$ においても同等以上の結果を得ることができます．

では，$\mathbf{on} + \mathbf{off}$ はどうなるでしょう．任意の局面 X に対して，$\mathbf{on} + \mathbf{off} + X$ は引き分けになります．**dud** についても任意の局面 X について $\mathbf{dud} + X$ は引き分けになるので，$\mathbf{on} + \mathbf{off} = \mathbf{dud}$ が成り立ちます．そして，任意の局面 X に対して $\mathbf{dud} + X = \mathbf{dud}$ も成り立ちます．

いくつかの非不偏ルーピーゲームの局面は，ルーピーでない局面の特殊な集合の上限や下限となることがあります．

定義 7.4.4　$\mathcal{A}$ を局面の集合とする．次を満たすときに，G を $\mathcal{A}$ の**上限**（*supremum*）といい，$G = \sup(\mathcal{A})$ と書く：

- 任意の $X \in \mathcal{A}$ に対して，$G \geq X$ が成り立つ．
- 局面 H が任意の $X \in \mathcal{A}$ について，$H \geq X$ を満たすならば，$H \geq G$ が成り立つ．

A の**下限**（*infimum*）$\inf(A)$ についても，上限の条件の不等号の向きを変えたものとして同様に定義される．

交互に着手したときに必ず終了する局面を**ストッパー**（*stopper*）といいます．**on, off** はストッパーですが，**dud** はストッパーではありません．**on** + **off** = **dud** だったので，ストッパーとストッパーの和は必ずしもストッパーにならないことがわかります．

ストッパーについて，次の定理が知られています．

定理 7.4.5　G, H をストッパーとする．$G \geq H$ となるのは $G - H$ において左が後手で負けないことと同値である．

次の例 7.4.6 の **over** もストッパーです．**over** = {0 | **over**} と定義されます．また，**under** = −**over** です．

例 7.4.6

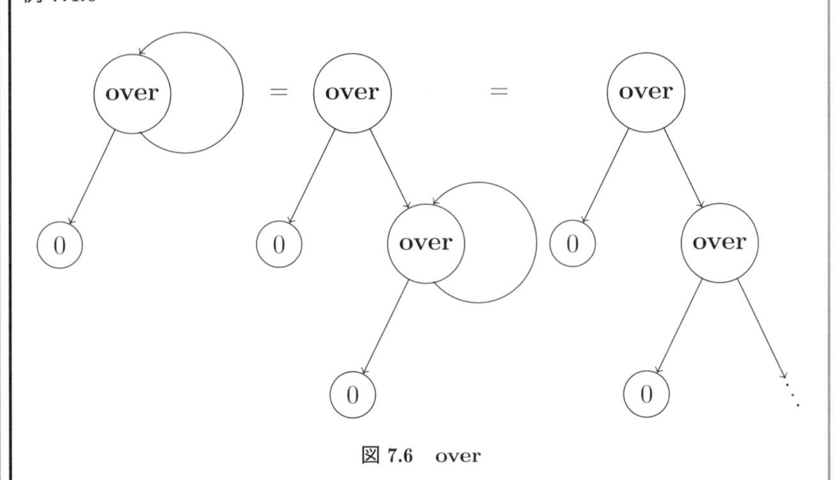

図 7.6　over

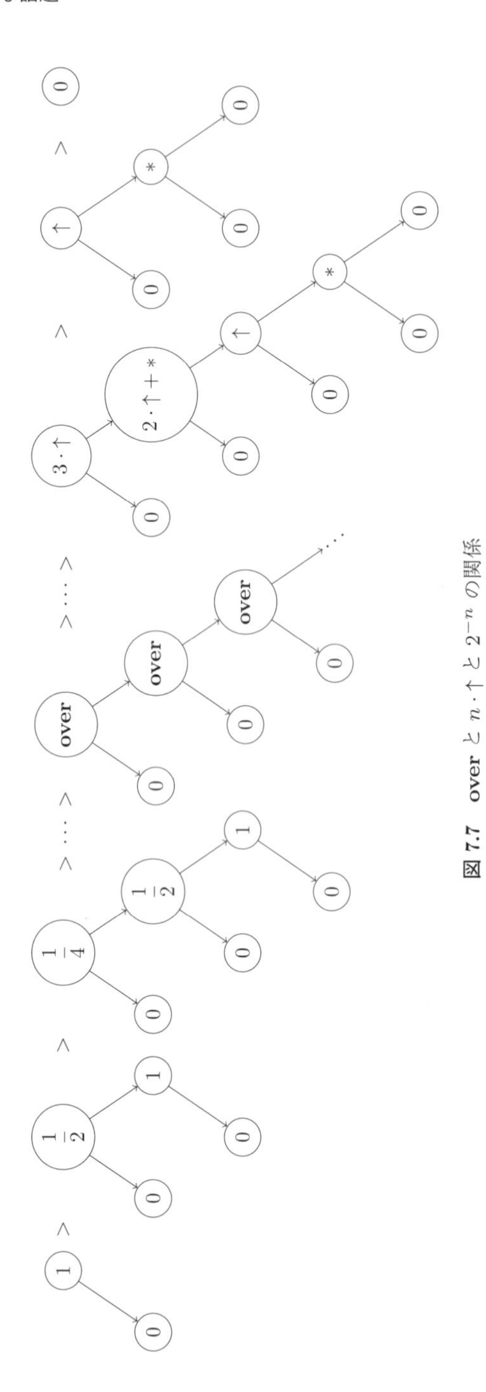

図 7.7　**over** と $n\cdot\uparrow$ と 2^{-n} の関係

次に述べる定理 7.4.7 は，図 7.7 からも直感的に成り立つことが感じられます．

定理 7.4.7 次が成り立つ．

$$\mathbf{over} = \sup(\{n \cdot \uparrow \mid n \in \mathbb{N}^+\}) = \inf(\{2^{-n} \mid n \in \mathbb{N}^+\}).$$

ほかにもストッパーが持つ性質や，非不偏ゲームの値の上限や下限となるストッパーについて様々なことが知られています．詳しくは [CGT] の第 6 章などを参照してください．

7.5 コラム 13：逆形ケイレスの逆形商

このコラムでは逆形商を使って，**逆形ケイレス**（*Misère* KAYLES）を解析してみましょう．ケイレスは第 3 章で触れましたが，可能な着手は，石が m 個の山から石を 1 個か 2 個取って分割しない，あるいは石を 1 個か 2 個取って 2 つの山に分割することでした．そして，逆形ケイレスでは着手不能となったプレイヤーの勝ちとなります．

逆形ケイレスの逆形商 $(\mathcal{Q}, P)$ はとても複雑ですが，次のようになることが知られています [CGT]．

$$\begin{aligned}\mathcal{Q} = \langle a,b,c,d,e,f,g \mid\; & 2a = 0,\ 3b = b,\ b + 2c = b,\ 3c = c,\ b + d = b + c,\\ & c + d = 2b,\ 3d = d,\ b + e = b + c,\ c + e = 2b,\ 2e = d + e,\\ & b + f = a + b,\ c + f = a + 2b + c,\ 2d + f = f,\ 2f = 2b,\\ & 2b + g = g,\ 2c + g = g,\ d + g = c + g,\ e + g = c + g,\\ & f + g = a + g,\ 2g = 2b\rangle,\\ P = \{a,\ 2b,\ & a + c,\ a + 2c,\ d,\ a + 2d,\ e,\ a + d + e,\ a + d + f\}.\end{aligned}$$

ここで，a,b,c,d,e,f,g は石の数が $1,2,5,9,12,25,27$ の山を表しています．

石の数が m の山の逆形商の値は表 7.3 のようになります．この表からも，周期性が確認できます [10]．

では，実際にこの逆形商を用いて逆形ケイレスの必勝判定を行ってみましょう．

10) 逆形商の周期性についてもいくつか知られている性質があります．詳しくは [CGT] を参照してください．

表 7.3　逆形ケイレスの逆形商

	1	2	3	4	5	6
0+	a	b	$a+b$	a	c	$a+b$
12+	$a+2b$	b	$a+b+c$	$a+2b$	$2d+e$	$a+b$
24+	f	b	g	$a+2b+c$	$2b+c$	$a+b+c$
36+	$a+2b$	b	$a+b$	$a+2b$	$2b+c$	$a+b+c$
48+	$a+2b$	b	g	$a+2b$	$2b+c$	$a+b+c$
60+	$a+2b$	b	g	$a+2b$	$2b+c$	$a+b+c$
72+	$a+2b$	b	g	$a+2b$	$2b+c$	$a+b+c$
84+	$a+2b$	b	g	$a+2b$	$2b+c$	$a+b+c$
⋮	⋮	⋮	⋮	⋮	⋮	⋮

	7	8	9	10	11	12
0+	b	$a+2b$	d	b	$b+c$	e
12+	b	$a+d+e$	$2b+c$	$b+c$	$a+b+c$	$2b+c$
24+	b	$a+2b$	g	$b+c$	$a+b+c$	$2b+c$
36+	b	$a+2b$	g	b	$a+b+c$	$2b+c$
48+	b	$a+2b$	$2b+c$	b	$a+b+c$	$2b+c$
60+	b	$a+2b$	g	$b+c$	$a+b+c$	$2b+c$
72+	b	$a+2b$	g	b	$a+b+c$	$2b+c$
84+	b	$a+2b$	g	b	$a+b+c$	$2b+c$
⋮	⋮	⋮	⋮	⋮	⋮	

例 7.5.1　逆形ケイレスの局面を $G = (15, 19, 26, 44)$ とします．

表 7.3 をみると，それぞれの山に対応する値は $a+b+c$, b, b, $a+2b$ であることがわかります．これらの和は

$$(a+b+c)+b+b+(a+2b) = 2a+5b+c$$

となりますが，まだ簡略化することができます．$2a = 0$, $3b = b$ ですから，

$$2a+5b+c = b+c$$

を得ます．これは $\mathcal{P}$ 局面の集合 P に入っていませんから，この局面 G は $\mathcal{N}$ 局面です．

ここで，必勝手の 1 つは，石の数が 44 の山を 42 にすることです．実際このように着手することによって，44 に対応する $a+2b$ が，42 に対応する $a+b+c$ に変わりますから，和を計算すると，

$$(a+b+c)+b+b+(a+b+c) = 2a+4b+2c$$

となります．この $2a+4b+2c$ を簡略化すると

$$2a + 4b + 2c = 2a + 3b + (b + 2c) = 0 + b + b = 2b$$

となり，$2b \in P$ なので，これは $\mathcal{P}$ 局面となります．

7.6　コラム 14：逆形非不偏ゲーム

このコラムでは，**逆形非不偏ゲーム**の持つ性質を簡単に見ていきます．逆形は正規形の「反対」でないことは逆形不偏ゲームのところでも確かめたことですが，非不偏ゲームにおいてもそれを実感することができます．例えば，2 つの帰結類 $\mathcal{C}_1, \mathcal{C}_2 \in \{\mathcal{L}, \mathcal{N}, \mathcal{P}, \mathcal{R}\}$ について，どのように $\mathcal{C}_1, \mathcal{C}_2$ を選んでも，正規形の帰結類が $\mathcal{C}_1$，逆形の帰結類が $\mathcal{C}_2$ となるような局面が存在します．

また，逆形では，任意の局面 $G \not\cong 0$ に対し，$G - G \neq 0$ となります．そのため，0 以外の局面は逆局面を持ちません．さらに，正規形では $1 \cong \{0\,|\}$ と $0 \cong \{|\}$ の局面は比較できましたが，逆形では 1 と 0 は比較できません．0 だけの局面であれば左は先手で勝ち，1 だけの局面であれば先手で負けますが，$0 + *$ では左は先手で負け，$1 + *$ では先手で勝ちます．

ほかにも正規形の非不偏ゲームでは考えられないようないくつかの問題があり，逆形非不偏ゲームの解析は一筋縄ではいきません．しかし，逆形不偏ゲームと同様に，ある特定の集合に絞って解析を行うことはできます．特に，ある宇宙 $\mathcal{U}$ に制限した場合については，様々な研究成果があり，[RM13] にまとまっています．

ここで，宇宙に関する 2 つの重要な定義を紹介します．これらの概念は，逆形ゲームの大小関係と可逆性に関連があります．

定義 7.6.1　宇宙 $\mathcal{U}$ が**親的**（*parental*）であるとは，任意の空でない 2 つの有限集合 $\mathcal{X}, \mathcal{Y} \subset \mathcal{U}$ に対し，$\{\mathcal{X} \mid \mathcal{Y}\} \subset \mathcal{U}$ であることをいう．

定義 7.6.2　逆形非不偏ゲームの宇宙 $\mathcal{U}$ が**密**（*dense*）であるとは，任意の $G \in \mathcal{U}$ と任意の帰結類 $\mathcal{C} \in \{\mathcal{L}, \mathcal{N}, \mathcal{P}, \mathcal{R}\}$ に対し，$G + H$ の帰結類が $\mathcal{C}$ であるような $H \in \mathcal{U}$ が存在することをいう．

実は，$\mathcal{U}$ が親的であり密であれば，G と H について，すべての $X \in \mathcal{U}$ との和を考えなくとも，G と H の大小関係を示すことができます [LNS21]．

さらに左終局面と右終局面を定義しましょう．

定義 7.6.3　**左終局面**（*left end*）とは，左の手がない局面（すなわち $G^{\mathcal{L}} = \emptyset$）のことをいい，**右終局面**（*right end*）とは，右の手がない局面（すなわち $G^{\mathcal{R}} = \emptyset$）のことをいう．

定理 7.6.4 $\mathcal{U}$ を宇宙とし，親的であり，密であるとする．このとき，$G \geq H \pmod{\mathcal{U}}$ であることと，次の 4 つの条件を満たすことは同値である．

(i) H が左終局面であるとき，すべての左終局面 $X \in \mathcal{U}$ に対し，$G+X$ において左が先手で勝つ．

(ii) G が右終局面であるとき，すべての右終局面 $X \in \mathcal{U}$ に対し，$H+X$ において右が先手で勝つ．

(iii) 任意の G の右選択肢 G^{R} について，$(G^{\mathrm{R}})^{\mathrm{L}} \geq H \pmod{\mathcal{U}}$ または $G^{\mathrm{R}} \geq H^{\mathrm{R}} \pmod{\mathcal{U}}$ となるような，$(G^{\mathrm{R}})^{\mathrm{L}}$ または H^{R} が存在する．

(iv) 任意の H の左選択肢 H^{L} について，$G^{\mathrm{L}} \geq H^{\mathrm{L}} \pmod{\mathcal{U}}$ または $G \geq (H^{\mathrm{L}})^{\mathrm{R}} \pmod{\mathcal{U}}$ となるような，G^{L} または $(H^{\mathrm{L}})^{\mathrm{R}}$ が存在する．

本コラムでは，[RM13] で紹介されている代表的な 3 つの宇宙について簡単に述べます．

7.6.1 停滞ゲームの宇宙

定義 7.6.5 左終局面が**左死局面**（*dead left end*）とは，そのすべての後続局面もまた左終局面であることをいう．**右死局面**についても同様である．

定義 7.6.6 あるルールセットにおいて，任意の局面 G について，G の後続局面のうち，左終局面であるものがすべて左死局面であり，右終局面であるものがすべて右死局面であるとき，そのルールセットを**停滞**（*dead-ending*）**ゲーム**と呼ぶ．

定義から，停滞ゲームではある時点で左に可能な着手がなくなった場合，右の着手によらず左は二度と着手することができません．例えば，第 4 章で扱ったアイストレーや，5.10 節のコラム 7 で触れた青赤ハッケンブッシュは停滞ゲームです．停滞ゲームの局面全体の集合を $\mathcal{E}$ と書きます．

なお，実際に解析されている停滞ゲームの例としては，**非不偏ケイレス**（PARTIZAN KAYLES）というルールセットがあります．

停滞ゲームには逆形ゲームの興味深い結果が豊富にあります．例えば，次の定理が成り立ちます．

定理 7.6.7 局面 G $(\in \mathcal{E})$ を左終局面または右終局面であるとする．このとき，$G - G \equiv 0 \pmod{\mathcal{E}}$ が成り立つ．

7.6.2 双葉ゲームの宇宙

定義 7.6.8 あるルールセットにおいて，左終局面も右終局面も 0 のみであるとき（すなわち左が着手できるときは必ず右も着手できるとき），そのルールセットを**双葉**（*dicot*）**ゲーム**という[11].

双葉ゲームの局面全体の集合を $\mathcal{D}$ と書きます．$\mathcal{D}$ は $\mathcal{E}$ の真部分集合となります．

なお，実際に解析されている双葉ゲームの例としては，**ハッケンブッシュ・スプリッグス**（HACKENBUSH SPRIGS）というルールセットがあります．

双葉ゲームの宇宙では，次のような可逆性に関する定理が知られています．

定理 7.6.9 局面 G $(\in \mathcal{D})$ のすべての後続局面 H に対し，$G - G \in \mathcal{N}$ かつ $H - H \in \mathcal{N}$ であるならば，$G - G \equiv 0 \pmod{\mathcal{D}}$ となる．

7.6.3 交互ゲームの宇宙

定義 7.6.10 あるルールセットにおいて，どちらのプレイヤーも連続した着手ができないとき，すなわち，任意の局面 G において，そのすべての左選択肢 G^{L} と右選択肢 G^{R} に対し，G^{L} の左選択肢全体の集合と G^{R} の右選択肢全体の集合が空集合であるとき，そのルールセットを**交互**（*alternating*）**ゲーム**という．

交互ゲームの局面全体の集合を $\mathcal{A}$ と書きます．

なお，実際に解析されている交互ゲームの例としては，**ペニーニム**（PENNY NIM）というルールセットがあります．

他の宇宙のことや，逆形非不偏ゲームの代数的構造については，いまだにわかっていないことがあり，多くの未解決問題が存在します．興味を持った読者の方はぜひ研究に挑戦してみてください．

◆演習問題◆

1. ★★ 3 保持 Wythoff のニムの石の個数の最大値が 4 以下の各局面について，ルーピーグランディ数を求めてください．

2. ★ 仮に，逆形において局面 G と H が等しいことの定義を，（非不偏ゲームも含めた）すべての局面 X に対して $o^-(G+X) = o^-(H+X)$ となることとした場合，それが $o^-(G-H) = \mathcal{P}$ と同値にならないことを示してください．

3. ★★ $\mathcal{A} = \{m \cdot * + n \cdot *2 \mid m, n \in \mathbb{N}_0\}$ とします．

---

[11] 正規形では**全微小**（*all-small*）**ゲーム**とも呼ばれます．ちなみに，全微小ゲームは**原子量**（*atomic weight*）と呼ばれる概念を用いて解析されています．

(a) $*2 + *2$ と $*$ が $\mathcal{A}$ を法として合同にならないことを示してください.

(b) $* + *2 + *2$ が 0, $*2$, $* + *2$ のそれぞれと $\mathcal{A}$ を法として合同にならないことを示してください.

4. ★★★★★　ここまで本書を読んできた読者の皆様は，もはや与えられた問題を解くだけではなく，自ら組合せゲーム理論の新しい問題を作りだして研究することができるはずです．ぜひそのような研究に挑戦して，1.2 節のコラム 1 で紹介したような研究集会で発表してください！

解答例

第1章

1. リバーシ[1]や五目並べ，ヘックス（HEX）などがあります．七並べ，ババ抜き，大貧民といった多くのトランプゲームは，手札が公開されていないので組合せゲームではありません[2]．

2. 場の数が26のとき，手番のプレイヤーは勝つことができませんが，1を加えて27にすれば次のプレイヤーが28にしても29にしても，その次のプレイヤーが30にして勝つことができます．一方，手番のプレイヤーが26に2を加えて28にすれば，次のプレイヤーが30にして勝つことができます．

3. 後手のプレイヤーが必勝戦略を持つと仮定して背理法で証明します．初めに先手のプレイヤーが右上の1つのマスを取り除いたとします．すると，後手のプレイヤーはその着手に応じて適切な着手（1つのマスを選択し，その右上の領域に含まれるマスを削除する）をすれば勝つことができます．しかし，この着手で選択された領域は先手のプレイヤーが最初に取った右上の1マスの領域を必ず含むことになります．このことから，この後手のプレイヤーの着手で得られる局面は，先手のプレイヤーが最初の着手で得られる局面となり，後手のプレイヤーが必勝戦略を持つことに矛盾します．よって，定理1.1.2より，先手のプレイヤーが必勝戦略を持ちます[3]．

4. 黒が引き分けに持ち込めるか勝つことができるという条件は，白に必勝戦略がないという条件と同値です．よって白に必勝戦略があると仮定して背理法で証明します．す

---

[1] リバーシは，7.3節で扱う得点付きゲームの一種になります．

[2] ただし，トランプゲームのルールを変えて手札を公開するようにすることで，組合せゲームにして研究を行うことはあります．

[3] この証明の面白いところは，具体的な着手について何も述べていないのに，先手のプレイヤーに必勝戦略があることを示しているところです．このような場合，ルールセットが**超弱解決**（ultra-weakly solved）されているということがあります．必勝戦略を持つプレイヤーが，初期局面から最善の戦略を取った場合に登場する任意の局面において最善の着手がわかっている場合は，**弱解決**（weakly solved）と呼ばれます．また，任意の局面において最善の着手がわかっている場合（ニムなど）は，**（強）解決**（（strongly）solved）と呼ばれます．

ると，黒は初手を着手したあとで，その初手をいったんないものとして，白の必勝戦略通りに着手することができます．もし必勝戦略の中ですでに黒石を打っている位置に石を打つタイミングがあれば，適当な空いている場所に石を打ちます．そして，またその石をいったんないものとして，白の必勝戦略通りに着手し続けます．禁じ手がないので，石が多くあることが不利に働くようなことはありません．このように着手し続けることで，黒は白の必勝戦略を利用して勝つことができます．よって，白に必勝戦略はありません．

第2章

1. 石の総数が 4 の場合は $(0,0,4),(0,1,3),(0,2,2),(1,1,2)$ があります．$(0,0,4)$ からは $(0,0,0)$ に，$(0,1,3)$ からは $(0,1,1)$ に，$(1,1,2)$ からは $(1,1,0)$ に遷移できるので，これらは $\mathcal{N}$ 局面です．

   また，石の総数が 5 の場合は $(0,0,5),(0,1,4),(0,2,3),(1,1,3),(1,2,2)$ があります．$(0,0,5)$ からは $(0,0,0)$ に，$(0,1,4)$ からは $(0,1,1)$ に，$(0,2,3)$ と $(1,2,2)$ からは $(0,2,2)$ に，$(1,1,3)$ からは $(1,1,0)$ に遷移できるので，これらは $\mathcal{N}$ 局面です．

   このように具体的な着手を示すのではなく，次の問題のようにニム和を計算して $\mathcal{N}$ 局面であることを示しても構いません．

2. (i) $3 \oplus 5 = (011)_2 \oplus (101)_2 = (110)_2 = 6$ なので $\mathcal{N}$ 局面です．
   (ii) $4 \oplus 5 \oplus 6 = (100)_2 \oplus (101)_2 \oplus (110)_2 = (111)_2 = 7$ なので $\mathcal{N}$ 局面です．
   (iii) $2 \oplus 5 \oplus 7 \oplus 7 = (010)_2 \oplus (101)_2 \oplus (111)_2 \oplus (111)_2 = (111)_2 = 7$ なので $\mathcal{N}$ 局面です．
   (iv) $8 \oplus 9 \oplus 10 \oplus 11 = (1000)_2 \oplus (1001)_2 \oplus (1010)_2 \oplus (1011)_2 = (0000)_2 = 0$ なので $\mathcal{P}$ 局面です．
   (v) $4 \oplus 7 \oplus 9 \oplus 12 \oplus 19 = (00100)_2 \oplus (00111)_2 \oplus (01001)_2 \oplus (01100)_2 \oplus (10011)_2 = (10101)_2 = 21$ なので $\mathcal{N}$ 局面です．

3. 次のようになります．

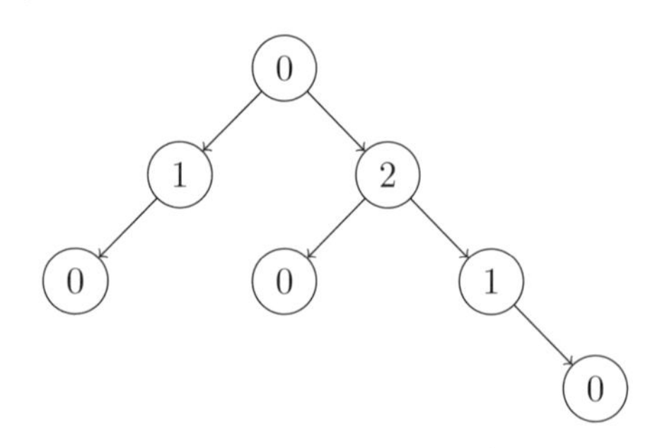

4. 各着手で表になっているコインの枚数の偶奇は変わらないので，局面 G において表になっているコインの枚数が奇数なら，終了局面での左端のコインは表になっており，偶数なら，終了局面での左端のコインは裏になっています．

5. k が偶数の場合について考えます．各コイン間のマス目の個数に注目します．各 $1 \leq i \leq k/2$ について，$a_i = c_{2i} - c_{2i-1} - 1$ とすると，プレイヤーの着手はある a_i を選んで減らす（c_{2i} を減らす）か増やす（c_{2i-1} を減らす）着手と一致します．したがって，このゲームはいくつかの石を増やす手を許したニムということになります．そして，ニムと同様の戦略で勝つことができます．すなわち，

$$a_1 \oplus a_2 \oplus \cdots \oplus a_{\frac{k}{2}} = 0$$

のとき，かつそのときに限り後手のプレイヤーに必勝戦略があり，そうではないときに先手のプレイヤーに必勝戦略がある，ということになります．通常のニムでは，相手が石を増やしてくることはありませんが，もしスライディングで相手が a_i の値を増やしてきたら，次の着手で相手が増やした分だけ a_i を減らすことで，相手の手番の前の状況に戻すことができます．またスライディングのルールから，左端に到達したらもうコインを動かすことはできないので，相手はいつまでも a_i の値を増やし続けることはできず，勝つことができるということになります．

k が奇数の場合も同様です．このときは，$a_1 = c_1$，$a_i = c_{2i-1} - c_{2i-2} - 1$ $(1 < i \leq \frac{k+1}{2})$ とおくことができます．

第 3 章

1. (a) 石を 1 つも取らずに分割する手が許されているので，求めるコードネームを $4.c_1c_2\cdots$ とします．また，任意の個数の石を取ることが許されていますが，そのときには分割することができないので，すべての $k > 0$ について $c_k = 3$ になります．よって，求めるコードネームは $4.33\cdots$ になります．

   (b) 実際にグランディ数を計算すると，次のようになります．

$$0, 1, 2, 4, 3, 5, 6, 8, 7, 9, 10, 12, 11, \ldots$$

ここから，石数 m のときのラスカーのニムのグランディ数 $\mathcal{G}(m)$ は

$$\mathcal{G}(m) = \begin{cases} 0 & (m = 0 \text{ のとき}) \\ m & (m \equiv 1, 2 \pmod 4 \text{ のとき}) \\ m + 1 & (m \equiv 3 \pmod 4 \text{ のとき}) \\ m - 1 & (m > 0,\ m \equiv 0 \pmod 4 \text{ のとき}) \end{cases}$$

となることが予想されます．

証明　m に関する帰納法で証明してみましょう．石の数が 4 までのときは，上

の計算結果から，明らかに成り立ちます．石の数が $m = 4k$ $(k \geq 1)$ まで成り立っていると仮定します．このとき，m 以下の石の数に対するグランディ数の集合は m 以下の整数全体の集合に一致しています．したがって，石の数が $4k+1$ のとき，$\mathcal{G}(4k+1)$ は $4k+1$ 以上になることがわかります．

次に，石の数が $4k+1$ のとき，山を分割することにより石の数が a, b $(a+b = 4k+1,\ a > 0,\ b > 0)$ となる 2 山を得る着手について考えます．このとき，$\mathcal{G}(a) \oplus \mathcal{G}(b) = 4k+1$ となるような a, b が存在しなければ，$\mathcal{G}(4k+1) = 4k+1$ となることがわかります．

$a, b \neq 0$ をそれぞれ 4 で割った余りについて考えてみると $a+b = 4k+1$ なので，$(0,1), (1,0)$ か $(2,3), (3,2)$ となります．$(0,1)$ のときは，$\mathcal{G}(a), \mathcal{G}(b)$ を 4 で割った余りは $(3,1)$ となり，$\mathcal{G}(a) \oplus \mathcal{G}(b)$ を 4 で割った余りは 2 になります．また $(2,3)$ のときは，$\mathcal{G}(a), \mathcal{G}(b)$ を 4 で割った余りは $(2,0)$ となり，$\mathcal{G}(a) \oplus \mathcal{G}(b)$ を 4 で割った余りは 2 になります．以上から，山を分割したときもグランディ数が $4k+1$ となる局面に遷移することはないので，$\mathcal{G}(4k+1) = 4k+1$ となります．

石の数が $4k+2, 4k+3, 4k+4$ のときも同様に示すことができ，主張は成り立ちます．注意すべきなのは石の数が $4k+3$ のときで，この場合は山を $(4k+2, 1)$ と分割することができ，この局面のグランディ数は $((4k+2) \oplus 1) = 4k+3$ となるので，石の数が $4k+3$ のときはグランディ数は $4k+3$ になりません．□

2. $S_1 = \{a\}$ について，グランディ数列 $\{\mathcal{G}_{S_1}(m)\}$ は次のようになります．

$$\mathcal{G}_{S_1}(m) = \begin{cases} 0 & ((m \bmod 2a) < a \text{ のとき}) \\ 1 & ((m \bmod 2a) \geq a \text{ のとき}). \end{cases}$$

証明　m に関する帰納法で示します．まず $m < a$ のときは終了局面なのでグランディ数は 0 です．次に，$(m \bmod 2a) \geq a$ のとき，$((m-a) \bmod 2a) < a$ なので帰納法の仮定より $\mathcal{G}_{S_1}(m-a) = 0$ だから，$\mathcal{G}_{S_1}(m) = \mathrm{mex}(\{0\}) = 1$ となります．最後に，$(m \bmod 2a) < a$ のとき，$((m-a) \bmod 2a) \geq a$ なので帰納法の仮定より $\mathcal{G}_{S_1}(m-a) = 1$ だから，$\mathcal{G}_{S_1}(m) = \mathrm{mex}(\{1\}) = 0$ です．□

$S_2 = \{a, 2a\}$ について，グランディ数列 $\{\mathcal{G}_{S_2}(m)\}$ は次のようになります．

$$\mathcal{G}_{S_2}(m) = \begin{cases} 0 & ((m \bmod 3a) < a \text{ のとき}) \\ 1 & (a \leq (m \bmod 3a) < 2a \text{ のとき}) \\ 2 & (2a \leq (m \bmod 3a) \text{ のとき}). \end{cases}$$

証明　m に関する帰納法で示します．$m < 2a$ のときは S_1 の場合とグランディ数が一致するので，主張は成立します．$2a \leq (m \bmod 3a)$ のとき，$a \leq ((m-a) \bmod 3a) < 2a$ と $((m-2a) \bmod 3a) < a$ が成り立ちます．よって帰納法の仮定より $\mathcal{G}_{S_2}(m-a) = 1, \mathcal{G}_{S_2}(m-2a) = 0$ だから $\mathcal{G}_{S_2}(m) = \mathrm{mex}(\{1, 0\}) = 2$

です．ほかの場合も同様に示せます． □

$S_3 = \{1, a\}$ について，グランディ数列 $\{\mathcal{G}_{S_3}(m)\}$ は次のようになります．
a が奇数ならば，

$$\mathcal{G}_{S_3}(m) = \begin{cases} 0 & ((m \bmod 2) = 0 \text{ のとき}) \\ 1 & ((m \bmod 2) = 1 \text{ のとき}). \end{cases}$$

a が偶数ならば，

$$\mathcal{G}_{S_3}(m) = \begin{cases} 0 & (((m \bmod (a+1)) \bmod 2) = 0, (m \bmod (a+1)) < a \text{ のとき}) \\ 1 & (((m \bmod (a+1)) \bmod 2) = 1 \text{ のとき}) \\ 2 & ((m \bmod (a+1)) = a \text{ のとき}). \end{cases}$$

証明　m に関する帰納法で証明します．$m = 0$ のときは明らかに $\mathcal{G}_{S_3}(m) = 0$ です．a が奇数のときは，m が偶数ならば $m-1$ も $m-a$ も奇数になるので，$\mathcal{G}_{S_3}(m) = \text{mex}(\{\mathcal{G}_{S_3}(m-1), \mathcal{G}_{S_3}(m-a)\}) = \text{mex}(\{1\}) = 0$ となります．逆に m が奇数のときは $\mathcal{G}_{S_3}(m) = \text{mex}(\{\mathcal{G}_{S_3}(m-1), \mathcal{G}_{S_3}(m-a)\}) = \text{mex}(\{0\}) = 1$ です．どちらの場合も $\mathcal{G}_{S_3}(m-1) = \mathcal{G}_{S_3}(m-a)$ を満たすので，$m < a$ の場合もこの議論は成り立ちます．

次に，a が偶数のときについて示します．$m < a$ のときは，S_1 の結果を用いて，m が偶数であれば $\mathcal{G}_{S_3}(m)$ は 0，m が奇数であれば $\mathcal{G}_{S_3}(m)$ は 1 になります．$m = a$ のとき，a は偶数なので $m-1$ は奇数となります．よって $\mathcal{G}_{S_3}(m) = \text{mex}(\{\mathcal{G}_{S_3}(m-1), \mathcal{G}_{S_3}(m-a)\}) = \text{mex}(\{1, 0\}) = 2$ です．

$(m \bmod (a+1)) = a$ の場合について考えます．このときは，$((m-1) \bmod (a+1))$ は奇数になるので $\mathcal{G}_{S_3}(m-1) = 1$，また $((m-a) \bmod (a+1)) = 0$ なので，$\mathcal{G}_{S_3}(m-a) = 0$ となるから $\mathcal{G}_{S_3}(m) = \text{mex}(\{0, 1\}) = 2$ となります．

$(m \bmod (a+1))$ が偶数で a より小さい場合について考えます．このとき，$((m-a) \bmod (a+1))$ は奇数になるので，$\mathcal{G}_{S_3}(m-a) = 1$ です．また，$((m-1) \bmod (a+1))$ は奇数になるか a になるので，$\mathcal{G}_{S_3}(m-1) = 1$ または $\mathcal{G}_{S_3}(m-1) = 2$ になります．よって $\mathcal{G}_{S_3}(m) = 0$ です．

最後に $(m \bmod (a+1))$ が奇数の場合について考えます．このとき，$((m-1) \bmod (a+1))$ は偶数で a より小さいので，$\mathcal{G}_{S_3}(m-1) = 0$ となります．また，$((m-a) \bmod (a+1))$ も偶数になるので，$\mathcal{G}_{S_3}(m-a) = 0$ または $\mathcal{G}_{S_3}(m-a) = 2$ となります．よって $\mathcal{G}_{S_3}(m) = 1$ となります． □

3. (a) について：2 山の石の個数を x, y としたとき，表 A.1 のようになります．
(b) について：ある局面 G のグランディ数が g であることを示すには，$G \to G'$ である任意の局面 G' のグランディ数が g と等しくならないことと，任意の非負整数 $g' < g$ について，$G \to G'$ である局面 G' でそのグランディ数が g' となるものが必ず存在することを示せばよい，ということに注意しておきましょう．

表 A.1 サイクリック・ニムホフのグランディ数

$x\backslash y$	0	1	2	3	4	5	6	7	8	9	10	11	12	13
0	0	1	2	3	4	5	6	7	8	9	10	11	12	13
1	1	2	0	4	5	3	7	8	6	10	11	9	13	14
2	2	0	1	5	3	4	8	6	7	11	9	10	14	12
3	3	4	5	0	1	2	9	10	11	6	7	8	15	16
4	4	5	3	1	2	0	10	11	9	7	8	6	16	17
5	5	3	4	2	0	1	11	9	10	8	6	7	17	15
6	6	7	8	9	10	11	0	1	2	3	4	5	18	19
7	7	8	6	10	11	9	1	2	0	4	5	3	19	20
8	8	6	7	11	9	10	2	0	1	5	3	4	20	18
9	9	10	11	6	7	8	3	4	5	0	1	2	21	22
10	10	11	9	7	8	6	4	5	3	1	2	0	22	23
11	11	9	10	8	6	7	5	3	4	2	0	1	23	21
12	12	13	14	15	16	17	18	19	20	21	22	23	0	1
13	13	14	12	16	17	15	19	20	18	22	23	21	1	2

石の総数に関する帰納法で証明します．局面 $G = (m_1, m_2, \ldots, m_n)$ について考えます．$S = m_1 + m_2 + \cdots + m_n$ として，石の総数が S 未満の場合はすでに主張が成立することが確かめられていると仮定します．

$$g = k\left(\left\lfloor \frac{m_1}{k} \right\rfloor \oplus \left\lfloor \frac{m_2}{k} \right\rfloor \oplus \cdots \oplus \left\lfloor \frac{m_n}{k} \right\rfloor\right) + ((m_1 + m_2 + \cdots + m_n) \bmod k)$$

とおきます．$G \to G'$ となる任意の G' について，G' のグランディ数 $\mathcal{G}(G')$ が g と一致しないことを示します．ここで，$k\left(\left\lfloor \frac{m_1}{k} \right\rfloor \oplus \left\lfloor \frac{m_2}{k} \right\rfloor \oplus \cdots \oplus \left\lfloor \frac{m_n}{k} \right\rfloor\right)$ は k の倍数，$((m_1 + m_2 + \cdots + m_n) \bmod k)$ は 0 以上 k 未満の整数なので，ある整数 x が $x = g$ となるためには，$x = kx' + x''$ $(0 \leq x'' < k)$ と表したときに，$x' = \left(\left\lfloor \frac{m_1}{k} \right\rfloor \oplus \left\lfloor \frac{m_2}{k} \right\rfloor \oplus \cdots \oplus \left\lfloor \frac{m_n}{k} \right\rfloor\right)$，$x'' = ((m_1 + m_2 + \cdots + m_n) \bmod k)$ となる必要があることを注意しておきます．

$G' = (m_1, m_2, \ldots, m_{i-1}, m_i - x, m_{i+1}, \ldots, m_n)$ のとき，x が k の倍数でなければ

$$\begin{aligned}&(m_1 + m_2 + \cdots + m_n) \bmod k \\ \neq\ &(m_1 + m_2 + \cdots + m_{i-1} + (m_i - x) + m_{i+1} + \cdots + m_n) \bmod k\end{aligned}$$

なので，$\mathcal{G}(G') \neq g$ です．また，x が k の倍数であれば，$\left\lfloor \frac{m_i}{k} \right\rfloor > \left\lfloor \frac{m_i - x}{k} \right\rfloor$ より

$$\left\lfloor \frac{m_1}{k} \right\rfloor \oplus \left\lfloor \frac{m_2}{k} \right\rfloor \oplus \cdots \oplus \left\lfloor \frac{m_n}{k} \right\rfloor \neq \left\lfloor \frac{m_1}{k} \right\rfloor \oplus \left\lfloor \frac{m_2}{k} \right\rfloor \oplus \cdots \oplus \left\lfloor \frac{m_i - x}{k} \right\rfloor \oplus \cdots \oplus \left\lfloor \frac{m_n}{k} \right\rfloor$$

なので，$\mathcal{G}(G') \neq g$ です．

$G' = (m_1 - x_1, m_2 - x_2, \ldots, m_n - x_n)$ ただし，$x_1 + x_2 + \cdots + x_n < k$ のとき，

$$((m_1 - x_1) + (m_2 - x_2) + \cdots + (m_n - x_n)) \bmod k \neq (m_1 + m_2 + \cdots + m_n) \bmod k$$

なので $\mathcal{G}(G') \neq g$ です．

以上から，$G \to G'$ となる任意の G' について，$\mathcal{G}(G') \neq g$ が成り立ちます．

次に，g 未満の任意の非負整数 g' について，$\mathcal{G}(G') = g'$ と $G \to G'$ を満たす G' が存在することを示します．$c = (m_1 + m_2 + \cdots + m_n) \bmod k$ とおきます．$g' = kb + d$ $(0 \leq d < k)$ とします．b, d は一意に定まります．

$b = \left\lfloor \frac{m_1}{k} \right\rfloor \oplus \left\lfloor \frac{m_2}{k} \right\rfloor \oplus \cdots \oplus \left\lfloor \frac{m_n}{k} \right\rfloor$ のとき，$g' < g$ なので，$d < c$ になります．$m_i = kb_i + c_i (0 \leq c_i < k)$ とおくと，$(c_1 + c_2 + \cdots + c_n) \bmod k = c$ であることから $c_1 + c_2 + \cdots + c_n > d$ です．したがって，それぞれの m_i から c_i 個以下の石を取り，かつ合計で $c - d$ $(< k)$ 個の石を取るような着手が存在します．このとき得られた局面を $G' = (m'_1, m'_2, \ldots, m'_n)$ とすると，

$$\begin{aligned}
\mathcal{G}(G') &= k(\left\lfloor \frac{m'_1}{k} \right\rfloor \oplus \left\lfloor \frac{m'_2}{k} \right\rfloor \oplus \cdots \oplus \left\lfloor \frac{m'_n}{k} \right\rfloor) + ((m'_1 + m'_2 + \cdots + m'_n) \bmod k) \\
&= k(\left\lfloor \frac{m_1}{k} \right\rfloor \oplus \left\lfloor \frac{m_2}{k} \right\rfloor \oplus \cdots \oplus \left\lfloor \frac{m_n}{k} \right\rfloor) + d \\
&= kb + d = g'
\end{aligned}$$

となります．

$b < \left\lfloor \frac{m_1}{k} \right\rfloor \oplus \left\lfloor \frac{m_2}{k} \right\rfloor \oplus \cdots \oplus \left\lfloor \frac{m_n}{k} \right\rfloor$ のとき．ニム和の性質を考えると，ある m_i と，ある $f < \left\lfloor \frac{m_i}{k} \right\rfloor$ が存在して，

$$b = \left\lfloor \frac{m_1}{k} \right\rfloor \oplus \left\lfloor \frac{m_2}{k} \right\rfloor \oplus \cdots \oplus \left\lfloor \frac{m_{i-1}}{k} \right\rfloor \oplus f \oplus \left\lfloor \frac{m_{i+1}}{k} \right\rfloor \oplus \cdots \oplus \left\lfloor \frac{m_n}{k} \right\rfloor$$

が成り立ちます．このとき，

$$(m_1 + m_2 + \cdots + m_{i-1} + f' + m_{i+1} + \cdots + m_n) \bmod k = c, \quad 0 \leq f' < k$$

を満たす f' が一意に定まります．$m'_i = kf + f'$ とすると，$f < \left\lfloor \frac{m_i}{k} \right\rfloor$ なので，$m'_i < m_i$ です．したがって，$G' = (m_1, m_2, \ldots, m_{i-1}, m'_i, m_{i+1}, \ldots, m_n)$ とすると，$G \to G'$ であって，

$$\begin{aligned}
\mathcal{G}(G') &= k(\left\lfloor \frac{m_1}{k} \right\rfloor \oplus \left\lfloor \frac{m_2}{k} \right\rfloor \oplus \cdots \oplus \left\lfloor \frac{m_{i-1}}{k} \right\rfloor \oplus f \oplus \left\lfloor \frac{m_{i+1}}{k} \right\rfloor \oplus \cdots \oplus \left\lfloor \frac{m_n}{k} \right\rfloor) \\
&\quad + ((m_1 + m_2 + \cdots + m_{i-1} + m'_i + m_{i+1} + \cdots + m_n) \bmod k) \\
&= kb + c
\end{aligned}$$

$$= g'$$

となります. □

4. (a) について：与えられた削除ニムの局面 (x, y) が $\mathcal{P}$ 局面となるのは，x, y がともに偶数のとき，かつそのときに限ります．

証明　$P = \{(x, y) \mid x, y \text{ はともに偶数}\}, N = \{(x, y) \mid x \text{ が奇数または } y \text{ が奇数}\}$ とおきます．これが $\mathcal{P}$ 局面の集合と $\mathcal{N}$ 局面の集合にそれぞれ一致することを確認します．まず，明らかに終了局面は P に属します．

P に属する局面 (x, y) から一手で遷移できる局面 (x', y') を考えます．このとき，$x' + y' = x - 1$ または $x' + y' = y - 1$ が成り立ちます．x と y は偶数だったので，$x' + y'$ は奇数になります．よって $(x', y') \in N$ です．

逆に，N に属する局面 (x, y) を考えます．x が奇数であると仮定しても一般性を失いません．このとき，局面 $(x - 1, 0)$ は (x, y) から一手で遷移できます．ここで x は奇数だったので，$(x - 1, 0) \in P$ となります．

P に属する局面同士の遷移は存在しないこと，N に属する局面から必ず一手で P に属する局面に遷移できることがいえたので，P と N はそれぞれ $\mathcal{P}$ 局面，$\mathcal{N}$ 局面全体の集合になります． □

(b) について：$x = \sum_i 2^i x_i$，$y = \sum_i 2^i y_i$ $(x_i, y_i \in \{0, 1\})$ とします．また，$h = v_2((x \vee y) + 1)$ とします．

まず，(x, y) から一手で遷移できる局面 (x', y') は，$h \neq v_2((x' \vee y') + 1)$ を満たすことを背理法で示します．なお，$x' + y' = x - 1$ または $x' + y' = y - 1$ が成立しています．

もし $h = 0$ であれば，x, y はともに偶数です．このとき $x' + y'$ は奇数となり $v_2((x' \vee y') + 1) \neq 0$ です．

また，$x' = \sum_i 2^i x'_i$，$y' = \sum_i 2^i y'_i$ $(x'_i, y'_i \in \{0, 1\})$ とします．もし $h > 0$ であれば，$x'_h = y'_h = 0$ が成り立ち，かつ任意の $k < h$ について，$x'_k = 1$ または $y'_k = 1$ です．よって，$2^h - 1 \leq (x' + y') \bmod 2^{h+1} \leq 2^{h+1} - 2$ であり，ここから $2^h \leq (x' + y' + 1) \bmod 2^{h+1} \leq 2^{h+1} - 1$ となります．したがって，$x_h = 1$ または $y_h = 1$ が成り立ち，これは矛盾です．

次に，任意の $h' < h$ について，(x, y) から一手で遷移できる局面 (x', y') で $h' = v_2((x' \vee y') + 1)$ を満たすものが存在することを示します．$h = v_2((x \vee y) + 1)$ なので，一般性を失わず，$x_{h'} = 1$ といえます．$x' = x - 2^{h'}$，$y' = 2^{h'} - 1$ とおきます．明らかに，$x'_{h'} = 0$，$y'_{h'} = 0$，$y'_k = 1\,(k < h')$，$x' + y' = x - 1$ です．したがって，(x', y') は (x, y) から一手で遷移できる局面であって $h' = v_2((x' \vee y') + 1)$ を満たします．

第4章

1. 次の通りです.

$$
\begin{aligned}
G \in \mathcal{N} \iff & (\text{ある } i \text{ について } G_i^{\mathrm{L}} \in \mathcal{L} \cup \mathcal{P} \text{ または } G \text{ の左選択肢は空である}) \\
& \text{かつ } (\text{ある } j \text{ について } G_j^{\mathrm{R}} \in \mathcal{R} \cup \mathcal{P} \text{ または } G \text{ の右選択肢は空である}). \\
G \in \mathcal{P} \iff & (\text{任意の } i \text{ について } G_i^{\mathrm{L}} \in \mathcal{R} \cup \mathcal{N} \text{ かつ } G \text{ の左選択肢は空でない}) \\
& \text{かつ } (\text{任意の } j \text{ について } G_j^{\mathrm{R}} \in \mathcal{L} \cup \mathcal{N} \text{ かつ } G \text{ の右選択肢は空でない}). \\
G \in \mathcal{L} \iff & (\text{ある } i \text{ について } G_i^{\mathrm{L}} \in \mathcal{L} \cup \mathcal{P} \text{ または } G \text{ の左選択肢は空である}) \\
& \text{かつ } (\text{任意の } j \text{ について } G_j^{\mathrm{R}} \in \mathcal{L} \cup \mathcal{N} \text{ かつ } G \text{ の右選択肢は空でない}). \\
G \in \mathcal{R} \iff & (\text{任意の } i \text{ について } G_i^{\mathrm{L}} \in \mathcal{R} \cup \mathcal{N} \text{ かつ } G \text{ の左選択肢は空でない}) \\
& \text{かつ } (\text{ある } j \text{ について } G_j^{\mathrm{R}} \in \mathcal{R} \cup \mathcal{P} \text{ または } G \text{ の右選択肢は空である}).
\end{aligned}
$$

2. G の後続局面数に関する帰納法で同時に証明します. G よりも後続局面数が少ないすべての局面について, $o(G) = \mathcal{P}$ ならば後手に, $o(G) = \mathcal{L}$ ならば左に, $o(G) = \mathcal{R}$ ならば右に, $o(G) = \mathcal{N}$ ならば先手に必勝戦略があるとします.

   $o(G) = \mathcal{L}$ とします. このとき, G には少なくとも 1 つの左選択肢 G^{L} があって, $G^{\mathrm{L}} \in \mathcal{P}$ または $G^{\mathrm{L}} \in \mathcal{L}$ を満たします. いずれの場合であっても, G^{L} から左は後手で勝つことができます. したがって G において G^{L} を選ぶことが左にとっての必勝戦略です. 一方, G に右選択肢が存在しないとすると, G で右が先手のときに右は負けます. また, 右選択肢があれば, それは $\mathcal{N}$ または $\mathcal{L}$ に属し, いずれの場合であっても, 帰納法の仮定により左に必勝戦略があります. したがって, 先手であっても後手であっても左に必勝戦略があります.

   $o(G) = \mathcal{R}$ とします. このとき, 左選択肢がなければ, G で左が先手のときに左は負けます. また, 左選択肢があれば, それは $\mathcal{N}$ または $\mathcal{R}$ に属し, いずれの場合であっても, 帰納法の仮定により右に必勝戦略があります. 一方, G には少なくとも 1 つの右選択肢 G^{R} があって, $G^{\mathrm{R}} \in \mathcal{P}$ または $G^{\mathrm{R}} \in \mathcal{R}$ を満たします. いずれの場合でも, G^{R} から右は後手で勝つことができます. よって, G において G^{R} を選ぶことが右にとっての必勝戦略です. したがって, 先手であっても後手であっても右に必勝戦略があります.

   $o(G) = \mathcal{N}$ とします. このとき, G には少なくとも 1 つの左選択肢 G^{L} があって, $G^{\mathrm{L}} \in \mathcal{P}$ または $G^{\mathrm{L}} \in \mathcal{L}$ を満たします. いずれの場合でも, G^{L} から左は後手で勝つことができます. したがって G において G^{L} を選ぶことが左にとっての必勝戦略です. 一方, G には少なくとも 1 つの右選択肢 G^{R} があって, $G^{\mathrm{R}} \in \mathcal{P}$ または $G^{\mathrm{R}} \in \mathcal{R}$ を満たします. いずれの場合でも, G^{R} から右は後手で勝つことができます. したがって G において G^{R} を選ぶことが右にとっての必勝戦略です. 以上より, 先手のプレイヤーに必勝戦略があります.

3. 右辺の局面の逆局面をとって左辺に加えます. 定理 4.3.5 より, この局面の帰結類が

$\mathcal{P}$ であることを示せばよいです．つまり，図 A.1 の局面で後手のプレイヤーに必勝戦略があることを示せばよいです．黒の初手は 3 通りありますが，黒がどの初手を選んでも，白が適切に打てば勝てることを図 A.2 に示します．白から打ち始めたときも，黒が適切に打てば勝てることが同様に示せます．

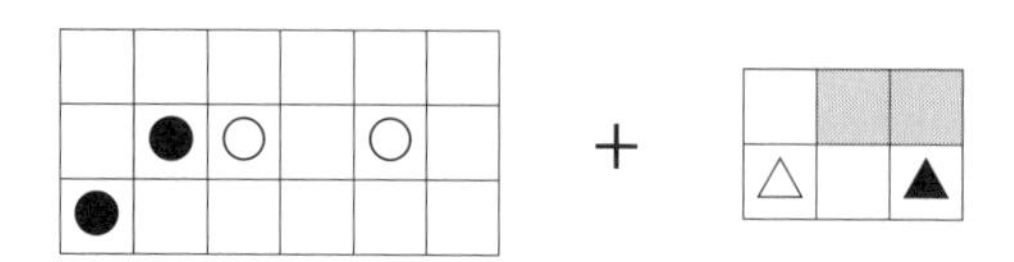

図 A.1　問題図の右辺の局面の逆局面を左辺に加えた局面

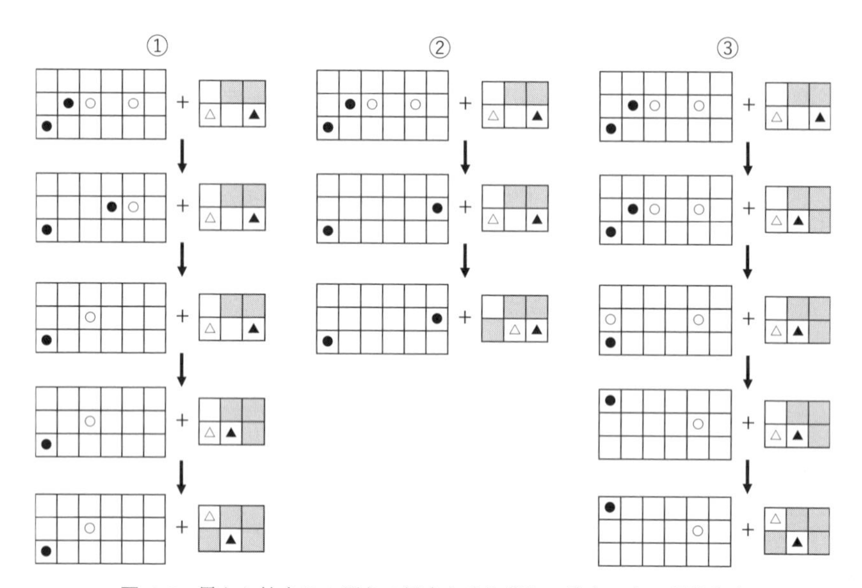

図 A.2　黒から始まる 3 通りの場合とそれぞれの場合の白の必勝戦略

第 5 章

1. 次のようになります．

(i)　$\{\,|\,-5,-3,-1\}=\{\,|\,-5\}=-6.$

(ii)　$\left\{\frac{3}{2}\,\middle|\,\frac{7}{4}\right\}=\left\{\frac{12}{8}\,\middle|\,\frac{14}{8}\right\}=\frac{13}{8}.$

(iii) 最簡数定理より，$\left\{\frac{1}{2} \;\middle|\; 2\right\} = 1$.

(iv) 最簡数定理より，$\left\{\frac{1}{8} \;\middle|\; \frac{5}{8}\right\} = \frac{1}{2}$.

2. 1 日目までに生まれた局面は $0, *, 1, -1$ の 4 個があります．ここから，2 日目までに生まれた局面は左選択肢と右選択肢の集合が $\{0, *, 1, -1\}$ の部分集合である必要があるとわかります．よって $2^4 \times 2^4 = 256$ 通りの可能性が考えられます．しかし，劣位な選択肢の短絡により，標準形については，左選択肢の集合と右選択肢の集合は，任意の異なる要素間で比較不能である必要があります [4)]．そのため，$\emptyset, \{0\}, \{*\}, \{1\}, \{-1\}, \{0, *\}$ の 6 通りの候補が考えられるので，考えるべきは $6 \times 6 = 36$ 通りであるということがわかります．このうち打ち消し可能な選択肢の短絡を行って同じ値になるものをまとめると，表 A.2 のようになります．

表 A.2　2 日目までに生まれた局面の値

<table>
<tr><td></td><td></td><td colspan="6">右選択肢</td></tr>
<tr><td></td><td></td><td>-1</td><td>$0, *$</td><td>0</td><td>$*$</td><td>1</td><td>$\emptyset$</td></tr>
<tr><td rowspan="6">左選択肢</td><td>1</td><td>± 1</td><td>$\{1 \mid 0, *\}$</td><td>$\{1 \mid 0\}$</td><td>$\{1 \mid *\}$</td><td>$1 + *$</td><td>2</td></tr>
<tr><td>$0, *$</td><td>$\{0, * \mid -1\}$</td><td>$*2$</td><td>$\uparrow + *$</td><td rowspan="2">$\uparrow$</td><td rowspan="2">$\frac{1}{2}$</td><td rowspan="2">1</td></tr>
<tr><td>0</td><td>$\{0 \mid -1\}$</td><td>$\downarrow + *$</td><td>$*$</td></tr>
<tr><td>$*$</td><td>$\{* \mid -1\}$</td><td colspan="2">$\downarrow$</td><td colspan="3" rowspan="3">0</td></tr>
<tr><td>-1</td><td>$-1 + *$</td><td colspan="2">$-\frac{1}{2}$</td></tr>
<tr><td>$\emptyset$</td><td>-2</td><td colspan="2">-1</td></tr>
</table>

3. n と k に関する帰納法で $\uparrow^n - k \cdot \uparrow^{n+1} > 0$ を示します．右選択肢 $(* : -(n-1)) - k \cdot \uparrow^{n+1}$ に対して左は選択肢 $(* : -(n-1)) - (k-1) \cdot \uparrow^{n+1} + (* : n) = \uparrow^n - (k-1) \cdot \uparrow^{n+1}$ を持ち，帰納法の仮定により，これは $\mathcal{L}$ に属します．また，右選択肢 $\uparrow^n - (k-1) \cdot \uparrow^{n+1}$ については帰納法の仮定により $\mathcal{L}$ に属します．

一方，左は $\uparrow^n - (k-1) \cdot \uparrow^{n+1} + (* : n)$ を選択肢に持ちます．これに対し，右選択肢 $(* : -(n-1)) - (k-1) \cdot \uparrow^{n+1} + (* : n) = \uparrow^n - (k-1) \cdot \uparrow^{n+1}$ は帰納法の仮定より $\mathcal{L}$ に属します．また，右選択肢 $\uparrow^n - (k-2) \cdot \uparrow^{n+1} + (* : n)$ は左選択肢 $\uparrow^n - (k-2)\uparrow^{n+1}$ を持ち，帰納法の仮定より，これは $\mathcal{L}$ に属します．最後に右選択肢 $\uparrow^n - (k-1) \cdot \uparrow^{n+1} + 0$ は帰納法の仮定より $\mathcal{L}$ に属します．以上から，$\uparrow^n > k \cdot \uparrow^{n+1}$ が成り立ちます．

次に n と k に関する帰納法で $\uparrow^n - k \cdot \boldsymbol{+}_x > 0$ すなわち $\uparrow^n + k \cdot \boldsymbol{-}_x > 0$ を示し

4) ちなみに，任意の異なる要素間で比較不能となる集合のことを**反鎖**（*antichain*）と呼びます．

ます．

補題として，$(*:-n)+k\cdot\text{⧿}_x+\{x\mid 0\}>0$ を n と k に関する帰納法で示します．$k=0$ のときは $(*:-n)+\{x\mid 0\}$ となり，これは $\mathcal{L}$ に属します．$k>0$ のときについて考えます．任意の正の 2 進有理数 $x>0$ に対して $x>*:n$ であることに注意しておきます．まず $(*:-n)+k\cdot\text{⧿}_x+\{x\mid 0\}$ は左選択肢 $(*:-n)+k\cdot\text{⧿}_x+x>0$ を持ちます．次に，右選択肢 $0+k\cdot\text{⧿}_x+\{x\mid 0\}$ は左選択肢 $k\cdot\text{⧿}_x+x>0$ を持ちます．別の右選択肢 $(*:-n')+k\cdot\text{⧿}_x+\{x\mid 0\}(0\le n'<n)$ は左選択肢 $(*:-n')+k\cdot\text{⧿}_x+x>0$ を持ちます．別の右選択肢 $(*:-n)+(k-1)\cdot\text{⧿}_x+\{x\mid 0\}$ は左選択肢 $(*:-n)+(k-1)\cdot\text{⧿}_x+x>0$ を持ちます．さらに別の右選択肢 $(*:-n)+k\cdot\text{⧿}_x+0$ は左選択肢 $(*:-n)+(k-1)\cdot\text{⧿}_x+\{x\mid 0\}$ を持ち，帰納法によりこれは正です．以上から，$(*:-n)+k\cdot\text{⧿}_x+\{x\mid 0\}>0$ が成り立ちます．

さて，$\uparrow^n+k\cdot\text{⧿}_x$ の左選択肢 $\uparrow^n+(k-1)\cdot\text{⧿}_x+\{x\mid 0\}$ について考えます．$\uparrow^n+(k-1)\cdot\text{⧿}_x+\{x\mid 0\}$ の右選択肢 $(*:-n)+(k-1)\cdot\text{⧿}_x+\{x\mid 0\}$ は上の補題より正です．別の右選択肢 $\uparrow^n+(k-2)\cdot\text{⧿}_x+\{x\mid 0\}$ については左選択肢 $\uparrow^n+(k-2)\cdot\text{⧿}_x+x>0$ を持ちます．さらに別の右選択肢 $\uparrow^n+(k-1)\cdot\text{⧿}_x+0$ については帰納法の仮定より正になります．以上から，$\uparrow^n+(k-1)\cdot\text{⧿}_x+\{x\mid 0\}\ge 0$ です．

最後に，$\uparrow^n+k\cdot\text{⧿}_x$ の右選択肢 $(*:-n)+k\cdot\text{⧿}_x$ は，左選択肢 $(*:-n)+(k-1)\cdot\text{⧿}_x+\{x\mid 0\}$ を持つことから，これは上の補題より正です．別の右選択肢 $\uparrow^n+(k-1)\cdot\text{⧿}_x$ は帰納法の仮定より正になります．

以上から，$\uparrow^n+k\cdot\text{⧿}_x\in\mathcal{L}$ なので，$\uparrow^n>k\cdot\text{⧾}_x$ です．

4. $k=1$ のとき，$\uparrow$ の定義より主張は明らかに成り立ちます．

$k>1$ とします．$\uparrow+*(k\oplus 1)-\{0\mid *k\}=\uparrow+*(k\oplus 1)+\{*k\mid 0\}$ について考えます．左選択肢 $*(k\oplus 1)+\{*k\mid 0\}$ に対して，右は選択肢 $0+\{*k\mid 0\}\in\mathcal{R}$ を持ちます．また，左選択肢 $\uparrow+*k'+\{*k\mid 0\}$ $(k'<k\oplus 1)$ に対して，右は選択肢 $*(k'\oplus 1)+\{*k\mid 0\}$ を持ちます．ここで，左がさらに $*k''+\{*k\mid 0\}$ $(0<k''<k\oplus 1)$ とする着手については，右選択肢 $\{*k\mid 0\}\in\mathcal{R}$ が存在します．左が $\{*k\mid 0\}$ とする着手についても，$\{*k\mid 0\}\in\mathcal{R}$ です．また，左が $*(k'\oplus 1)+*k$ とする着手については，$*(k'\oplus k\oplus 1)\ne 0$ ($k\ne k'\oplus 1$ より) です．よって $*(k'\oplus 1)+\{*k\mid 0\}\in\mathcal{R}$ となります．さらに，左選択肢 $\uparrow+*(k\oplus 1)+*k$ に対して，右は選択肢 $*+*(k\oplus 1)+*k=0$ を持ちます．以上により，$\uparrow+*(k\oplus 1)+\{*k\mid 0\}\le 0$ です．

さらに，右選択肢 $*+*(k\oplus 1)+\{*k\mid 0\}$ については左選択肢 $*+*(k\oplus 1)+*k=0$ があります．また，右選択肢 $\uparrow+*k'+\{*k\mid 0\}$ $(k'<k\oplus 1)$ については左選択肢 $\uparrow+*(k'\oplus k)$ が存在します．$k'\ne k\oplus 1$ なので $\uparrow+*(k'\oplus k)\in\mathcal{L}$ です．さらに，右選択肢 $\uparrow+*(k\oplus 1)+0$ については左選択肢 $\uparrow\in\mathcal{L}$ が存在します．以上から，$\uparrow+*(k\oplus 1)+\{*k\mid 0\}\ge 0$ となります．

結論として，$\uparrow+*(k\oplus 1)=\{0\mid *k\}$ が得られます．

5. G を $(n+1)$ 日目までに生まれた局面であるとします．G が $\pm n$ と比較不能であるための必要十分条件は，G の標準形の左選択肢の集合が $\{n\}$ ではない，かつ G の標準形の右選択肢の集合が $\{-n\}$ ではないことです．

証明　G の標準形の左選択肢の集合が $\{n\}$ であるとします．このとき，$G-(\pm n) = G \pm n$ について考えます．右が先手で $G-n$ にしたときは，左は $n-n=0$ にする応手が存在します．また，右が先手で，ある $G^{\mathrm{R}} \pm n$ にしたときは，左は $G^{\mathrm{R}}+n$ にする応手が存在します．ここで G^{R} は n 日目までに生まれた局面なので，$G^{\mathrm{R}} \geq -n$ が成立します．よって $G^{\mathrm{R}}+n \geq 0$ です．以上から，$G \geq \pm n$ となり，G と $\pm n$ は比較可能です．G の標準形の右選択肢の集合が $\{-n\}$ の場合も同様です．

次に，逆を示します．定理 5.9.1 より，n 日目までに生まれた局面はすべて n 以下です．劣位な選択肢の削除を行うと，$(n+1)$ 日目までに生まれた局面の左選択肢の集合で n を含むものは $\{n\}$ に限られます．n を含まない集合については，すべての要素が n より小さくなります．右選択肢についても同様に，$\{-n\}$ であるか，すべての要素が $-n$ より大きくなります．

このことをふまえたうえで，G の標準形の左選択肢の集合が $\{n\}$ ではなく，右選択肢の集合が $\{-n\}$ ではない場合を考えます．このとき，$G \pm n$ について考えると，左は先手で $G+n$ にすることができます．これに対する右の応手はある $G^{\mathrm{R}}+n$ にすることですが，上記の議論により $G^{\mathrm{R}}+n > 0$ です．よって，$G+n \geq 0$ です．同様に，$G \pm n$ からは，右は先手で $G-n \leq 0$ にすることができます．よって，$G \pm n \in \mathcal{N}$ となります．

以上より，主張は示されました．　□

6. (a) n に関する帰納法により $D_n = \dfrac{1}{2^n}$ を示します．$D_n = \mathrm{BWBW} \cdots \mathrm{BWB}$ なので左（黒番）に必勝戦略があり，$D_n > 0$ です．左には，端のドミノを選んですべてのドミノを取り除く手と，それ以外の手がありますが，それ以外の手の方は右（白番）が応手して 0 にすることができます．$D_n > 0$ より，打ち消し可能な選択肢の短絡によって左のこれらの選択肢は打ち消されるので，左選択肢の集合は $\{0\}$ となります．

一方，右選択肢の集合は $\{D_0, D_1, \ldots, D_{n-1}\}$ ですが，帰納法の仮定と劣位な選択肢の削除より $\left\{\dfrac{1}{2^{n-1}}\right\}$ となります．したがって，$D_n = \left\{0 \,\middle|\, \dfrac{1}{2^{n-1}}\right\} = \dfrac{1}{2^n}$ となります．

(b) $B_0 = 0$ とし，B_n を B_{n-1} の右側に WB をつけた局面とします．すなわち，B_n は n 個の白いドミノと n 個の黒いドミノが交互に並ぶ局面です．$B_n = *n$ を帰納法で示します．

$$B_n = \{B_0, B_1, \ldots, B_{n-1}, -D_0, -D_1, \ldots, -D_{n-1} \\ \mid B_0, B_1, \ldots, B_{n-1}, D_0, D_1, \ldots, D_{n-1}\}$$

$$= \left\{0, *, \ldots, *(n-1), -1, -\frac{1}{2}, \ldots, -\frac{1}{2^{n-1}} \right.$$
$$\left. \mid 0, *, \ldots, *(n-1), 1, \frac{1}{2}, \ldots, \frac{1}{2^{n-1}} \right\}$$

となります．ここで，$*k$ は任意の正の数 x に対して $-x < *k < x$ だったので，劣位な選択肢の削除から，

$$B_n = \{0, *, \ldots, *(n-1) \mid 0, *, \ldots, *(n-1)\} = *n$$

となります．よって任意の非負整数 k に対して $*2^k$ の値を持つ局面が存在するので，ドミノ倒しのニム次元は ∞ です．

第6章

1. (a) 与えられた局面の左選択肢全体の集合を L，右選択肢全体の集合を R とすると，ギャップ I が存在してその区間は 2 を含み 1 を含まないので，I の最簡数は 2 です．よって求める数は 2 となります．
   (b) 与えられた局面の左選択肢全体の集合を L，右選択肢全体の集合を R とすると，ギャップ I が存在してその区間は 1 を含み 0 を含まないので，I の最簡数は 1 です．よって求める数は 1 となります．

2. $\mathrm{Rs}(\{3 \mid a\}) = a$, $\mathrm{Ls}\left(\left\{\frac{3}{2} \,\middle|\, 0\right\}\right) = \frac{3}{2}$ なので，$\frac{3}{2} < a \leq 3$ の場合，$\mathrm{Ls}(G) = a$, $\mathrm{Rs}(G) = \frac{3}{2}$ であり，G は数ではありません．$a \leq \frac{3}{2}$ の場合，G は数となります．$1 < a \leq \frac{3}{2}$ なら $G = \frac{3}{2}$ で，$0 < a \leq 1$ なら $G = 1$，$a \leq 0$ なら $G = 0$ です．

3. $z \leq x$ のとき，G は左選択肢 x $(\geq z)$ を持つので，$G \mathrel{|\!\!\rhd} z$ より，$z \in \mathrm{LC}(G)$ です．同様に $y \leq z$ ならば $z \in \mathrm{RC}(G)$ です．
   一方，$z > x$ のとき，定理 6.2.6 より，$G - z$ の左選択肢 $x - z$ について考えると，仮定より $x - z < 0$ ですから，$G \leq z$ を得ます．よって，$z \notin \mathrm{LC}(G)$ です．以上から主張は成り立ちます．

4. **定理 6.6.7 の証明**　（超限）帰納法により証明します．$\alpha_1 \oplus \alpha_2 \oplus \cdots \oplus \alpha_n = \alpha$ $(\alpha \in \mathbf{On})$ とおきます．まず，局面 $(\alpha_1, \alpha_2, \ldots, \alpha_n)$ から一手で遷移できる局面で，グランディ数が β $(< \alpha)$ であるような局面が存在することを示します．
   $(\alpha_1, \alpha_2, \ldots, \alpha_n) \to (\beta_1, \beta_2, \ldots, \beta_n)$ とする．帰納法の仮定により，

$$\mathcal{G}(\beta_1, \beta_2, \ldots, \beta_n) = \beta_1 \oplus \beta_2 \oplus \cdots \oplus \beta_n$$

となります．$\alpha = 0$ のとき，β は存在しないから，$\alpha > 0$ と仮定します．
α と β を次のように表します．

$$\alpha = \omega^{\gamma_k} \cdot a_k + \cdots + \omega^{\gamma_1} \cdot a_1 + a_0$$
$$\beta = \omega^{\gamma_k} \cdot b_k + \cdots + \omega^{\gamma_1} \cdot b_1 + b_0$$

ただし，$a_0, \ldots, a_k, b_0, \ldots, b_k \in \mathbb{N}_0$ です．ニム和の定義より，

$$a_s = m_{1s} \oplus m_{2s} \oplus \cdots \oplus m_{ns} \ (s = 1, \ldots, k)$$

です．$\alpha > \beta$ ですから，次を満たすような s が存在します．

$a_s > b_s$ であって，任意の $t\ (> s)$ に対し，$a_t = b_t$ となる．

$a_s > b_s$ ですから，通常のニムと同様の議論から，次を満たすような指数 i が存在します．

$$m_{is} > m_{is} \oplus a_s \oplus b_s.$$

このとき，任意の $t\ (\leq s)$ に対し，$m'_{it} = m_{it} \oplus a_s \oplus b_s$ と定義します．また，$i = 1, \ldots, n$ に対して，α'_i を次で定めます．

$$\alpha'_i = \omega^{\gamma_k} \cdot m_{ik} + \cdots \omega^{\gamma_s+1} \cdot m_{i(s+1)} + \omega^{\gamma_s} \cdot m'_{is}$$
$$+ \omega^{\gamma_s-1} \cdot m'_{i(s-1)} + \cdots + \omega^{\gamma_0} \cdot m'_{i0} \quad (\text{ただし，} m_{is} \oplus a_s \oplus b_s = m'_{is})$$

$\beta_i = \alpha'_i, \beta_j = \alpha_j\ (j \neq i)$ とおくと，$\alpha_i > \beta_i$ であり，

$$\beta_1 \oplus \cdots \beta_{i-1} \oplus \beta_i \oplus \beta_{i+1} \oplus \cdots \beta_n = \beta$$

となります．したがって，局面 $(\alpha_1, \ldots, \alpha_n)$ から一手で遷移できる局面で，グランディ数が $\beta\ (< \alpha)$ であるような局面が存在します．

また，i 番目の山の石の数 α_i を減らすとニム和 $\alpha_1 \oplus \alpha_2 \oplus \cdots \oplus \alpha_n$ も変化するので，同じグランディ数を持つ局面には遷移できません．以上から，主張が成り立ちます． □

第7章

1. 表 A.3 のようになります．
2. 例えば，$G = *, H = *$ とすると，明らかに $o^-(G + X) = o^-(H + X)$ ですが，$o^-(G - H) = o^-(* + *) = \mathcal{N}$ です．

3. (a) $o^-(*2 + *2 + *2 + *2) = \mathcal{P}$ ですが，$o^-(* + *2 + *2) = \mathcal{N}$ です．よって，$*2 + *2$ と $*$ は合同にはなりません．
   (b) $o^-(* + *2 + *2 + *2 + *2) = \mathcal{N}$ ですが，$o^-(0 + *2 + *2) = \mathcal{P}$ です．よって $* + *2 + *2$ は 0 と合同にはなりません．
   次に，$o^-(* + *2 + *2 + *) = \mathcal{P}$ ですが，$o^-(*2 + *) = \mathcal{N}$ です．よって

表 A.3　3 保持 Wythoff のニムのルーピーグランディ数

$x \backslash y$	0	1	2	3	4
0	0	1	2	$\infty(\{0,1,2\})$	$\infty(\{0,1,2\})$
1	1	2	$\infty(\{1,2\})$	$\infty(\{1,2\})$	$\infty(\{1,2\})$
2	2	$\infty(\{1,2\})$	1	$\infty(\{1,2\})$	$\infty(\{1,2\})$
3	$\infty(\{0,1,2\})$	$\infty(\{1,2\})$	$\infty(\{1,2\})$	$\infty(\{0,1,2\})$	$\infty(\{1\})$
4	$\infty(\{0,1,2\})$	$\infty(\{1,2\})$	$\infty(\{1,2\})$	$\infty(\{1\})$	$\infty(\{0,1,2\})$

$* + *2 + *2$ と $*2$ は合同にはなりません．

最後に，$o^-(* + *2 + *2 + *) = \mathcal{P}$ ですが，$o^-(* + *2 + *) = \mathcal{N}$ です．よって $* + *2 + *2$ と $* + *2$ は合同にはなりません．

4. 皆様と研究集会などでお会いできることを，筆者たちはとても楽しみにしています！

関連図書

組合せゲーム理論に関する代表的な書籍を簡単に紹介しておきましょう．*Winning Ways for Your Mathematical Plays* [WW] には多くの古典的な組合せゲーム理論の例や成果が載っています．本書の第 2 章と第 3 章で扱った不偏ゲームに主に焦点を当てたものとしては「石取りゲームの数学 ゲームと代数の不思議な関係 [IGS]」があります．本書の第 4 章と第 5 章で扱った非不偏ゲームに主に焦点を当てたものとしては *Lessons in Play: An Introduction to Combinatorial Game Theory* [LIP] があります．本書の第 6 章で扱った超現実数については *On Numbers and Games* [ONG] で詳しく掘り下げられています．本書を読んだ後に，さらに組合せゲーム理論について理解を深めたい方は *Combinatorial Game Theory* [CGT] を読むと良いでしょう．また，1.2 節のコラム 1 でも紹介した *Games of No Chance* シリーズは，論文集として最新の成果を集めて出版しています．

[Abu20] T. Abuku: Transfinite Version of Welter's Game; *Journal of Mathematics, Tokushima University* **54**, 83–91 (2020) [p. 166, 167, 169]

[AS19] 安福智明，末續鴻輝：2 日目までに生まれたすべてのゲームの構成；ゲームプログラミングワークショップ 2019 論文集，pp. 41–48 (2019) [p. 80]

[AS21] T. Abuku and K. Suetsugu: Delete Nim; *Journal of Mathematics, Tokushima University* **55**, 75–81 (2021) [p. 77]

[AT23] T. Abuku and M. Tada: A Multiple Hook Removing Game Whose Starting Position is a Rectangular Young Diagram with Unimodal Numbering; *Integers* **23**, #G1 (2023) [p. 76]

[Bou02] C. L. Bouton: Nim, a Game with a Complete Mathmatical Theory; *Ann. Math.*, Vol. 3, pp. 35–39 (1902) [p. i, 17]

[CCS] J. R. B. Cockett, G. S. H. Cruttwell and K. Saff: Combinatorial Game Categories, Preprint. [p. 76]

[CGT] A. N. Siegel: *Combinatorial Game Theory*; American Mathematical Society (2013) [p. 34, 100, 132, 166, 188, 192, 194, 209]

[CHNS21] A. Carvalho, M. A. Huggan, R. J. Nowakowski and C. P. Santos: A Note on Numbers; *Integers* **21B**, #A4 (2021) [p. 136]

[Cin10] A. Cincotti: N-Player Partizan Games; *Theoret. Comput. Sci.* **411**, no. 34–36, pp. 3224–3234 (2010) [p. 3]

[CS19] A. Carvalho, C. P. Santos: A Nontrivial Surjective Map onto the Short Conway Group; in *Games of No Chance 5*, MSRI Book Series **70**, Cambridge University Press, pp. 271–284 (2019) [p. 79, 137]

[CS86] J. H. Conway and N. J. A. Sloane: Lexicographic Codes: Error-Correcting Codes from Game Theory, *IEEE Transactions on Information Theory* **32**, pp. 337–348 (1986) [p. 76]

[Fer74] T. S. Ferguson: On Sums of Graph Games with Last Player Losing; *Int. J. Game Theory* **3**, pp. 159–167 (1974) [p. 39]

[FL91] A. S. Fraenkel and M. Lorberbom: Nimhoff Games; *J. Combin. Theory*, Series A, **58** (1): pp. 1–25 (1991) [p. 76]

[Fra82] A. S. Fraenkel: How to Beat Your Wythoff Games' Opponent on Three Fronts; *Amer. Math. Monthly* **89**, pp. 353–361 (1982) [p. 65]

[GN] 雪江明彦：代数学 1 群論入門［第 2 版］；日本評論社 (2023) [p. iv]

[Gru39] P. M. Grundy: Mathematics and Games; *Eureka*, Vol. 2, pp. 6–8 (1939) [p. i, 19, 24]

[IGS] 佐藤文広：石取りゲームの数学 ゲームと代数の不思議な関係；数学書房 (2014) [p. 28, 33, 50, 185, 192, 194]

[Iri18] Y. Irie: p-Saturations of Welter's Game and the Irreducible Representations of Symmetric Groups; *J. Algebraic Combin.* **48**, pp. 247–287 (2018) [p. 73, 74, 75]

[JC11] A. Jakeliunas and G. Cornett: *Hey! That's My Fish*（邦題：それはオレの魚だ！）；Fantasy Flight Games (2011) [p. 80]

[JM80] T. A. Jenkyns and J. P. Mayberry : The Skeletion of an Impartial Game and the Nim-Function of Moore's Nim_k; *Int. J. Game Theory* **9**, pp. 51–63 (1980) [p. 67]

[Kaw01] N. Kawanaka: Sato–Welter Game and Kac–Moody Lie Algebras; 数理解析研究所講究録，**1190**, pp. 95–106 (2001) [p .76]

[KGR] 山崎洋平：組み合わせゲームの裏表；シュプリンガーフェアラーク東京株式会社 (1989) [p. 188]

[KJW] 堀田良之：加群十話 代数学入門；朝倉書店 (1988) [p. 69]

[Lev06] L. Levine: Fractal Sequences and Restricted Nim; *Ars Combinatoria*, **80**, pp. 113–128 (2006) [p. 51]

[Li78] S. -Y. R. Li: n-Person Nim and n-Person Moore's Games; *Int. J. Game Theory* **7**, pp. 31–36 (1978) [p. 3]

[LIP] 川辺治之［訳］：組合せゲーム理論入門　勝利の方程式；共立出版 (2011)（原著：M. H. Albert, R. J. Nowakowski and D. Wolfe: *Lessons in Play, An Introduction to Combinatorial Game Theory*; A. K. Peters (2007)）[p. 128]

[LNNS16] U. Larsson, R. J. Nowakowski, J. P. Neto and C. P. Santos: Guaranteed Scoring Games; *The Electronic Journal of Combinatorics*, **23**, No. 3, #3.27 (2016) [p. 197]

[LNS18] U. Larsson, R. J. Nowakowski and C. P. Santos: Games with Guaranteed Scores and Waiting Moves; *Int. J. Game Theory*, **47**, pp. 653–671 (2018) [p. 197, 202]

[LNS19] U. Larsson, R. J. Nowakowski and C. P. Santos: Scoring Games: the State of Play; in *Games of No Chance 5*, MSRI Book Series **70**, Cambridge University Press, pp. 89–111 (2019) [p. 197]

[LNS21] U. Larsson, R. J. Nowakowski and C. P. Santos: Absolute Combinatorial Game Theory; arXiv:1606.01975v3 (2021) [p. 211]

[Loe96] D. E. Loeb: Stable Winning Coalitions; in *Games of No Chance*, MSRI Book

Series **29**, Cambridge University Press, pp. 451–471 (1996) [p. 3]

[MG] 吉川竹四郎，石原孝一郎，小林羑治［訳］：囲碁の算法 ヨセの研究；トッパン (1994)（原著：E. R. Berlekamp and D. Wolfe: *Mathematical Go: Chilling Gets the Last Point*; A. K. Peters (1994)）[p. 2]

[Moo10] E. H. Moore: A Generalization of the Game Called Nim; *Ann. Math., 2nd Ser.* **11**, No. 3, pp. 93–94 (1910) [p. 66]

[Now19] R. J. Nowakowski: Unsolved Problems in Combinatorial Games; in *Games of No Chance 5*, MSRI Book Series **70**, Cambridge University Press, pp. 125–168 (2019) [p. 4, 50, 138]

[ONG] J. H. Conway: *On Numbers and Games* (second edition); A. K. Peters (2001) [p. i, 119, 164, 188]

[Pro00] J. G. Propp: Three-Player Impartial Games; *Theoret. Comput. Sci.* **233**, no. 1–2, pp. 263–278 (2000) [p. 3]

[Ray94] J. W. S. Rayleigh: *The Theory of Sound 1*; Macmillan (1894) [p. 58]

[RM13] R. Milley: Restricted Universes of Partizan Misère Games; PhD thesis, Dalhousie University (2013) [p. 211, 212]

[RMG] 安藤清，土屋守正，松井泰子：例題で学ぶグラフ理論；森北出版 (2013) [p. iv]

[RSS] 嘉田勝：論理と集合から始める数学の基礎；日本評論社 (2008) [p. iv]

[SA21] 末續鴻輝，安福智明：組合せゲームとその数学的構造；システム／制御／情報，**65** (10), pp. 391–396 (2021) [p. 80]

[Sat70a] 佐藤幹夫（榎本彦衛記）：Maya game について；数学の歩み，**15** (1)，pp. 73–84 (1970) [p. 68, 71]

[Sat70b] 佐藤幹夫（榎本彦衛記）：マヤ・ゲームの数学的理論；数理解析研究所講究録，**98**，pp. 105–135 (1970) [p. 68, 71]

[Sie05] A. A. Siegel: *Finite Excluded Subtraction Sets and Infinite Modular Nim*; M. Sc. Thesis, Dalhousie University (2005) [p. 41]

[Smi66] C. A. B. Smith: Graphs and Composite Games; *J. Combin. Theory*, **1** (1) pp. 51–81 (1966) [p. 34]

[SMK] 佐藤幹夫（梅田亨記）：佐藤幹夫講義録 (1984/85)；数理解析レクチャーノート刊行会 (1989) [p. 73]

[Spr36] R. P. Sprague: Über mathematische Kampfspiele; *Tôhoku Math. J.*, Vol. 41, pp. 438–444 (1935–6) [p. i, 19, 24, 76]

[SS12] D. Sleator and M. Slusky: Subtraction Games with FES Sets of Size 3; *arXiv e-prints*, arXiv:1201.3299 (2012) [p. 41]

[Str85] P. D. Straffin: Three Person Winner-Take-All Games with McCarthy's Revenge Rule; *College J. Math.* **16**, no. 5, pp. 386–394 (1985) [p. 3]

[Sue19] K. Suetsugu: Multiplayer Games as Extension of Misère Games; *Int. J. Game Theory* **48**, pp. 781–796 (2019) [p. 3]

[Sue21] K. Suetsugu: Emperor Nim and Emperor Sum: a New Sum of Impartial Games; *Int. J. Game Theory* (2021). https://doi.org/10.1007/s00182-021-00782-0 [p. 35]

[Sue22] K. Suetsugu: Discovering a New Universal Partizan Ruleset; *arXiv e-prints*, arXiv:2201.06069 (2022) [p. 137]

[Sue23] K. Suetsugu: New Universal Partizan Rulesets and a New Universal Dicotic Partisan Ruleset; *arXiv e-prints*, arXiv:2301.05497v2 (2023) [p. 137]

[TDH] 池田岳：テンソル代数と表現論 線型代数続論；東京大学出版会 (2022) [p. 69]

[Wel54] C. P. Welter: The Theory of a Class of Games on a Sequence of Squares, in Terms of the Advancing Operation in a Special Group; *Indagationes Math.* pp. 194–200 (1954) [p. 68]

[WW] 小林欣吾, 佐藤創 監訳：数学ゲーム必勝法 1–4；共立出版 (2016–2019)（原著：E. R. Berlekamp, J. H. Conway and R. K. Guy: *Winning Ways for Your Mathematical Plays* (second edition); Vol.1–4, A. K. Peters (2001–2004)） [p.i, 28, 36, 76, 119, 131, 188]

[Wyt09] W. A. Wythoff: A Modification of the Game of Nim; *Nieuw Archief voor Wiskunde*, **7**, pp. 199–202 (1907) [p. 57]

[Yam80] Y. Yamasaki: On Misère Nim-Type Games; *J. Math. Soc. Japan* **32**, pp. 461–475 (1980) [p. 188]

索　引

【記号・英数字】

【ア行】

【カ行】

【サ行】

【タ行】

【ナ行】

【ハ行】

【マ行】

【ヤ行】

【ラ行】

Memorandum

Memorandum

〈著者紹介〉

安福智明（あぶく　ともあき）

2020年　筑波大学大学院数理物質科学研究科博士後期課程数学専攻修了，博士（理学）
現　在　国立情報学研究所 特任研究員，早稲田大学ゲームの科学研究所 招聘研究員，
　　　　日本組合せゲーム理論研究集会 副代表
専　門　組合せゲーム理論，離散数学，ゲーム情報学

坂井 公（さかい　こう）

1978年　東京工業大学理工学研究科修士課程情報科学専攻修了
　　　　2019年まで筑波大学数理物質系数学域 准教授
現　在　神奈川大学非常勤講師，理学博士
専　門　理論計算機科学，組合せゲーム理論
主　著　『パズルの国のアリス4　数学でピザを切り分ける！』，日経サイエンス（2021）ほか多数

末續鴻輝（すえつぐ　こうき）

2010年　大阪府立茨木高校卒業
2014年　京都大学理学部卒業
2019年　京都大学大学院人間・環境学研究科博士後期課程修了，博士（人間・環境学）
現　在　国立情報学研究所 特任研究員，早稲田大学ゲームの科学研究所 招聘研究員，
　　　　日本組合せゲーム理論研究集会 代表
専　門　組合せゲーム理論，理論計算機科学，ゲーム情報学

組合せゲーム理論の世界
～数学で解き明かす必勝法～

The World of Combinatorial Game Theory ～Winning Strategy with Mathematics～

2024年2月28日　初版1刷発行

著　者　安福智明　坂井 公　末續鴻輝　ⓒ 2024

発行者　南條光章

発行所　**共立出版株式会社**

〒112–0006
東京都文京区小日向 4–6–19
電話　03–3947–2511（代表）
振替口座　00110–2–57035
URL www.kyoritsu-pub.co.jp

印　刷
製　本　藤原印刷

一般社団法人
自然科学書協会
会員

検印廃止
NDC 410.9

ISBN 978–4–320–11558–3

Printed in Japan